LES QUATRE SAISONS

PETITES LEÇONS
DU GRAND-PAPA

PAR

PAULIN TEULIÈRES

PROFESSEUR DE SCIENCES NATURELLES

Officier d'Académie

TROISIÈME ÉDITION

Prix : 2 Fr. 50

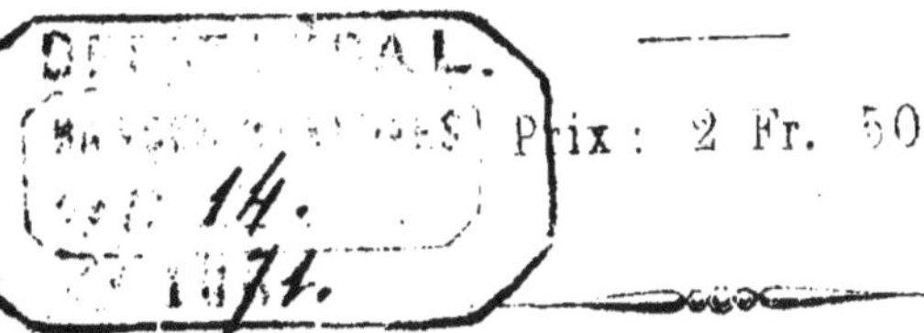

PARIS | BAYONNE
Dépôt : chez Paul Dupont | Chez M. J. Bouvanier
41, Rue J.-J. Rousseau | 51, rue Bourg-Neuf

1871

PETITES LEÇONS

DU GRAND-PAPA

LES QUATRE SAISONS

PETITES LEÇONS

DU GRAND-PAPA

PAR

PAULIN TEULIÈRES

PROFESSEUR DE SCIENCES NATURELLES

Officier d'Académie

TROISIÈME ÉDITION

Prix : 2 fr. 50

PARIS   BAYONNE

Dépôt : chez Paul Dupont   Chez M. J. Bouvanier

41, Rue J.-J. Rousseau   51, rue Bourg-Neuf.

1871

PRÉFACE

Nous avons choisi l'étude des Quatre Saisons comme une sorte de vestibule, qui s'ouvre effectivement vers toutes les sciences naturelles et les fait communiquer entre elles par mille points. Nous avons pu passer ainsi librement de l'une à l'autre pour donner à notre dialogue une variété nécessaire, sans en altérer toutefois ni le caractère ni le plan.

Un livre écrit pour les enfants doit être élémentaire, c'est-à-dire scientifique avec mesure et simple sans vulgarité. Il doit appeler et retenir leur attention par un certain attrait dans la forme comme dans le fond; et, ne leur offrant que des connaissances assorties à leur âge, il doit s'en bien faire comprendre sans fatigue et presque sans effort. L'œuvre est difficile. Si pourtant nous essayons ici de l'accomplir, c'est que nous y sommes merveilleusement aidé par le sujet lui-même, qui, plus que tout autre, réunissant l'agréable et l'utile, a le privilége de pouvoir mieux répondre à l'instinctive curiosité de l'enfant.

Quant à la condition d'être vraiment *élémentaire*, nous pensons qu'il ne faut pas abaisser la signification de ce mot; car l'élève le plus jeune se fait assez vite aux idées nettes et au style précis, comme il se fait aux bonnes manières, quand il en trouve l'exemple autour de lui.

Notre dialogue procède par voie de raisonnement et, pour ainsi dire, au pas de l'analyse.

S'il s'arrête quelquefois à des questions qui paraissent dépourvues de connexité, cependant il ne quitte pas son mouvement rectiligne, pas plus que le voyageur ne change de direction, quand il fait une pause, afin de contempler, à droite et à gauche, un site gracieux ou bien un riche paysage; pas plus que le botaniste ne dévie de son herborisation, lorsque, tout préoccupé de recueillir ses plantes, il recueille aussi le cristal précieux ou l'insecte intéressant qui se présente inopinément à sa vue.

Terminons par le point personnel, qui est toujours le plus délicat.

Si, pour faire un livre utile aux enfants, il suffisait d'avoir pour eux respect et affection, nous aurions été rassuré d'avance sur le sort de notre ouvrage; mais bien d'autres conditions évidemment sont nécessaires, et c'est de ce côté que, pour notre première édition, l'inquiétude dut nous venir. Aujourd'hui, nous sommes heureux de pouvoir dire que cet ouvrage, protégé sans doute par la bienveillance acquise à ses trois aînés, s'est à son tour concilié l'accueil le plus sympathique non-seulement dans les plus notables Maisons d'Éducation, mais encore dans les familles qui comprennent l'importance d'un sérieux enseignement.

Fortifié par tant de suffrages, nous avons pu doubler la matière de cette troisième édition, de telle sorte que les *Petites Leçons du Grand-Papa* forment désormais un assez beau volume.

LES QUATRE SAISONS

L'HIVER

L'Enfant. — Grand-papa, que l'Hiver est une vilaine et pauvre saison! Comme il dépare et gâte la Nature, que le Printemps, l'Été, l'Automne, rendent, au contraire, et si riche et si belle !

Le Grand-Papa. — Prends garde, mon enfant; et d'abord sache bien qu'en présence des œuvres de Dieu, l'homme ne peut qu'admirer ou se taire : admirer, s'il sait comprendre; se taire, s'il ne comprend pas. En effet, la sagesse divine dispose tout avec nombre, poids et mesure. Tout, dans la Nature, a sa place, son office et son temps. L'utile et le beau s'y montrent toujours alliés, mais diversement assortis, afin d'exclure une monotone uniformité. Si parfois tous deux se balancent en égale proportion, ordinairement l'un ou l'autre prédomine plus ou moins. Prenons pour exemple les quatre saisons, dont tu viens de parler. Tandis que l'Été présente à la fois beaucoup de fleurs et beaucoup de fruits, le Printemps a beaucoup plus de fleurs que de fruits, l'Automne a beaucoup plus de fruits que de fleurs, et l'Hiver n'a, pour ainsi dire, ni fleurs ni fruits.

L'Enfant. — Il me semble, grand-papa, que l'Hiver est précisément fort mal partagé, car il n'a pas le moindre agrément et je ne lui vois aucune utilité.

Le Grand-Papa. — Mon enfant, j'espère bien te corriger d'un défaut ordinaire à ton âge, qui se laisse emporter à ses premières impressions, et qui juge souvent sans avoir réfléchi. On calomnie l'Hiver, quand on l'accuse d'indigence; et l'on méconnaît étrangement ses immenses services, quand on lui reproche de n'être pas plus utile qu'il n'est gracieux. Chaque saison porte un caractère qui lui est propre : celui de l'Hiver n'est pas d'être agréable et orné, mais d'être économe et réparateur.

L'Enfant. — Combien je vous remercie, grand-papa, de venir au secours de mon ignorance; car, pour moi, l'Hiver n'était, dans l'année, que la triste période du froid, de la neige et du vent.

Le Grand-Papa. — Prends garde encore, mon enfant; car tu commettrais une singulière erreur, si tu attachais une idée défavorable au froid, à la neige et au vent. Ce sont les trois fonctionnaires de l'Hiver, et c'est merveille de voir comme chacun d'eux intervient à propos pour prendre sa part dans l'œuvre commune.

Or, pour mieux les suivre dans leur rôle respectif, notons d'abord que les plantes ont besoin, comme nous, de se nourrir, et que la terre est leur garde-manger.

L'Enfant. — Je croyais que la terre nourrissait les plantes.

Le Grand-Papa. — Elle leur sert de réfectoire et de support, mais elle ne les nourrit pas de sa propre substance. Au contraire, quand les matières terreuses pénètrent dans une plante, elles la vieillissent et même la font périr, parce qu'elles encombrent les canaux délicats où la sève doit librement circuler.

L'Enfant. — Par conséquent, grand-papa, ces substances terreuses, après avoir été nuisibles aux plantes, viennent ensuite, sous la forme de cendres, encombrer inutilement nos foyers.

Le Grand-Papa. — Les cendres sont, au contraire, fort utiles, mon enfant. Elles contiennent une substance, la potasse, qui, notamment, constitue avec le suif et l'huile le savon le meilleur, et, avec le sable, le verre le plus beau. Tu connais l'usage habituel du savon pour la propreté du linge et du corps. Mais, peut-être, tu n'apprécies pas assez tous les services que nous rend le verre, depuis la cheminée de nos lampes jusqu'aux miroirs de nos salons.

L'Enfant. — J'appartiens, hélas, à cette classe d'ignorants qui remarquent peu et raisonnent moins encore.

Le Grand-Papa. — Je te juge tout autrement. A ton âge, sans doute, on doit ignorer beaucoup; mais, avec le zèle que tu mets à t'instruire, tu ne manqueras pas de justifier, mon enfant, tout ce que je puis attendre de ton intelligence et de mes soins.

L'Enfant. — Le plaisir que j'éprouve à votre enseignement diminue d'abord le mérite de mon attention. Et puis, à mesure que la lumière se fait ainsi dans mon esprit, je m'intéresse de plus en plus à connaître l'utilité réelle des corps les plus vulgaires et les plus dédaignés.

Le Grand-Papa. — Eh bien, pour ne citer que

les offices d'une simple vitre, remarque, mon enfant, comme elle tamise les agents naturels qui nous viennent de l'extérieur pour pénétrer dans nos appartements. Elle admet les rayons solaires, elle atténue plus ou moins le bruit; elle exclut complétement la pluie, le froid, la poussière et le vent.

L'Enfant. — Je vois qu'elle nous garantit de visiteurs incommodes, tout en livrant passage aux rayons du soleil, à la lumière surtout, sans laquelle nos appartements, le jour, seraient bien tristes et, pour ainsi dire, inhabitables.

Le Grand-Papa. — Notons aussi que, par sa transparence, le verre, sous la forme de vitre, égaie nos demeures, en leur ouvrant, au dehors, la perspective; tandis que, sous forme de miroir, elle semble, au dedans, les agrandir par voie de réflexion.

Nous parlerons plus tard de l'importance chimique de la potasse, mais, dès ce moment, tu peux comprendre une de ses applications industrielles. Écoute-moi bien.

L'Enfant. — Grand-Papa, je ne perdrai pas un seul de vos mots.

Le Grand-Papa. — Trop souvent, dans les tissus de laine, on introduit frauduleusement une certaine quantité de coton. Or, pour constater ce mélange, qui altère la valeur du tissu, on profite de la propriété qu'a la potasse de dissoudre la laine et de ne pas dissoudre le coton.

L'Enfant. — Comment se fait l'expérience ?

Le Grand-Papa. — Un échantillon étant donné, on le pèse d'abord ; puis, on le plonge dans une dissolution convenable de potasse : la laine disparaît dissoute dans le liquide. On pèse alors le résidu qui n'a pas été dissous, et la différence entre le poids de l'échantillon et le poids du résidu exprime la proportion relative de la laine et du coton. Tu vas toi-même résoudre le problème. L'échantillon, par exemple, pesait 8 grammes, le résidu n'en pèse que 2. Quelles étaient, dans le tissu, la proportion de la laine et celle du coton ?

L'Enfant. — A la seconde pesée, le poids se trouvant diminué de 6 grammes, poids de la partie dissoute dans la potasse, je dis que le tissu contenait 6 grammes de laine et 2 grammes de coton.

Le Grand-Papa. — C'est bien. Ne me demande pas comment on distingue un mélange de laine et de soie, substances qui sont également solubles dans la potasse. L'opération n'est pas difficile à faire ; mais, pour être comprise, elle exige des connaissances chimiques qui te manquent encore. D'ailleurs, j'ai hâte de revenir à notre sujet.

L'Hiver, t'ai-je dit, est économe. N'ayant à produire ni fruits ni fleurs, il fait détruire par le froid la plupart des plantes et, dans les autres, il fait arrêter toute nutrition, tout développement. C'est ainsi qu'il restreint notablement la consommation des substances destinées à la nutrition des plantes; et, comme celles-ci doivent à leur tour alimenter les animaux, le froid qui diminue le nombre des plantes, diminue proportionnellement le nombre des animaux. Aussi le règne animal présente-t-il des faits correspondants à ceux du règne végétal. Les animaux inférieurs, en particulier les insectes, périssent presque tous, et beaucoup d'autres tombent en léthargie, c'est-à-dire dans un engourdissement général qui suspend en eux les fonctions de la vie. Seuls, les animaux supérieurs résistent plus ou moins, parce qu'ils ont la faculté de produire par eux-mêmes une suffisante quantité de chaleur.

—

L'Enfant. — Grand-papa, je voudrais vous écouter toujours sans jamais vous interrompre; mais, comme vous m'avez recommandé de vous dire ingénument mes difficultés, mes sentiments et mes doutes, je vous avoue ne pas comprendre comment les animaux peuvent résister au froid excessif, car ils n'ont pas, comme nous, des calorifères.

Le Grand-Papa. — Mon enfant, tout est prévu pour leur conservation et même pour leur bien-être. D'abord, ils sont d'autant plus chaudement habillés qu'ils doivent être soumis à des températures plus rigoureuses; ensuite, ils trouvent dans leur instinct des ressources, des artifices qui étonnent le naturaliste et manifestent la puissance infinie et l'infinie bonté du Créateur.

Je vais te citer seulement l'admirable prévoyance d'une chenille hibernante qu'on appelle *chrysorhée*. Ordinairement cette petite chenille fait le nid commun de la colonie, en repliant sur lui-même le limbe d'une feuille persistante, c'est-à-dire qui se maintient sur l'arbre jusqu'au Printemps. Mais, s'il arrive que, par force majeure, elle ne puisse disposer que d'une feuille de sycomore, elle doit alors pourvoir à l'éventualité d'un coup de vent qui, en détachant cette feuille à long pétiole, ferait sombrer la colonie.

L'Enfant. — Je vous écoute avec une avide attention, grand-papa, désireux de savoir comment elle peut obvier à la violence du vent.

Le Grand-Papa. — Les nombreuses chenilles qui composent la colonie se concertent pour filer deux solides cordons, si savamment combinés qu'ils résistent aux plus fortes agitations de l'atmosphère. Ces deux amarres sont fixées, d'une part, à la base même du pétiole, où commence le nid, et d'autre part, à deux branches différentes, comme si l'une de ces amarres devait remplacer, au besoin, celle qui pourrait accidentellement tomber.

—

L'Enfant.— Grand-papa, vous m'avez dit, l'autre jour, que la chauve-souris et l'hirondelle sont essentiellement insectivores; alors, comment peuvent-elles s'alimenter en hiver, puisqu'il n'y a plus d'insectes ?

Le Grand-Papa. — Pour l'hirondelle comme pour la chauve-souris, le problème est parfaitement résolu, mais d'une manière bien différente. L'hirondelle profite de la vélocité de son aile pour se rendre bien vite dans les pays chauds, par exemple en Afrique, où les insectes ne manquent jamais; et elle n'en revient qu'avec le Printemps, dont elle est pour nous la gracieuse messagère. Le problème est, pour la chauve-souris, beaucoup plus compliqué. Son aile, destinée à remplir plus d'un office, ne lui permet pas de lointains voyages. La chauve-souris, ne pouvant donc émigrer comme l'hirondelle, se réfugie dans le sommeil, pour n'avoir pas besoin de se nourrir; et, pour éviter le froid, elle se choisit un gîte en de profondes retraites où l'abaissement de la température n'est jamais excessif. Ces cavernes sont comme nos caves, qui, sans avoir pourtant une grande profondeur, conservent en Hiver une température assez douce.

L'Enfant. — Un sommeil qui dure plusieurs mois me paraît fort extraordinaire.

Le Grand-Papa. — Le sommeil hibernal de la chauve-souris est régulièrement périodique, et, par conséquent, soumis à quelque loi. Notons toutefois qu'il n'est pas tellement profond qu'il ne puisse, en certains cas, se trouver interrompu. Ainsi la chauve-souris se réveille et voltige en deux circonstances toutes contraires, c'est-à-dire quand la température s'adoucit beaucoup, ou bien quand le froid devient excessif. Dans le premier cas, l'animal rentre en activité pour se nourrir des quelques insectes que la chaleur a remis aussi en mouvement; dans le second cas, pour échapper à la congélation en cherchant un asile mieux abrité. Ce sommeil annuel et léthargique s'appelle hibernation, et n'oublie pas qu'il suspend presque complétement les fonctions vitales.

L'Enfant. — En cet état, la chauve-souris doit bien souffrir !

Le Grand-Papa. — Pas plus que tu ne souffres

toi-même, quand tu t'endors. Seulement le sommeil hibernal va beaucoup plus loin que le sommeil ordinaire : je dois même te redire que, dans un grand nombre d'animaux, par exemple dans les reptiles, le froid produit un engourdissement général si voisin de la mort qu'il est bien difficile de constater où la vie persiste encore, tant l'animal est insensible, immobile et froid !

L'Enfant. — Mais quelle est donc la loi qui régit cet étrange phénomène ?

Le Grand-Papa. — C'est une loi conservatrice. En effet, pour que la vie se maintienne dans l'animal, il faut que le sang récupère sans cesse, par une alimentation convenable, les éléments nutritifs qu'il doit distribuer lui-même à tous les organes. Pour me servir ici d'une expression familière, il faut que, dans l'organisme, comme dans une maison bien ordonnée, les recettes et les dépenses soient en rapport harmonique.

L'Enfant. — Cette analogie entre l'économie organique et l'économie domestique me fait mieux comprendre l'explication que vous voulez bien me donner.

Le Grand-Papa. — L'exercice, qui active toutes les fonctions, et le sommeil qui les restreint toutes, modifient par cela même, en sens inverse, la proportionnalité des aliments.

L'Enfant. — Sans doute. Les organes, dépensant moins dans le sommeil, n'exigent pas que le sang leur fournisse, en aussi grande proportion, les éléments que chacun d'eux doit s'approprier.

Le Grand-Papa. — Or, si le sommeil, en atténuant le travail des organes, permet à l'animal de supporter sans souffrance une moindre proportion d'aliments, l'hibernation, véritable point d'arrêt physiologique, peut lui rendre possible et sans douleur une diète plus ou moins prolongée. La chauve-souris trouve donc, dans ce phénomène remarquable, une sauvegarde naturelle contre la faim; car l'organisme ne fonctionnant plus, pour ainsi dire, n'a pas besoin de réfection.

L'Enfant. — Quelle singulière attention de la Providence pour un animal si repoussant et si laid !

Le Grand-Papa. — Silence, mon enfant ! La chauve-souris est une des merveilles de la création. Plus tard, je te la ferai mieux connaître. Pour le moment, restons dans la question qui nous occupe, afin de mettre dans nos idées un ordre nécessaire.

—

L'Enfant. — Grand-papa, permettez-moi de dire au moins que l'Hiver est une rude saison.

Le Grand-Papa. — Nous sommes prompts à

nous plaindre du plus petit inconvénient, sans tenir compte des avantages qui doivent finalement en résulter. La rigueur extrême du froid est de courte durée, et peut seule lui faire accomplir son mandat, car il est des plantes et même des animaux chez lesquels l'existence est tenace. Au lieu de nous plaindre quand le froid sévit, il serait plus digne de remarquer un fait qui, certainement, va te surprendre. Le froid, qui tue des plantes robustes, respecte les graines que l'homme a semées, ou qui se sont semées d'elles-mêmes en tombant sur le sol.

L'Enfant. — J'avoue que je ne puis guère concilier tout cela. Je suis bien désireux de savoir comment les graines peuvent être préservées.

Le Grand-Papa. — C'est le froid qui leur ménage un préservatif contre lui-même, et ce préservatif efficace, c'est la neige.

L'Enfant. — La neige ?

Le Grand-Papa. — Écoute-moi bien. Le froid solidifie la vapeur d'eau qui se trouve en suspension dans l'air; il forme ainsi la neige, sorte de pluie gelée, qui se dépose sur l'horizon en couche plus ou moins épaisse. Or la neige est blanche, et le blanc tient chaud. La neige devient ainsi pour la graine ce qu'est, pour l'hermine, sa blanche fourrure

L'Enfant. — J'ai peine à comprendre que la neige, qui est si froide, puisse tenir chaud.

Le Grand-Papa. — Je t'ai dit de bien écouter, parce que l'explication est assez délicate; ainsi soutiens un moment ton attention, et tu vas parfaitement me comprendre. Le froid n'est qu'une simple diminution de chaleur, comme l'obscurité n'est qu'une simple diminution de lumière. Nous disons qu'un corps est froid, quand il a moins de chaleur que nous; nous disons qu'il est chaud, quand il en a plus. Lorsque le corps éprouve une perte de chaleur, nous disons qu'il se refroidit ; et, si la déperdition de la chaleur est telle que ce corps, supposé liquide, se solidifie, nous disons qu'il se gèle. Eh bien, le blanc a la propriété de ne pas laisser passer facilement la chaleur; il en résulte que la neige, qui est blanche, ne permet pas à la graine de se refroidir et, par conséquent, de se geler. Ainsi la neige, comme la blanche fourrure de l'hermine, ne donne pas de chaleur, mais elle tient chaud, c'est-à-dire qu'elle empêche le refroidissement.

L'Enfant. — Donnez-moi, je vous prie, grand-papa, quelques détails sur la neige.

Le Grand-Papa. — La neige est formée de jolies petites étoiles qu'on prendrait pour des fleurs à six pétales. D'un noyau central rayonnent six aiguilles très-fines, qui émettent, chacune, des rameaux plus déliés, sur lesquels s'embranchent encore des ramuscules d'une extrême ténuité. Les six aiguilles fondamentales ne manquent jamais dans chaque flocon, mais l'architecture des étoiles se diversifie au moindre accident de l'air, qui coïncide avec leur formation. En effet, les rameaux et ramuscules se juxtaposent alors d'une manière indéfiniment variée, mais toujours géométrique.

Dans la glace elle-même, l'architecture est aussi complexe, car la glace résulte de la soudure des étoiles de neige, bien que le vulgaire lui suppose une construction semblable à celle du cristal. Au centre de chaque étoile est un point mat, où se loge une bulle d'air. C'est un vide relatif qui fait que la glace occupe, en réalité, plus de place que l'eau. Ces petites bulles d'air rendent ainsi la glace plus légère et la font flotter à la surface des fleuves et des lacs.

L'Enfant. — Je ne m'étais jamais demandé pourquoi les glaçons flottent à la surface de l'eau; et, comme vous m'avez enseigné que le corps qui passe de l'état liquide à l'état solide diminue de volume, je n'aurais certes pas supposé que l'eau qui se solidifie occupe, en réalité, plus de place.

Le Grand-Papa. — Un corps flotte dans l'eau, quand il en déplace un volume dont le poids est égal à son propre poids. La glace, déplaçant un volume d'eau dont le poids est plus grand que le sien, devient dès lors tellement légère qu'elle monte et flotte à la surface.

L'Enfant. — Je le comprends parfaitement.

Le Grand-Papa.— C'est en modifiant son volume que le poisson modifie son poids, et semble presque n'en plus avoir au sein de l'eau.

L'Enfant. — Comment peut-il donc modifier son volume ?

Le Grand-Papa. — Il est muni d'un petit appareil qui est dit hydrostatique, parce que cet appareil, que le poisson manœuvre aisément, le tient en équilibre dans l'eau.

L'Enfant. — Expliquez-moi, je vous prie, cet appareil hydrostatique.

Le Grand-Papa. — C'est une poche dorsale, c'est-à-dire placée à la partie médiane et supérieure du corps. Une certaine quantité d'air s'y trouve emprisonnée. Quand le poisson comprime cette poche remplie d'un gaz éminemment élastique, il diminue de volume, déplace moins d'eau et, par conséquent, devient un peu plus lourd. Quand le poisson dilate cette poche, et rend à l'air tout son ressort, il augmente de volume, déplace plus d'eau et devient ainsi plus léger.

L'Enfant.— Que cet appareil est simple et parfait !

Le Grand-Papa. — Pourrais-tu maintenant t'expliquer pourquoi le plus petit fragment de fer tombe au fond de l'eau, tandis qu'un navire de fer flotte à la surface ?

L'Enfant. — L'exemple du poisson devrait m'aider sans doute à résoudre la question, puisque vous me la posez immédiatement après, mais je n'aperçois pas le point d'analogie.

Le Grand-Papa. — En donnant au fer la forme concave de navire, on en fait un récipient où pénètre un grand volume d'air qui doit compenser le poids du métal, car l'air pèse environ 775 fois moins que l'eau. Le poids de l'eau déplacée par le navire est tellement considérable que le navire en est rendu trop léger; de telle sorte qu'il faut le lester, c'està-dire le charger d'un certain poids, afin qu'il puisse plonger suffisamment dans l'eau pour y prendre son point d'appui.

L'Enfant. — Je saisis maintenant le point d'analogie entre le navire et le poisson : tous les deux doivent à l'air leur légèreté relative.

Le Grand-Papa. — Seulement le poisson, à titre d'animal, peut, par une simple action musculaire, amplifier ou diminuer son volume, tandis que le navire ne le peut pas.

L'Enfant. — Quant au fragment de fer qui tombe au fond de l'eau, tandis que le navire de fer flotte à la surface, je dirai que la différence tient à ce que le navire contient beaucoup d'air et que le fragment n'en contient pas du tout.

Le Grand-Papa.—Une autre question se présente ici. Avant de l'aborder, je dois aller reprendre au passé quelques souvenirs que le temps a peut-être effacés de ta mémoire.

L'Enfant. — J'espère bien que je pourrai me les rappeler; en tout cas, je suis sûr que vous m'aiderez de toute votre patience.

Le Grand-Papa. — Tu sais comment on définit le volume et la masse d'un corps.

L'Enfant. — Le volume d'un corps est la quantité d'espace qu'il occupe; la masse d'un corps est la quantité de matière dont il est formé.

Le Grand-Papa. — Très-bien, mon enfant; mais, comme on ne connaît pas deux corps qui, sous le même volume, aient une même masse, quel est le mot qui exprime la propriété qu'a le corps de présenter plus ou moins de matière qu'un autre sous le même volume ?

L'Enfant. — Je crois qu'on l'appelle *densité*. Ainsi, pour citer l'exemple que vous m'avez fourni vous-même, si je compare deux boules d'un égal volume, mais l'une de liége, l'autre de plomb, je dis que le plomb est plus dense que le liége, pour exprimer que, sous le même volume, il contient cependant plus de matière.

Le Grand-Papa. — J'applaudis à la précision de ta mémoire. Je m'adresse actuellement à ton jugement. D'où peut venir qu'un corps soit plus dense qu'un autre ?

L'Enfant. — Cette différence tient sans doute à la nature de la matière différente qui les constitue.

Le Grand-Papa. — Elle dépend uniquement de l'état plus moins serré de leurs molécules. Dans le plomb, les molécules sont beaucoup plus serrées que dans le liége, elles sont, par conséquent, contenues en plus grand nombre sous le même volume.

L'Enfant. — C'est incontestable, mais comment le démontrer ?

Le Grand-Papa. — Par le moyen de la balance qui constate que le plomb pèse beaucoup plus que le liége.

L'Enfant. — Le liége présente en effet des cavités qui prouvent que les molécules en sont plus distancées.

Le Grand-Papa. — Il ne faudrait pourtant pas s'en rapporter aux apparences. Ainsi le mercure qui est liquide, c'est-à-dire dont les molécules peuvent rouler les unes sur les autres comme de petites billes, a cependant une densité double de celle du fer, dont les molécules sont à l'état solide et semblent adhérer les unes aux autres. Il résulte de cette différence de densité que, si la Seine était un fleuve de mercure, les boulets de canon y flotteraient beaucoup plus facilement que le liége sur l'eau.

L'Enfant. — Je ne me serais pas attendu, je vous l'avoue, à pareil résultat.

Le Grand-Papa. — C'est une simple question de densité. Celle du fer est deux fois moindre que celle du mercure.

L'Enfant. — La balance, qui constate qu'un corps contient, sous un même volume, plus de molécules que n'en contient un autre corps, peut-elle préciser quel est le nombre réel de ses molécules ?

Le Grand-Papa. — Non, mon enfant. Pour préciser le nombre réel des molécules qui composent un corps, il faudrait savoir le poids d'une molécule et, dès lors, on pourrait dire combien de fois le poids de la molécule est compris dans le poids du corps; mais la molécule est impondérable, intangible, invisible, c'est-à-dire qu'on ne peut ni la peser, ni la toucher, ni la voir. Ainsi, entre deux corps donnés, nous pouvons dire que l'un contient deux, trois, quatre fois autant de molécules que l'autre, mais nous ne pouvons dire quel est le nombre réel des molécules ni de l'un ni de l'autre.

—

L'Enfant. — Vous avez dit un mot du liége, que l'on cite souvent pour sa légèreté. Je voudrais bien savoir, grand-papa, ce que c'est que ce corps.

Le Grand-Papa. — Le liége est l'écorce épaisse d'un chêne appelé chêne à liége, parce que cette substance en est effectivement le plus riche produit. L'arbre croît très-lentement et n'est guère en plein rapport que vers sa cinquantième année; c'est alors qu'il donne le liége le plus fin.

L'Enfant. — Le cultivateur doit attendre ainsi bien longtemps le résultat de ses soins.

Le Grand-Papa. — Le chêne à liége demande même des soins particuliers. Jusqu'à l'âge de quinze ans, cet arbre délicat exige un abri contre les rayons ardents du soleil.

L'Enfant. — Quel abri peut-on lui donner ?

Le Grand-Papa. — On fait appel à la vigne qui, par l'excellence de son fruit, dédommage bien le cultivateur et, par sa large feuille, forme au jeune arbre un parfait écran.

L'Enfant. — Je ne me représente pas bien comment les choses sont disposées.

Le Grand-Papa. — Voici comment on procède dans notre département des Pyrénées-Orientales, qui fournit le liége de qualité supérieure. On sème la graine en rangées qu'on distance de huit en huit mètres, et les intervalles sont occupés par la vigne, dont le feuillage s'élève, pour ainsi dire, en parasol.

L'Enfant. — C'est vraiment ingénieux !

Le Grand-Papa. — A quarante ans on commence la récolte de l'écorce ; mais ce liége, qu'on enlève tous les huit ou dix ans, n'est pas encore commercial, à cause des rugosités qui en tourmentent la surface. Il le devient progressivement, et quand le chêne est séculaire, il donne par an 10 kilogrammes de liége.

L'Enfant. — C'est considérable, grand-papa, vu la légèreté proverbiale du liége. Mais comment s'opère cette récolte ?

Le Grand-Papa. — Pour enlever le liége, on fait des sections circulaires à distance d'un mètre ; et puis, par une incision longitudinale qui s'étend entre deux sections circulaires, on détache l'écorce en plaques cylindriques. Pour rendre ces plaques plus transportables, on les aplatit en les chauffant d'abord dans de l'eau bouillante, on les étale ensuite sous une pression convenable.

L'Enfant. — J'ai parfaitement suivi tous ces détails, et j'espère que vous voudrez bien me faire connaître quelques emplois du liége.

Le Grand-Papa. — On le découpe en lames minces pour faire des semelles, ou bien en planchettes pour confectionner des appareils de sauvetage; on le taille en petites sphères pour faciliter la pêche à la ligne et au filet, ou bien en bouchons pour fermer les bouteilles. L'essentiel dans ce travail du liége, c'est que le couteau soit parfaitement aiguisé, attendu que, par l'élasticité qui lui est propre, le liége fuit, pour ainsi dire, sous l'action du tranchant.

L'Enfant. — Quelles sont donc, grand-papa, les propriétés du liége qu'on utilise dans ces diverses applications industrielles?

Le Grand-Papa. — On emploie le liége en semelles, parce qu'il est presque imperméable et garantit ainsi contre l'humidité. De plus, comme il est très-mauvais conducteur de la chaleur, il en empêche la déperdition et, par conséquent, il tient chaud. Cette propriété du liége le sauve du plus redoutable ennemi des forêts, de l'incendie, qui ne peut guère s'y propager, dès que le liége a seulement un centimètre d'épaisseur.

L'Enfant. — Ceci est bien important pour ces arbres dont le produit se fait attendre si longtemps.

Le Grand-Papa. — Je pense que tu comprends quelle est la propriété qui concourt, avec l'imperméabilité, pour l'emploi du liége dans les appareils de sauvetage et de flottaison.

L'Enfant. — Il me semble que c'est sa légèreté.

Le Grand-Papa. — Mais quelle est la propriété du liége qui concourt avec son imperméabilité pour le rendre si nécessaire dans son principal emploi, c'est-à-dire dans la fabrication des bouchons ?

L'Enfant. — La question est plus difficile et je ne puis la résoudre.

Le Grand-Papa. — Je vais t'aider de quelques mots. Pour bien fermer une bouteille, il faut que le bouchon ne pénètre dans le goulot qu'avec effort, par exemple, sous des coups de maillet. Mais si le bouchon était en bois, qu'en résulterait-il ?

L'Enfant. — Le bouchon transmettrait le choc au goulot et le verre serait cassé.

Le Grand-Papa. — Il faut donc que le bouchon soit compressible et qu'après avoir cédé sous le choc, sans le transmettre au verre, il réagisse pour reprendre son volume primitif et s'appliquer ainsi fortement aux parois du goulot. Or, mon enfant, quelle est cette propriété ?

L'Enfant. — La propriété par laquelle un corps se comprime sous une pression quelconque, mais tend à reprendre son volume primitif, c'est l'élasticité. Ainsi le liége sert à faire les bouchons, parce qu'il est élastique et, en même temps, imperméable.

Le Grand-Papa. — Pour le vin supérieur, notamment pour ceux de Bordeaux, on emploie le liége le plus fin. Si le liége était gercé, le vin contracterait une odeur désagréable. Cette odeur, dite de bouchon, provient d'une huile essentielle qui se sécrète dans les anfractuosités du liége et qui est dissoute par l'alcool du vin.

L'Enfant. — Je connaissais le fait, mais j'en ignorais complètement la cause.

Le Grand-Papa. — Enfin les déchets de bouchons servent à faire des veilleuses. Ces veilleuses deviennent rares aujourd'hui par suite des allumettes modernes.

L'Enfant. — Ces allumettes chimiques, qui nous

donnent immédiatement une flamme, c'est-à-dire, lumière et chaleur.

LE GRAND-PAPA. — Ces allumettes ne sont pas plus chimiques que ne le sont celles qui les ont précédées. Toute allumette est chimique, en ce sens qu'elle ne peut être utilisée que par sa décomposition. Les allumettes modernes sont appelées allumettes à frottement, parce qu'elles prennent feu par simple frottement.

L'ENFANT. — A quoi doivent-elles cette précieuse propriété ?

LE GRAND-PAPA. — Elles la doivent à ce qu'elles sont amorcées d'un peu de phosphore. Certainement cette inflammation spontanée des allumettes est précieuse sous un rapport, mais elle présente aussi de fréquents dangers d'incendie, car le phosphore brûle au simple contact de l'air. De plus, le phosphore a l'inconvénient d'être vénéneux et devient ainsi la cause d'empoisonnements accidentels ou prémédités. On prescrit, comme contre-poison de ce violent toxique, la magnésie calcinée.

L'ENFANT. — Comment cette magnésie doit-elle être employée ?

LE GRAND-PAPA. — Pour la faire boire au malade, on la met en suspension dans de l'eau bouillie.

L'Enfant. — Pourquoi faut-il de l'eau bouillie ?

Le Grand-Papa. — Il faut que l'eau soit désaérée le plus complètement possible, car l'oxygène de l'air ne pourrait qu'activer les effets du phosphore.

L'Enfant. — L'allumette à frottement est très-complexe. Je désirerais bien savoir quels sont les éléments qui la composent et quel est le rôle de chacun de ces éléments.

Le Grand-Papa. — L'allumette se compose d'un brin de bois sec. On le trempe par l'un des bouts dans du soufre fondu, puis on ajoute une amorce de phosphore qu'on recouvre d'une calotte de gomme ou d'une sorte de pâte, pour l'isoler de l'air. Quand on veut employer l'allumette, on la frotte sur un corps rugueux; on déchire ainsi l'enveloppe de gomme ou de pâte et l'on produit une certaine quantité de chaleur, le phosphore alors prend feu rapidement; le soufre, par son inflammabilité même, allume le bois que la main peut cependant tenir sans éprouver une sensation douloureuse, parce que le bois est mauvais conducteur de la chaleur.

L'Enfant. — On ne peut méconnaître l'habile combinaison de cette allumette.

Le Grand-Papa. — Soit; mais c'est une industrie malsaine qui altère profondément l'organisme.

Les personnes chargées de cette fabrication absorbent, en effet, plus ou moins de phosphore vaporisé. On remarque même qu'à l'obscurité, leur haleine est phosphorescente. Et quel peut être le prix de la main-d'œuvre, quand on songe qu'on livre 400 allumettes pour cinq centimes ! ! !

L'Enfant. — Que vous êtes heureux, grand-papa, de raisonner ainsi les plus petites questions d'industrie !

Le Grand-Papa. — Sous ce rapport, mon enfant, tu seras, un jour, plus heureux que moi, puisque tu acquiers déjà des connaissances que j'étais bien loin d'avoir à ton âge.

—

L'Enfant. — Malgré tous les détails intéressants qui nous ont éloignés de l'étude de la glace, je ne l'ai point perdue de vue et je pense, grand-papa, que je suis encore bien ignorant sur ce point.

Le Grand-Papa. — Ce n'est point brusquement, mais par degré que la glace devient légère.

L'Enfant. — Je le suppose, grand-papa, car vous m'avez dit que tout s'effectue graduellement dans la nature.

Le Grand-Papa.— L'eau, comme tous les corps, se contracte à mesure qu'elle se refroidit; mais, par une propriété spéciale, elle ne se contracte plus quand elle approche de son point de congélation, et même elle augmente peu à peu de volume, comme si ses molécules se préparaient ainsi au mode de cristallisation géométrique qui leur est propre. Donc, quand l'eau d'un lac, par exemple, tend à se congeler, les couches les plus froides sont les moins denses, les plus légères, les plus superficielles; les couches les plus profondes sont les plus denses. La congélation dès lors s'effectue dans les couches supérieures qui sont les plus froides et, en même temps, les plus directement soumises au contact refroidissant de l'air. Comprends-tu maintenant pourquoi le poisson reste au fond de l'eau, quand le froid est vif.

L'Enfant. — Je sais que le poisson, qui est un animal à sang froid, est lui-même beaucoup plus menacé de se congeler que ne l'est l'animal à sang chaud; d'où je conclus qu'il se tient au fond de l'eau, parce que la température s'y trouve moins froide qu'à la surface.

Le Grand-Papa. — La couche superficielle, en se congelant, forme une sorte de plafond qui empêche, dans une certaine mesure, la congélation des couches profondes où se réfugie le poisson, et qui conservent ainsi une suffisante température avec une suffisante mobilité. Nous revenons, tu le vois, à la propriété spéciale du blanc que nous avons signalée déjà dans la neige.

L'Enfant. — Ce plafond qui devient si bien la sauvegarde du poisson me rappelle une question que je me suis souvent posée sans pouvoir la résoudre. Dites-moi donc, grand-papa, pourquoi le patineur, même le plus lourd, semble avoir perdu, sur la glace, presque tout son poids.

Le Grand-Papa. — Je te félicite d'abord d'avoir fait cette remarque, et je conçois que, privé de certaines notions de physique, tu n'aies pu résoudre cette difficulté. Nous la traiterons avec détail en parlant de la force de quelques insectes et notamment du hanneton. Aujourd'hui, je m'en tiens à te dire que, pour se déplacer, le patineur n'a d'autre résistance à vaincre que le frottement; or le frottement est presque nul sur la glace qui est glissante et que le tranchant du patin ne touche, pour ainsi dire, que par un point.

—

L'Enfant. — Ce n'est pas sans impatience que j'attendrai les détails que vous me promettez sur la force du hanneton.

Le Grand-Papa. — Ce serait une digression qui nous écarterait beaucoup trop de notre sujet. Je trouve plus à propos de te demander, en ce moment, pourquoi l'on blanchit l'extérieur des maisons aussi bien dans les pays chauds que dans les pays froids ?

L'Enfant. — J'avoue que ceci me paraît fort bizarre ; je ne comprends pas qu'on puisse arriver, par le même moyen, à deux résultats tout à fait contraires.

Le Grand-Papa. — Pour concilier ce qui d'abord paraît contradictoire, je vais me servir d'une comparaison. Une porte fermée fait obstacle aussi bien à la personne qui veut entrer qu'à la personne qui veut sortir. Or le blanc est, pour la chaleur, ce qu'est, pour les personnes, une porte fermée. Par conséquent, dans les pays chauds, on blanchit les maisons pour que la chaleur du soleil n'entre pas ; et dans les pays froids, on blanchit les maisons pour que la chaleur du foyer ne sorte pas.

Des faits analogues, c'est-à-dire qui paraissent tout aussi contradictoires, se présentent à nous bien souvent ; mais notre attention ne sait pas s'y arrêter, et, par conséquent, notre esprit n'en cherche pas la cause. Ainsi, pour retarder le refroidissement d'un bouillon, comme pour retarder, au contraire, la fusion d'une glace, on enveloppe de plumes, par

exemple, le vase qui contient le bouillon, comme le
vase qui contient la glace. On arrive donc par le
même moyen à deux résultats qui semblent tout à
fait opposés. Je pense toutefois que tu t'expliques
aisément ces deux faits, qui proviennent d'une seule
et même cause.

L'Enfant. — Grand-papa, je suppose qu'ici les
plumes agissent à la manière du blanc; elles retardent le passage de la chaleur, qui, d'une part, ne
peut sortir du bouillon, et, d'autre part, ne peut
pénétrer dans la glace.

Le Grand-Papa. — C'est bien. Or la fourrure et
la laine se comportent comme la plume; d'où nous
devons conclure que la vestiture de l'hermine la protége doublement contre la déperdition de la chaleur; d'abord, parce qu'elle est très-fourrée; ensuite,
parce qu'elle est d'un blanc parfait.

L'Enfant. — Comme la Providence a bien vêtu
ce petit animal !

Le Grand-Papa. — Certes l'hermine a le vêtement qui, par sa nature et par sa couleur, est approprié le mieux au climat sous lequel elle doit vivre,
mais je dois ajouter que tous les détails de son organisation se trouvent parfaitement assortis à sa vie
souterraine et à son régime carnassier. Ainsi le vo-

lume de l'animal est petit, pour que l'hermine puisse aisément se loger dans le sol. Sa forme est allongée, pour lui permettre de passer par le moindre orifice. Ses pattes sont courtes, ainsi que sa queue, pour ne point la gêner sous terre. Ses dents sont acérées, afin de blesser la proie dont elle suce le sang. Sa nourriture est fluide, pour lui ménager l'extrême flexibilité des mouvements. Son œil est nocturne, parce qu'elle habite une demeure obscure et que, par prudence et par calcul, elle ne fait la chasse que la nuit. Son oreille est courte, afin que le corps n'ait, sur tous ses points, qu'une surface lisse.

L'Enfant. — Que de détails intéressants dans un être si petit ! seulement je ne comprends pas pourquoi son instinct la porte à ne sortir que la nuit. Vous m'avez dit qu'elle agit ainsi par prudence et par calcul.

Le Grand-Papa. — Par prudence, parce que ses pattes courtes lui refusant la vitesse, elle ne peut guère fuir au moment du danger ; par calcul, car elle doit surprendre principalement des proies endormies.

—

L'Enfant. — Pourquoi donc, en hiver, à l'exemple de l'hermine, ne s'habille-t-on pas de blanc ?

Le Grand-Papa. — C'est pour raison d'économie.

L'Enfant. — C'est juste, grand-papa, le blanc est trop salissant.

Le Grand-Papa.— En parlant ainsi, tu commets un contre-sens et une erreur. Salissant signifie qui salit et non qui est sali; ce mot exprime donc le contraire de ce que tu veux dire.

L'Enfant. — Je n'avais jamais pris garde à la bizarre défectuosité de cette expression, qui est très-ordinairement employée.

Le Grand-Papa. — J'ajoute qu'il n'est pas exact de dire que le blanc est plus vite sali que toute autre couleur, même que le noir. Seulement les malpropretés y sont beaucoup plus apparentes. C'est ainsi que, dans une écriture nette, les fautes d'orthographe apparaissent beaucoup plus que dans une écriture griffonnée.

—

L'Enfant. — Mais enfin, grand-papa, d'où vient la singulière propriété du blanc par rapport à la chaleur ?

Le Grand-Papa. — C'est ce que la science ne peut dire; et il est bien qu'elle se heurte ainsi à des vérités inaccessibles, devant lesquelles le génie lui-même est obligé de s'incliner, impuissant et muet.

Ces mystères du monde physique sont une des plus fortes preuves de l'existence de Dieu !

L'Enfant. — Qui donc pourrait douter de l'existence de Dieu ?

Le Grand-Papa. — Hélas! l'homme, dans son orgueil, serait tenté de se déifier lui-même, s'il pouvait tout comprendre. Mais, pour le ramener au vrai, Dieu lui montre, résolues dans le vol d'une simple hirondelle, des difficultés que le savant ne peut vaincre dans ses aérostats; ou bien lui manifeste, réalisés sous la patte d'une chenille aveugle, des problèmes contre lesquels échouent les combinaisons les plus habiles et les machines les plus compliquées.

L'Enfant. — La science peut-elle au moins nous dire pourquoi tiennent chaud ces différentes substances : plume, laine, fourrure ?

Le Grand-Papa. — On sait seulement qu'elles doivent cette propriété singulière aux bulles d'air qu'elles emprisonnent dans leur contexture; car l'air est très-mauvais conducteur de la chaleur. Cette propriété, si nécessaire à certains animaux, et si utile à l'homme lui-même, est éminemment remarquable dans l'édredon.

L'Enfant. — Mais, grand-papa, d'où provient

cet édredon, qui sert, je crois, à faire des couvre-pieds si légers et si chauds ?

LE GRAND-PAPA. — C'est le duvet d'une espèce de canard sauvage appelé eider. Les barbes, barbelles et barbellules en sont d'une si extrême ténuité qu'elles forment comme une éponge imbibée d'air. La recherche de ce produit luxueux n'est pas sans danger, et je dois ajouter qu'elle n'est pas sans reproche. Et d'abord, ce qui la rend très-périlleuse, c'est que la cane-eider cache son nid aux falaises les plus escarpées. Mère dévouée, elle ne le quitte qu'un instant, et à de longs intervalles, afin de pourvoir à sa propre subsistance. On épie ce moment, et l'on grimpe jusqu'à la couvée, pour s'emparer non des œufs, mais du fin duvet dont la cane les a couverts pour qu'ils ne se refroidissent pas durant sa courte absence. A chaque sortie, la cane s'arrache de nouvelles plumes pour abriter ses œufs, et chaque fois on réitère ce même larcin, jusqu'à ce que, trop dépouillée de sa vestiture, la mère elle-même soit enfin menacée de périr.

L'ENFANT. — Mais, grand-papa... c'est un acte odieux... qui n'est commis sans doute que chez des peuples plus sauvages encore que l'eider...

LE GRAND-PAPA. — C'est assurément une industrie coupable; car si l'homme peut disposer à son gré de tous les animaux, il ne doit pas en abuser, il n'a pas le droit surtout d'être cruel. L'eider habite le Nord de l'Europe, principalement le rivage de la Norvége, de la Suède et de l'Écosse. Ainsi, les compatriotes de l'eider sont presque nos voisins. Du reste, le canard de nos basses-cours est soumis, pour quelques gourmets, à des actes plus barbares encore.

L'Enfant.— Que me dites-vous là, grand-papa!...

Le Grand-Papa. -- Oui, mon enfant : pour que le foie du canard devienne volumineux et succulent, en s'imprégnant d'une graisse suave, on nourrit l'animal avec excès et de force durant plusieurs jours, en le privant sans pitié de toute boisson. Le pauvre canard, qui est naturellement doué d'une grande puissance digestive, succombe étouffé par le volume excessif de son foie.

L'Enfant. — Un tel raffinement de barbarie ne se peut concevoir... Ah ! je ne mangerai jamais de foie gras !

Le Grand-Papa. — Malgré la haute estime des gastronomes pour ce mets, surtout quand il est parfumé de truffes, on peut dire que le foie gras est doublement indigeste, d'abord par lui-même, ensuite par ce condiment.

L'Enfant. — Donnez-moi, je vous prie, quelques détails sur la truffe, produit luxueux qu'on retire, je crois, du sein de la terre.

Le Grand-Papa. — La truffe est une de ces plantes inférieures qui n'ont pas de fleur. Elle se reproduit sous la forme d'une poussière dont les petits grains portent le nom de spores. C'est la reine des champignons par son parfum qui, du reste, ne s'y développe que lorsque la truffe est mûre, c'est-à-dire noire.

L'Enfant. — Il me semble, grand-papa, que j'ai vu des truffes blanches ou du moins grises.

Le Grand-Papa. — La truffe est toujours blanchâtre dans la première période de son développement, parce que les parois des cellules qui la forment sont incolores; mais à mesure que les spores, qui sont bruns, se condensent dans les cellules, leur ensemble devient noir. La truffe qui reste grisâtre est de qualité inférieure. La truffe recueillie dans le département de la Dordogne est la plus estimée.

L'Enfant. — Pourquoi ne sème-t-on pas partout ce champignon, dont le prix est très-élevé ?

Le Grand-Papa. — C'est qu'il ne réussit point partout. On ne connaît pas bien la nature du terrain qu'il exige. On a seulement remarqué que, dans

le département de la Dordogne, où la truffe abonde
le plus, le sol est sec, ferrugineux et couvert de
chênes. Champignon souterrain, la truffe ne dissipe
pas dans l'air son parfum.

L'Enfant. — Puisque la truffe se tient sous le
sol et semble y dérober son parfum, comment par-
vient-on à la découvrir ?

Le Grand-Papa. — On utilise l'odorat du chien
et surtout celui du porc.

L'Enfant. — Le chien doit avoir, ce me semble,
un odorat plus fin que le porc.

Le Grand-Papa. — Le chien est carnassier. Son
odorat ne se porte donc pas naturellement vers les
plantes. On peut le dresser à la recherche des truffes, mais il dénoncerait mieux la trace d'une perdrix ou d'un lièvre. Le porc, au contraire, très-
friand de truffes, en fait la recherche avec une telle
avidité qu'il faut le tenir de près pour l'empêcher de
la faire à son profit.

Concluons, mon enfant, que le foie gras truffé
n'aura jamais sa place dans un régime hygiénique.

L'Enfant. — Dites-moi, s'il vous plaît, grand-
papa, ce que signifient les mots régime hygiénique.

Le Grand-Papa. — J'allais te le dire, mon enfant,
mais je suis bien aise que ta question vienne pren-

dre l'initiative, parce que l'enfant qui ne laisse passer aucune expression sans la comprendre a la volonté sérieuse de s'instruire. Du reste, on n'acquiert
d'idées nettes qu'à ce prix, car un mot obscur projette son ombre beaucoup plus loin qu'on ne pense.
On entend donc par régime hygiénique une manière
de vivre réglée par l'hygiène; et l'hygiène est cette
partie de la médecine qui a pour objet la conservation de la santé. Chacun doit en connaître les préceptes, pour s'y conformer; car la constitution la
plus forte ne s'en écarte pas impunément, tandis
qu'en les suivant, une constitution médiocre et presque débile peut se maintenir assez bien.

L'Enfant. — Les préceptes de l'hygiène seraient
donc pour tous un complément d'instruction bien
utile, bien nécessaire.

Le Grand-Papa. — Pour moi, mon enfant, je ne
manque jamais l'occasion de te signaler ceux qu'il
importe le plus de connaître. Hier encore je te disais:
il ne faut jamais passer brusquement d'une température élevée à une température basse, ni d'une
température basse à une température élevée. La
transition doit s'effectuer graduellement, afin de ne
pas troubler une des fonctions essentielles de la
peau. De là vient le danger que présentent les appar-

tements trop chauffés en hiver, puisque, dès qu'on en sort, on est spontanément saisi par le froid. En manquant à ce précepte hygiénique, on s'expose aux plus graves accidents. Tu dois comprendre, par exemple, pourquoi l'hiver est surtout l'époque des rhumes fréquents.

L'Enfant. — Sans doute, grand-papa, puisque c'est l'époque où l'on passe souvent de l'air intérieur, qui est très-chaud, dans l'air extérieur, qui est très-froid. La plupart de nos salons somptueux sont tellement surchauffés qu'on y étouffe même de chaleur.

Le Grand-Papa. — On y étouffe, il est vrai, mais pas de chaleur. On peut même dire qu'ici la température est encore ce qui incommode le moins. Je m'explique. Dans un salon encombré de personnes, plusieurs causes concourent à rendre la respiration de plus en plus difficile.

L'Enfant. — Grand-papa, je vais bien vous suivre dans les détails que je vous prie de me donner sur ce point.

Le Grand-Papa. — Notons d'abord que l'oxygène, c'est-à-dire le gaz respirable, ne forme guère qu'un cinquième de l'air. Or, l'air contenu dans le salon est diminué notablement et par la présence des personnes et par l'action de la chaleur. En effet, chaque personne, en entrant, fait sortir le volume d'air dont elle prend la place.

L'Enfant. — C'est évident.

Le Grand-Papa. — La chaleur qui dilate l'air du salon en chasse par cela même encore une certaine quantité.

L'Enfant. — C'est incontestable, et je comprends qu'il y a chaleur produite et par les personnes et par le luminaire.

Le Grand-Papa. — Notre cinquième d'air a donc subi une réduction proportionnelle, et, comme il doit servir à la respiration des personnes et à la combustion des bougies, il devient presque insuffisant.

L'Enfant. — C'est parfaitement vrai.

Le Grand-Papa. — De plus, l'acide carbonique produit par la respiration des personnes et par la combustion des bougies est un gaz irrespirable; il se répand dans l'air et s'y mêle, ainsi que la vapeur d'eau qui résulte de la transpiration des personnes, vapeur d'eau tellement abondante qu'elle mouille toutes les vitres.

L'Enfant. — Donc, je le vois, si l'on étouffe dans le salon, c'est surtout par l'insuffisance d'air respirable, c'est-à-dire d'oxygène.

Le Grand-Papa. — La vapeur d'eau n'est pas visible dans l'air chaud du salon, mais elle le devient et se liquéfie même au contact des vitres qui sont elles-mêmes refroidies par l'action de l'air extérieur. Comprends-tu maintenant pourquoi notre haleine, invisible en été, devient visible en hiver.

L'Enfant. — Je crois, grand-papa, que notre haleine est invisible en été, parce qu'elle passe dans l'air extérieur, qui est assez chaud; tandis qu'en hiver elle passe dans un air froid, qui la rend visible sous l'apparence d'un brouillard.

Le Grand-Papa. — C'est ainsi que notre haleine, projetée sur un corps froid, sur un miroir, s'y dépose visiblement et le mouille.

—

L'Enfant. — Mais quelle est donc, grand-papa, cette fonction de la peau que peut troubler le passage brusque du chaud au froid ou du froid au chaud ?

Le Grand-Papa. — Mon enfant, la peau enveloppe le corps et le protége; mais elle doit, en outre, être le siége d'une exhalation permanente qu'on appelle transpiration, quand elle est modérée; qu'on appelle sueur, quand elle est surabondante. La sueur, qu'elle soit produite par la température ou bien par l'exercice, ne doit jamais être arrêtée brusquement; il faut, par la diminution graduée de la chaleur ou par le repos, la laisser revenir peu à peu à l'état normal; et, quant à la transpiration, elle ne doit jamais être interrompue, car par elle sont éliminés sans cesse divers produits devenus nuisibles, alors même qu'ils ne seraient qu'inutiles.

C'est pour suffire à cette transpiration nécessaire et continue que l'eau doit entrer en grande proportion dans notre régime alimentaire. Ainsi, pour me servir des données et du langage de la science, la ration quotidienne d'eau pour chaque personne est de 1,800 grammes, c'est-à-dire près de deux litres.

L'Enfant. — Près de deux litres! mais il est des buveurs effrénés qui ne touchent jamais à la carafe, ils ont horreur de l'eau et n'en boivent pas une seule goutte.

Le Grand-Papa. — Précisément ce sont eux qui en boivent le plus; si bien que la plupart de ces malheureux meurent hydropiques.

L'Enfant. — Oh! par exemple, grand-papa, ceci ne peut se comprendre.

Le Grand-Papa. — Écoute, mon enfant. Nos meilleurs vins de France contiennent, à l'état pur, neuf dixièmes d'eau. Par conséquent, boire deux litres de vin, c'est presque boire deux litres d'eau.

L'Enfant. — Grand-papa, j'étais loin de m'attendre à ce fait ; mais enfin ces buveurs n'atteignent même pas ainsi la ration d'eau qui nous est assignée.

Le Grand-Papa. — Ils la dépassent de beaucoup, alors même qu'ils ne consommeraient par jour que deux litres de vin, et de vin supposé pur ; car ils trouvent dans tous leurs aliments une notable proportion d'eau. Pour me faire mieux comprendre, je vais te prendre toi-même pour exemple et te prouver que tu as pris hier ta ration d'eau.

L'Enfant. — Oh ! grand-papa, choisissez, je vous prie, un autre jour ; car, je dois vous l'avouer, l'eau était hier si froide que je n'en ai pas bu deux verres.

Le Grand-Papa. — C'est trop peu, mon enfant ; mais cette infraction à l'hygiène n'a pas notablement changé le résultat. Tu n'as bu que deux verres d'eau, soit ; mais qu'as-tu mangé ?

L'Enfant. — Selon le régime que vous m'avez fixé, j'ai déjeuné, vers six heures, d'une tasse de chocolat pour attendre le repas de dix heures.

Le Grand-Papa. — Eh bien, mon enfant, le chocolat contenait quatre dixièmes d'eau, et le pain trois dixièmes. Puis, au grand déjeuner, qu'as-tu mangé ?

L'Enfant. — Un œuf à la coque, un merlan frit et du beurre.

Le Grand-Papa. — L'œuf contenait huit dixièmes d'eau; le merlan, huit dixièmes, et le beurre, deux dixièmes; plus le pain, trois dixièmes.

L'Enfant. — Que me dites-vous là, grand-papa?

Le Grand-Papa. — Passons au dîner.

L'Enfant. — J'ai mangé un potage au tapioka, une côtelette de mouton, de la purée de pomme de terre, un peu de fromage et quelques pruneaux secs.

Le Grand-Papa. — Le potage contenait, par le bouillon et par le tapioka, neuf dixièmes d'eau; la côtelette, sept dixièmes; la pomme de terre, sept dixièmes; le fromage, quatre dixièmes; les pruneaux, deux dixièmes, et le pain trois dixièmes.

L'Enfant. — J'en suis maintenant à me demander, grand-papa, si je ne consomme pas, sans m'en douter, beaucoup trop d'eau.

Le Grand-Papa. — Non, mon enfant. Ces dixièmes sont relatifs à de petites quantités de chacune de ces substances; de telle sorte que l'eau constitue, en moyenne, à peu près la moitié de nos aliments.

L'Enfant. — Je ne puis revenir de ma surprise.

Le Grand-Papa. — Je vais t'étonner encore, sans doute, en te disant que, dans ces aliments, tu dois trouver aussi les 300 grammes de charbon que tu brûles tous les jours à cette merveilleuse chaufferette qu'on appelle le poumon; je dis merveilleuse, car ces 300 grammes de charbon suffiraient pour faire cuire une côtelette, et cependant, le poumon n'est pas consumé.

L'Enfant. — Comment expliquer cela ?

Le Grand-Papa. — Dans le foyer, les 300 grammes sont brûlés en 20 minutes; tandis que, dans le poumon, leur combustion ne s'effectuant qu'en 24 heures, c'est-à-dire en 1,440 minutes, est soixante-douze fois plus lente.

L'Enfant. — Je brûle 300 grammes de charbon par jour... et vous aussi, grand-papa ?

Le Grand-Papa. — Sans doute, mon enfant.

L'Enfant. — Et pourquoi donc cela ?

Le Grand-Papa. — Pour concourir à produire la chaleur qui est nécessaire à notre organisme, et de laquelle dépend la force dont nous pouvons disposer. C'est ainsi que la puissance d'une machine à vapeur dépend de la quantité de chaleur qu'elle produit, et cette chaleur dépend elle-même de la quantité de charbon que consume la machine.

L'Enfant. — Quel prodige que cette puissance de la vapeur, qui déplace un immense convoi comme je déplace une plume!

Le Grand-Papa. — Elle est effectivement prodigieuse la puissance qui, sur les voies ferrées ou dans les usines, met en mouvement si rapide des masses que de nombreux chevaux ne pourraient mouvoir. Mais ce n'est pas l'eau qui est douée de cette puissance. La matière est inerte, elle ne peut pas se donner à elle-même le mouvement; elle ne peut donc communiquer ce qu'elle n'a pas. Le ressort invisible, invincible, infatigable qui produit le mouvement, c'est la chaleur accumulée dans les bulles de la vapeur d'eau. Et ce qui est tout aussi merveilleux, c'est que cette chaleur puisse être indéfiniment accumulée dans une enveloppe aussi peu consistante que la pellicule qui constitue la bulle de vapeur, tandis que cette chaleur peut faire éclater les plus épaisses chaudières.

L'Enfant. — Mais, grand-papa, d'où tire-t-on cette chaleur ?

Le Grand-Papa. — Autre merveille, mon enfant. On retire cette chaleur de la houille par le fait seul de sa combustion.

L'Enfant. — On brûle la houille en si grande quantité qu'elle finira par s'épuiser. Comment y suppléeront alors les chemins de fer ?

Le Grand-Papa. — La réserve de combustible

que la Providence nous a faite au sein de la terre, suffira pour de longs siècles encore. Puis, à défaut de houille, combustible commode, qui peut être immédiatement employé, nous avons une mine de combustible supérieur et qui ne s'épuiserait jamais. Cette mine, bien différente d'une houillère, qui ne se reproduit plus, se renouvellerait sans cesse d'elle-même.

L'Enfant.—Quelle est donc cette mine incroyable ?

Le Grand-Papa. — C'est la mer.

L'Enfant. — La mer ! mais alors, pour le service des lignes ferrées, ce serait l'eau qui fournirait elle-même le combustible destiné à la réduire en vapeur ?

Le Grand-Papa. — Certainement, et l'explication est ici bien facile. L'eau se compose de deux gaz invisibles. L'un de ces gaz que tu connais, pour ainsi dire, par le gaz de l'éclairage est l'hydrogène ; or l'hydrogène est le combustible par excellence, et la quantité que la mer en contient est incalculable.

L'Enfant. — Je sais, grand-papa, qu'un bec de gaz s'enflamme très-bien et qu'il produit ainsi beaucoup de chaleur. Mais le gaz, à mesure qu'il est brûlé, se trouve anéanti. Par conséquent, je ne puis comprendre comment ce combustible se renouvellerait sans cesse.

4

Le Grand-Papa. — L'hydrogène n'est pas anéanti par la combustion ; il est seulement transformé. Dans la nature, qui est une œuvre divine, rien ne se perd. Pour faire rentrer un seul atôme dans le néant, il faut la toute-puissance même qui l'en a fait sortir. Anéantir, comme créer, est un acte souverain qui n'appartient qu'à Dieu seul.

L'Enfant. — Que devient donc l'hydrogène ?

Le Grand-Papa. — Par la combustion, l'hydrogène redevient eau.

L'Enfant. — La question se complique pour moi.

Le Grand-Papa. — Un mot va la simplifier. Brûler l'hydrogène, c'est le combiner avec un gaz invisible comme lui, mais très-actif, appelé oxygène. Or, les deux éléments de l'eau sont précisément l'hydrogène et l'oxygène. Le chimiste peut isoler de nouveau l'hydrogène et le brûler de nouveau.

L'Enfant. — Je ne m'attendais point à pareil phénomène, parce que je n'attachais pas au mot brûler le sens que lui assigne la science. Tout consisterait donc à séparer tour-à-tour et à combiner les deux éléments de l'eau.

Le Grand-Papa. — Oui ; par une succession indéfinie de décomposition et de recomposition de l'eau, on se procurerait sans cesse le meilleur des combustibles. Il faudrait seulement trouver le moyen d'opérer avec économie; le procédé suivi dans les laboratoires est trop coûteux.

L'Enfant. — Ainsi l'eau n'est chimiquement que de l'hydrogène brûlé ?

Le Grand-Papa.— Sans doute; et note bien ce fait important, c'est que l'eau, qui est composée d'hydrogène et d'oxygène, n'a plus aucun des caractères distinctifs de ces deux gaz : elle n'est ni combustible comme l'hydrogène, ni comburante comme l'oxygène. Les deux gaz, en s'unissant, se sont dépouillés de leurs propriétés spéciales pour revêtir d'autres propriétés.

L'Enfant. — Grand-papa, puisque l'eau a pour élément l'hydrogène, c'est-à-dire le combustible par excellence, comment se fait-il qu'elle éteigne l'incendie ?

Le Grand-Papa. — Pour éteindre l'incendie, l'eau doit être doublement efficace, car elle agit à la fois de deux manières différentes. La combustion d'une poutre, par exemple, exige deux conditions : une haute température et la présence de l'air. Or, l'eau projetée avec abondance sur cette poutre en abaisse la température et en chasse l'air. Elle supprime donc simultanément les deux conditions; il suffirait cependant qu'elle en supprimât une seule.

L'Enfant. — Je ne me rends pas bien compte de ce double effet.

Le Grand-Papa. — Continue de m'écouter, mon enfant, et la question va s'éclaircir par une simple analyse. L'eau, pour passer de l'état liquide à l'état gazeux, demande beaucoup de chaleur; celle que la pompe déverse abondamment sur la poutre enflammée vient lui soustraire toute cette chaleur; la poutre, par conséquent, est très-refroidie; en même temps, la vapeur d'eau qui se dégage de tous les points incendiés, chasse l'air de toutes parts. Ainsi les deux conditions nécessaires pour la combustion de la poutre sont à la fois supprimées.

L'Enfant. — C'est juste; mais je ne m'explique pas pourquoi l'hydrogène de l'eau ne s'enflamme pas lui-même.

Le Grand-Papa. — Encore un peu d'attention, mon enfant, et l'explication sera complète. J'ai dit que l'eau est projetée avec abondance, et c'est ici le point essentiel. La pompe, en effet, ne doit pas fonctionner, si elle ne peut disposer que d'un faible jet d'eau; car elle activerait l'incendie au lieu de l'éteindre.

L'Enfant. — Je vous écoute avec l'attention la plus soutenue.

Le Grand-Papa. — L'eau qui arriverait en petite quantité sur un brasier ardent, serait décomposée par l'excès de la chaleur ; et l'hydrogène, devenu libre, s'enflammerait aussitôt, en reprenant à l'air l'oxygène que le combustible ligneux lui aurait enlevé. Mais, si le jet de la pompe inonde la poutre, l'eau n'est pas décomposée ; et, puisque l'eau n'est que de l'hydrogène brûlé, il est évident que la vapeur d'eau, n'étant elle-même que de l'hydrogène brûlé, ne peut pas s'enflammer.

L'Enfant. — Maintenant je m'explique très-bien le procédé d'un forgeron, procédé qui m'avait paru même fort bizarre. Cet artisan, pressé de faire rougir au feu une barre de fer, l'aspergeait de très-petites gouttelettes d'eau. Effectivement, sur chacun des points où tombaient ces petites gouttelettes, une petite flamme se produisait et le charbon lui-même devenait incandescent.

Le Grand-Papa. — Ces gouttelettes d'eau, mon enfant, activent la combustion par une particularité que tu remarqueras, je l'espère, à la première occasion. A mesure que le charbon se consume, il se couvre d'une légère couche de cendres qui sont le résidu même de sa combustion.

L'Enfant. — J'ai fait cette remarque, grand-papa, mais sans y attacher la moindre importance ; et, en ce moment encore, je ne prévois pas ce que peuvent produire de particulier sur ces cendres les gouttelettes projetées.

LE GRAND-PAPA. — Elles dégagent de la surface du charbon cette couche de cendres, qui intercepte notablement l'accès de l'air, et favorisent ainsi la combustion.

———

L'ENFANT. — Grand-papa, puisque l'eau est si riche en hydrogène, pourquoi n'en retire-t-on pas le gaz de l'éclairage ?

LE GRAND-PAPA. — Si le gaz de l'éclairage n'était formé que d'hydrogène, ce serait assurément le procédé le plus économique et le plus naturel. Mais le gaz de l'éclairage est un composé d'hydrogène et de carbone. L'hydrogène seul produirait une flamme qui serait sans éclat. Le bec de gaz doit son pouvoir éclairant aux particules solides de carbone ou charbon pur. Cette poussière de carbone devient incandescente et lumineuse par la haute température que produit la combustion de l'hydrogène.

L'ENFANT. — C'est donc à la présence d'un corps noir que la flamme d'hydrogène doit son éclat.

LE GRAND-PAPA. — Il faut, en effet, te figurer la

flamme d'un bec de gaz, comme traversée réellement par un torrent de molécules solides de carbone.

L'Enfant. — Comment ce fait étrange peut-il être démontré ?

Le Grand-Papa. — Très-facilement. Cette flamme, promenée sur un plafond ou projetée sur une assiette de porcelaine, y dépose une traînée de poussière noire, impalpable.

L'Enfant. — J'ai remarqué souvent, sans me demander la raison de ce fait, que le point du plafond qui surmonte un bec de gaz, ou tout autre mode d'éclairage, est plus ou moins noirci, malgré le petit dôme sous lequel la flamme est placée; mais cet effet n'est sensible qu'après un certain temps. Il me semble que le dépôt de carbone devrait être considérable, et se former en quelques minutes, si la flamme est traversée par un torrent de molécules charbonneuses.

Le Grand-Papa.—Il y a deux faits à noter dans ce que tu viens de dire. Le premier fait, c'est que dans l'éclairage par le gaz, par l'huile, par le pétrole, par la chandelle, par la bougie, c'est toujours le même composé que l'on brûle, c'est-à-dire l'hydrogène et le carbone. Le second fait, c'est que le dépôt de carbone est peu considérable, parce que le

carbone, à sa sortie de la flamme, est brûlé par
l'oxygène de l'air ambiant; et le carbone brûlé devient invisible, parce qu'il forme avec l'oxygène un
corps gazeux appelé acide carbonique.

L'Enfant. — Mais, grand-papa, une difficulté
résolue semble appeler pour moi des difficultés nouvelles, comme si à mesure qu'on s'instruit, on sen-
tait qu'on est de plus en plus ignorant.

Le Grand-Papa. — C'est qu'à mesure qu'on s'é-
lève, l'horizon s'agrandit; la perspective s'étendant,
on aperçoit plus d'objets; et puis, quand on s'arrête
au moindre détail, on y trouve un sujet d'étude
presque indéfini. Le seul fait de l'éclairage nous mè-
nerait déjà fort loin, dans la nature et dans l'industrie : dans la nature, depuis le soleil, immense lus-
tre du firmament, jusqu'au ver-luisant, petit réver-
bère du buisson; dans l'industrie, depuis la bougie,
reine de nos salons, jusqu'à l'électricité, étoile de
nos phares.

—

L'Enfant. — Grand-papa, je n'ai vraiment
qu'une idée confuse de ce qu'on appelle un phare.

Le Grand-Papa. — C'est un appareil, qui pour
être complètement compris, suppose des connaissances auxquelles tu n'es pas encore arrivé. Cepen-

dant je puis, dès aujourd'hui, t'en donner une notion suffisante. Une bougie allumée rayonne la lumière dans toutes les directions.

L'Enfant. — Certainement, puisqu'elle éclaire les objets placés tout autour.

Le Grand-Papa.—Mais, à une certaine distance, son pouvoir éclairant est très-affaibli. Toutefois, si l'on s'arrange de manière à diriger à la fois tous les rayons sur un seul point, il est évident que ce point sera d'autant plus éclairé qu'on y aura concentré plus de rayons.

L'Enfant. — En effet, il recevra la somme de tous les rayons.

Le Grand-Papa.—Si ce faisceau lumineux émane d'un foyer très-intense, il pourra porter une vive clarté beaucoup plus loin, puisqu'il compensera par le nombre des rayons l'affaiblissement causé par la distance. Ces deux conditions se trouvent réalisées dans un phare. Le foyer lumineux est éblouissant, des réflecteurs et des verres habilement combinés en projettent les rayons dans une même direction. Du reste, l'appareil est placé au sommet d'une haute colonne et dans les stations du rivage les plus convenables, pour signaler au loin la présence des côtes. C'est un avertissement bien nécessaire, surtout dans l'obscurité de la nuit, pour éviter les récifs ou bien les passes dangereuses.

L'Enfant. — Je crois, grand-papa, que si tous les rayons qui émanent d'un foyer très-lumineux sont dirigés vers un seul point, ce point doit être vivement éclairé, même à grande distance; mais c'est au détriment de tous les autres points de l'horizon, qui sont ainsi privés de toute lumière. Il en résulte, ce me semble, que le phare n'est utile qu'au seul navire qui se trouve dans la direction privilégiée.

Le Grand-Papa. — Ta remarque est très-judicieuse, mon enfant; mais tu ne l'aurais pas faite, si tu m'avais laissé le temps de compléter mon explication; c'est que tous les points de l'horizon vont successivement profiter du faisceau lumineux par un artifice bien simple.

L'Enfant. — Eh, par quel moyen, grand-papa?

Le Grand-Papa.— Si l'appareil restait immobile, le faisceau lumineux se dirigerait toujours du même côté, mais il est animé d'un mouvement de rotation qui s'effectue, par exemple, dans une minute. Ainsi le faisceau lumineux balaie toute la surface de l'horizon; et, par conséquent, en quelque point que soit le navire, le faisceau lui arrive à son tour et lui revient, après une éclipse qui ne dure pas même tout-à-fait une minute.

L'Enfant. — Cet artifice est fort ingénieux.

Le Grand-Papa. — Ce n'est pas tout. En variant, pour chaque phare, la durée de l'éclipse, c'est-à-dire la période de rotation, on peut signaler d'une manière précise à quel port de mer le phare appartient. On peut même aller plus loin, car, en diversifiant la couleur du faisceau lumineux, on peut caractériser d'une manière spéciale tel ou tel récif. Nous compléterons ces détails un peu plus tard.

L'Enfant. — Je sais du moins, grand-papa, que vous ne me laisserez pas ignorer ce qu'il m'importe le plus de connaître sur ce point.

Le Grand-Papa. — Certainement je n'y manquerai pas toutes les fois que l'occasion s'en présentera d'elle-même, mais surtout quand tu la feras naître par quelque question.

—

L'Enfant. — Grand-papa, dans cette froide saison, comment se passer de feu ? Il est déjà si pénible de s'arracher, le matin, à la douce chaleur de son lit. On redoute tant ce moment, qui se renouvelle chaque jour.

Le Grand-Papa. — On le redoute, surtout, quand il s'y mêle un peu de paresse, car la paresse rend très-frileux. Mais les plus jeunes enfants n'y songent plus, dès qu'ils ont en perspective une fête ou quelque plaisir ; et les personnes raisonnables ont **un** motif plus élevé pour vaincre cette première impression, qui ne dure qu'un instant. Il est vrai que cette chaleur du lit est non-seulement la plus douce, mais encore la plus saine, la plus uniforme, la mieux assortie à nos organes ; et, comme elle n'a d'autre foyer que nous-mêmes, il en résulte d'abord cette grande vérité que nous produisons en nous une suffisante quantité de chaleur ; il en résulte aussi que notre corps, pour conserver cette chaleur, a seulement besoin d'être bien couvert, et que l'air enfin peut devenir le plus chaud de tous les vêtements.

L'Enfant. — Puisque l'agréable température de notre lit ne provient que de nous-mêmes, ils est évident que nous produisons toute la chaleur qui nous est nécessaire ; il est évident aussi que les couvertures n'ont ici d'autre effet que d'empêcher ou du moins retarder la déperdition de cette chaleur ; mais ce que je ne conçois pas, c'est que l'air puisse tenir chaud. Hier encore, j'ai remarqué que la bise rend, au contraire, le froid beaucoup plus vif.

Le Grand-Papa. — Ta remarque sur l'action réfrigérante de la bise est fort juste, mais n'atténue en rien ce que j'ai dit. Seulement elle constate cette autre vérité que, par rapport à la chaleur, l'air en mouvement ne se comporte pas comme l'air en repos. Et, en effet, l'air agité peut être refroidissant, tandis que l'air immobile tient chaud.

L'ENFANT. — Tout le monde sait, par expérience, que le vent peut refroidir ou du moins rafraîchir.

LE GRAND-PAPA. — L'usage de l'éventail suffirait pour le prouver.

L'ENFANT. — Mais comment prouve-t-on que l'air immobile tient chaud ?

LE GRAND-PAPA. — On le prouve notamment par l'expérience qu'en font les maraîchers, dans cette saison. As-tu remarqué les grandes cloches dont ils se servent pour abriter leurs plantes délicates ou bien les primeurs?

L'ENFANT. — Je pensais que ces nombreuses cloches de verre remplissaient un office analogue à celui des petits sacs de crin, dont on couvre les grappes pour les protéger contre les oiseaux.

LE GRAND-PAPA. — Ces cloches sont surtout destinées à garantir les plantes contre le froid, en leur ménageant une atmosphère captive, sorte de ouate invisible qui les défend de la gelée. Effectivement, quelque rigoureuse que devienne la saison, la plante ne risque rien dans cet asile, qui lui permet de recevoir librement les rayons du soleil.

L'Enfant. — Puisque le fait est positif, la démonstration est sans réplique ; mais alors je me demande pourquoi l'air agit d'une manière différente, selon qu'il est en repos ou bien, au contraire, qu'il est en mouvement.

Le Grand-Papa. — Il est facile de s'expliquer pourquoi l'air agité peut être refroidissant. L'air, au contact d'un corps chaud, s'échauffe aux dépens de ce corps, et, s'il est en mouvement, il doit, par les soustractions successives de chaleur, en abaisser plus ou moins la température. L'air agit ici comme agirait tout autre corps. Mais, quand l'air est immobile, il se comporte tout autrement, parce que la couche qui s'échauffe au contact du corps chaud ne transmet pas aux autres couches la chaleur qu'elle lui prend, et n'en prend plus elle-même dès que sa température est égale à celle de ce corps. Il est évident que le corps chaud, n'éprouvant plus, pour ainsi dire, la moindre déperdition de chaleur, ne peut désormais se refroidir, ou ne le peut qu'avec une excessive lenteur. M'as-tu compris, mon enfant ?

L'Enfant. — Grand-papa, quand l'air est agité, je comprends que la couche qui est en contact avec le corps chaud, se renouvelant sans cesse, lui enlève sans cesse une nouvelle quantité de chaleur ; le corps doit donc se refroidir assez vite. Au contraire, quand l'air est immobile, la couche qui est en contact avec le corps chaud restant la même, la soustraction de chaleur ne se renouvelle pas ; le corps doit donc ne se refroidir que très-lentement. Mais je ne puis comprendre pourquoi la couche d'air qui s'échauffe ne transmet pas aux autres couches la chaleur qu'elle soutire au corps chaud.

Le Grand-Papa. — Un fait s'impose, mon enfant, alors même qu'on ne peut le comprendre. L'air est une de ces substances qui ne transmettent pas la chaleur ou ne la transmettent que difficilement. C'est ainsi que l'atmosphère qui enveloppe toute la terre est, pour nous, comme une admirable cloche de jardinier, qui nous protége contre une trop rapide déperdition de la chaleur, tout en remplissant d'autres fonctions d'une extrême importance. C'est ainsi que, dans les pays où le froid est très-rigoureux, on met aux fenêtres un double vitrage, et l'air emprisonné dans le compartiment que forment entre elles ces deux vitres, ne permet pas à la chaleur de se dissiper au dehors. L'air est donc un de ces corps qui ne transmettent pas bien la chaleur ; mais la physique ne peut encore nous dire à quoi tient cette propriété singulière. Elle se contente de signaler ces corps comme de mauvais conducteurs.

L'Enfant. — Comme elle appelle bons conducteurs, sans doute, les corps qui transmettent bien la chaleur.

Le Grand-Papa. — A propos de ces corps bons et mauvais conducteurs, voici la question que je te prie de résoudre. Si, dans une chambre sans feu et par un temps froid, le pied nu touche successivement le tapis, le parquet, l'âtre et le chenet, on éprouve une sensation bien différente et, cependant ces quatre corps sont à la même température.

L'Enfant. — Je les aurais supposés à une température bien différente, car le chenet, par exemple, paraît beaucoup plus froid que le tapis.

Le Grand-Papa. — Il est plus refroidissant, mais il n'est pas plus froid.

L'Enfant. — Je vais vous bien écouter, grand-papa, pour savoir comment concilier ces deux faits contradictoires.

Le Grand-Papa. — Je procède par voie de comparaison. Une barrique emplie d'eau est ouverte par quatre robinets de diamètres différents. Le diamètre du premier robinet est très-petit, celui du deuxième est petit, celui du troisième est grand, celui du quatrième est très-grand. L'écoulement sera-t-il égal par les quatre robinets ?

L'Enfant. — Certainement non, grand-papa. Il sera très-faible par le très-petit robinet, et très-considérable par le plus grand.

Le Grand-Papa. — Eh bien, le tapis, c'est-à-dire la laine, est un corps qui ne laisse passer la chaleur que difficilement ; le parquet, c'est-à-dire le bois, la laisse passer moins difficilement ; l'âtre, c'est-à-dire la pierre, laisse passer la chaleur assez bien, et le chenet, c'est-à-dire le métal, la laisse passer très-facilement. Donc, la chaleur du pied s'écoule peu par le tapis, plus par le parquet, plus encore par l'âtre, et encore plus par le chenet.

L'Enfant. — Je suis satisfait de tenir la solution de cette difficulté, qui me paraissait insurmontable.

Un mot encore. Vous avez comparé l'atmosphère à la cloche du jardinier ; mais il me semble, grand-papa, que l'air atmosphérique n'est pas immobile.

Le Grand-Papa. — C'est vrai, mon enfant ; nous verrons même que l'air doit être toujours en mouvement. Mais, bien que l'atmosphère ne soit pas immobile, on peut la comparer à une merveilleuse cloche de jardinier. En effet, sans elle, la Terre même en Été, perdrait si vite durant la nuit la chaleur acquise durant le jour, que toute vie, comme toute végétation, serait impossible. Ainsi cette enveloppe gazeuse est comme un voile transparent qui s'oppose, tour à tour, à ce que la terre se refroidisse trop en Hiver et s'échauffe trop en Été.

L'Enfant. — Que je suis heureux d'acquérir si facilement avec vous, grand-papa, des connaissances si importantes !

Le Grand-Papa. — C'est une juste récompense de ton zèle et de ta persévérance.

—

L'Enfant. — Comment pouvons-nous compenser nous-même la déperdition de la chaleur que l'air en mouvement nous fait éprouver sans cesse ?

Le Grand-Papa. — L'exercice musculaire activant toutes les fonctions est un moyen naturel de produire plus de chaleur; mais ce moyen physiologique ne peut être qu'intermittent, parce que l'exercice amène bientôt la fatigue. Les vêtements en tissus mauvais conducteurs sont d'une efficacité plus continue. Enfin nous avons recours au chauffage artificiel.

L'Enfant. — Quel est, grand-papa, le meilleur appareil de chauffage ?

Le Grand-Papa. — La cheminée est le mode de chauffage qui est à la fois le plus agréable et le plus sain : le plus agréable, parce que l'animation du foyer, dont l'aspect change à chaque instant, distrait le regard; le plus sain, parce que l'air intérieur de l'appartement est continuellement renouvelé. Mais ce mode de chauffage est très-coûteux. On brûle beaucoup de combustible, et l'on ne profite guère que du dixième de la chaleur produite par la combustion.

L'Enfant. — Je croyais que la chaleur produite était proportionnelle à la quantité de combustible brûlé.

Le Grand-Papa. — La chaleur produite est, en effet, proportionnelle au combustible consumé; mais la chaleur utilisée est ici réduite à un dixième.

L'Enfant. — On se chauffe pourtant bien devant un feu qui pétille, de flamme empanaché.

Le Grand-Papa. — Soit. Mais les 9/10es de la chaleur s'écoulent dans l'air par la cheminée. Un point essentiel, c'est d'établir un tirage convenable. Car, si le tirage est trop fort, l'air de l'appartement ne s'échauffe pas; si le courant d'air est trop faible, la cheminée fume.

L'Enfant. — Je ne saurais donner la raison de ces deux inconvénients.

Le Grand-Papa. — Si le tirage est trop fort,

l'air de l'appartement se renouvelle si vite qu'il n'a pas le temps de s'échauffer. Si le tirage est trop faible, le courant ascendant de la cheminée est refoulé par le moindre courant atmosphérique, et rentre avec la fumée qu'il devait porter au dehors.

L'Enfant. — Je comprends parfaitement.

Le Grand-Papa. — Enfin, un inconvénient inévitable de la cheminée, c'est que le tuyau se trouve plus ou moins obstrué par la suie, c'est-à-dire par les substances charbonneuses qui, n'ayant pas été brûlées, se déposent sur les parois. Il faut donc y faire monter un enfant qui la ramonne. Si le tuyau est trop étroit, il s'encombre aisément. Si le tuyau est trop large, il s'y établit deux courants inverses : l'un qui monte et l'autre qui descend. Alors on brûle beaucoup de combustible, on a peu de chaleur et beaucoup de fumée.

Le poële échauffe beaucoup mieux et à moins de frais, car il utilise une plus grande partie de la chaleur, et par lui-même et par le tuyau qui en dérive.

L'Enfant. — Je voudrais bien en comprendre la raison.

Le Grand-Papa. — Le corps du poële reçoit directement du foyer beaucoup de chaleur, et la transmet à l'air extérieur qui en touche le pourtour. Le courant ascendant qui longe les parois du tuyau leur cède une grande partie de chaleur, de telle sorte qu'il sort presque froid, quand le poële est établi dans les conditions convenables.

L'Enfant. — Eh, quelles sont les conditions, grand-papa ?

Le Grand-Papa.— Il faut que le tuyau soit à peu près horizontal et qu'il décrive des circuits. Alors, le tuyau, précisément parce qu'il est métallique, soutire au courant ascendant une grande partie de la chaleur qui s'écoulerait au dehors; et il lui en soutire d'autant plus que, par sa direction presque horizontale, il diminue la vitesse du courant et, par ses circuits, il l'oblige à parcourir un plus long trajet.

L'Enfant. — Il me semble, grand-papa, que je comprends bien les deux circonstances qui s'ajoutent pour doubler l'effet produit par le poële sur le courant : 1° le courant monte plus lentement, parce que le tuyau est presque horizontal ; 2° son parcours est plus long, puisque le tuyau fait des circuits.

Le Grand-Papa. — C'est très-bien. L'air qui circule autour du poële et du tuyau distribue dans l'appartement une température à peu près égale, parce que toutes les couches d'air viennent à leur tour se mettre en contact avec cette surface métal-

lique, qui est un excellent conducteur. Mais le poële
est d'un aspect morne, parce qu'il nous dérobe la
vue du foyer. De plus, ce mode de chauffage exige
une précaution trop souvent négligée. Le poële doit
être en fer, en cuivre, en porcelaine ou en brique.
Il est sage d'exclure le poële en fonte, parce que si
la fonte rougit au feu, elle laisse alors filtrer à travers ses pores ou dégage elle-même un gaz très-
délétère que les chimistes appellent oxyde de carbone. Quelle que soit la nature du poële, il importe
de ne fermer le tuyau que lorsque le combustible est
complètement consumé, afin de ne pas répandre
dans l'appartement l'oxyde de carbone que produirait une combustion incomplète.

L'Enfant. — Grand-papa, pourquoi ferme-t-on
le tuyau du poële ?

Le Grand-Papa. — C'est pour retenir la chaleur
au profit de l'appartement. Cette chaleur se conserve
longtemps, lorsque le poële est en porcelaine ou en
brique, parce que les matières terreuses sont des
corps mauvais conducteurs.

L'Enfant. — Vous avez parlé d'une précaution
que le poële exige et qu'on néglige trop souvent.

Le Grand-Papa. — Cette précaution est pourtant
bien importante. En effet, l'air, pour être hygiéni-

que, doit contenir une quantité de vapeur d'eau proportionnelle à sa propre température. S'il en contient
trop, il est humide; s'il n'en contient pas assez, il
est desséchant. A mesure donc que l'air s'échauffe
au contact du poële, il faut lui fournir le supplé-
ment de vapeur qui lui devient nécessaire, ou bien
il va la soutirer à tous les corps qu'il touche, par
exemple, à notre figure, à nos mains, surtout aux
lèvres, aux paupières, aux voies aériennes et jusqu'aux poumons qu'il tend à dessécher à leur tour.

L'Enfant. — Mais comment lui fournir ce sup-
plément de vapeur d'eau ?

Le Grand-Papa. — En plaçant sur la galerie du
poële un récipient très-évasé qu'on emplit d'eau.
Le poële qui chauffe l'air chauffe également l'eau
qu'il vaporise en quantité correspondante à la
température même de l'air. C'est le même foyer qui
agit à la fois sur l'air et sur l'eau. Il est essentiel
que le récipient soit très-évasé, afin de multiplier, le
plus possible, les points de contact entre ces deux
corps, car l'évaporation est toujours en rapport
direct avec la surface libre du liquide.

L'Enfant. — En m'expliquant la cheminée des
appartements, vous avez fait surgir dans mon esprit
une question bien naturelle. Je me suis demandé si
la cheminée des lampes remplit un office analogue.

LE GRAND-PAPA. — La cheminée des lampes fonctionne comme celle des appartements pour établir, en effet, un tirant d'air qui active la combustion de l'huile, mais elle remplit encore un autre office. Elle ménage à la flamme un abri contre les agitations latérales de l'air ambiant. Une porte qui s'ouvre, une personne qui se déplace, enfin le moindre incident suffit pour que l'air produise des mouvements qui agiteraient la flamme, d'autant plus qu'elle est plus légère et plus mobile que lui.

L'ENFANT. — Les oscillations de la flamme d'une chandelle ou d'une bougie font couler le suif ou la cire; mais il me semble qu'elles ne peuvent produire un effet semblable sur l'huile qui, par elle-même, est liquide et contenue dans un réservoir.

LE GRAND-PAPA. — Les oscillations de la flamme font trembloter la lumière, et cette circonstance suffit pour fatiguer les yeux. J'ajoute que la cheminée des lampes, comme celle des appartements, active d'autant plus la combustion qu'elle a plus de hauteur.

L'ENFANT. — Eh, qu'en résulte-t-il, grand-papa?

LE GRAND-PAPA. — Il en résulte que la flamme a plus d'éclat, mais que la dépense de l'huile est plus grande.

L'Enfant. — Alors, pourquoi fait-on ces hautes cheminées ?

Le Grand-Papa. — Lorsqu'on veut qu'une seule lampe éclaire un assez grand espace. Quand une lampe ne doit éclairer qu'à petite distance, par exemple, une personne qui travaille tout près, une haute cheminée aurait deux inconvénients : elle dépenserait trop d'huile et, par l'éclat excessif de la flamme, elle altérerait bien vite l'organe de la vue.

—

L'Enfant. — Grand-papa, vous m'avez fait connaître à propos de l'éclairage bien d'importantes particularités dont, en général, on se préoccupe si peu.

Le Grand-Papa. — Je pense bien que tu comprends pourquoi la cheminée des lampes doit être en verre à mince paroi.

L'Enfant. — C'est parce que le verre, sous une mince épaisseur, est transparent, c'est-à-dire laisse passer la lumière, tandis qu'une cheminée en métal ne la laisserait point passer. Mais, si le verre était trop épais il ne serait que translucide. Vous voyez, grand-papa, que j'ai gardé bon souvenir de vos leçons.

Le Grand-Papa. — C'est vrai. Cependant je désirerais plus de précision entre les trois sortes de corps : opaques, translucides, transparents.

L'Enfant. — Le corps opaque ne laisse point passer la lumière; exemple, l'or. Le corps translucide ne laisse passer que la lumière blanche; exemple, le verre dépoli. Le corps transparent laisse passer les rayons colorés aussi bien que la lumière blanche; exemple, l'air. L'air est tellement transparent qu'il nous laisse voir à travers lui tous les corps, comme s'il n'était pas interposé entre ces corps et nous. Quand le verre est mince, il est suffisamment transparent; mais il cesse de l'être, dès qu'il est trop épais ou seulement dépoli.

Le Grand-Papa. — As-tu remarqué, mon enfant, que dans la flamme d'une chandelle, d'une bougie, la mèche est entourée d'une partie qui est sombre, et, par conséquent, ne contribue en rien à l'éclairement ?

L'Enfant. — Hélas ! grand-papa, j'ai fait comme beaucoup d'autres, je n'y ai guère fait attention, et cependant c'est encore une particularité qui mérite d'être connue.

Le Grand-Papa. — Cette partie bleuâtre, qui occupe avec la mèche le centre de la flamme, ne brûle pas, parce que l'air n'y peut pénétrer. La combustion

ne s'effectue que par l'action de l'oxygène de l'air ;
il n'y a donc que le pourtour de la flamme qui
brûle et qui soit lumineux. La mèche reste noire, et
la vapeur de cire ou de suif ne s'enflamme pas.

L'Enfant. — C'est facile à comprendre.

Le Grand-Papa. — Mais il est un point sur lequel je t'arrête encore par une question. Pourquoi
la chandelle exige-t-elle l'intervention des mouchettes, tandis que la bougie n'en a pas besoin ?

L'Enfant. — Franchement, grand-papa, je n'en
sais rien, et je suis honteux même de n'avoir pas
remarqué ce fait.

Le Grand-Papa. — Remarquer un fait notable,
c'est déjà faire un pas vers la science, car l'observation suscite le désir de savoir. Dans la chandelle,
la mèche est plus volumineuse que dans la bougie ;
ne brûlant pas, elle se champignonne à mesure que
le suif se consume, elle obstrue la lumière et détermine plus ou moins de fumée. Il faut donc, par
l'action des mouchettes, en enlever la partie qui
s'est épanouie comme un champignon sur son pédoncule. Mais, dans la bougie, on prépare la mèche
de telle sorte qu'elle est brûlée en même temps que
la cire elle-même.

L'Enfant. — En quoi consiste cette préparation ?

LE GRAND-PAPA. — La mèche est imprégnée d'un sel incombustible. Ce sel, calciné par la température de la flamme, se contracte et recourbe la mèche dont l'extrémité vient ainsi se brûler aux confins de la flamme. Cette combustion de la mèche se traduit par un point rouge que l'extrémité de la mèche produit sur un des côtés de la flamme. La mèche cède d'autant mieux à la contraction du sel qu'elle est, t'ai-je dit, assez mince.

L'ENFANT. — Pourquoi donc cette différence de diamètre entre la mèche de chandelle et la mèche de bougie ?

LE GRAND-PAPA. — Le suif se fondant plus facilement que la cire, a besoin de trouver une large voie dans la mèche pour ne pas se déverser en stalactite. La cire qui résiste mieux à la fusion n'a pas besoin d'une aussi large voie, et c'est un avantage sous le rapport de l'éclairement, parce que la mèche, qui devient noire, diminue moins le pouvoir éclairant de la flamme. Il est un autre artifice par lequel on prévient la perte que produisent les stalactites. La mèche est tordue; à mesure qu'elle brûle, elle se détord, mais en s'inclinant successivement vers tout le contour de l'espèce de godet que forme la bougie au voisinage de la flamme. La partie qui touche à la mèche étant plus près du foyer se fond la première, et forme à la base de la mèche une sorte de bain de pied. Les bords de la bougie se maintiennent plus élevés et empêchent l'écoulement de la partie déjà liquéfiée.

—

L'Enfant. — Vous m'avez fait apprécier le rôle de l'air dans le chauffage et dans l'éclairage, je suppose que vous voudrez bien m'apprendre s'il remplit encore quelque office important.

Le Grand-Papa. — L'air atmosphérique remplit une autre fonction qui certainement va te surprendre, il exerce sur nous une pression considérable.

L'Enfant. — L'air est pourtant bien léger.

Le Grand-Papa.—Mais l'atmosphère a une hauteur qui est au moins de 60 kilomètres, c'est-à-dire de 15 lieues. Cette pression est d'environ 15,000 kilogrammes sur une personne de taille moyenne.

L'Enfant. — Deux points me paraissent ici bien étranges : d'abord, que la pression soit si considérable et, puis, qu'elle varie selon la dimension de chaque personne.

Le Grand-Papa.— Je t'ai prévenu que tu serais surpris, je te préviens que tu ne vas plus l'être après réflexion. Considère, d'une part, que les couches atmosphériques superposées sont bien nombreuses, et, d'autre part, que leur pression est en rapport direct avec la surface sur laquelle elle s'exerce.

L'Enfant. — Je comprends qu'une substance légère doit effectivement être lourde, si elle a 15 lieues d'épaisseur; car une feuille de papier à lettre, par exemple, est par elle-même assez légère, mais si l'on superposait de ces feuilles jusqu'à une hauteur d'une lieue seulement, le poids total en serait énorme.

Le Grand-Papa.—Ta comparaison est excellente, elle va même nous servir à comprendre que la pression atmosphérique doit varier pour chaque personne. Supposons, en effet, que les feuilles de papier couvrent à une égale hauteur deux tables d'inégale grandeur, est-ce que la pression sera la même sur les deux tables ?

L'Enfant. — Oh ! non. Elle sera plus considérable sur la table qui présente le plus de surface, puisque cette table supporte plus de feuilles.

Le Grand-Papa.— De même, la pression atmosphérique est, pour chacun de nous, proportionnelle à la surface de notre corps.

L'Enfant.— La démonstration est sans réplique, mais voici bien une autre difficulté pour moi. Cette pression atmosphérique ne nous gêne, ce me semble, en aucune façon.

LE GRAND-PAPA. — Nous ne sentons même pas que l'air nous touche.

L'ENFANT. — Eh ! comment ne sommes-nous pas écrasés sous une telle pression ?

LE GRAND-PAPA. — C'est que, d'une part, notre corps est, pour ses 4/5es, formé de liquides et que les liquides sont, pour ainsi dire, incompressibles ; d'autre part, l'air chaud que contient nos poumons réagit contre la pression de l'air extérieur et soutient, par exemple, notre poitrine, comme l'air chaud qu'on insuffle dans une bulle de savon, permet à cette bulle si frêle, de résister à la forte pression que l'atmosphère exerce aussi sur elle.

L'ENFANT. — Cependant la bulle de savon est bientôt détruite.

LE GRAND-PAPA. — C'est vrai, mais elle n'est pas écrasée. Seulement elle éclate lorsque s'évapore l'eau savonneuse qui en forme les minces parois.

L'ENFANT. — Je comprends mieux maintenant l'importance pour nous de brûler, chaque jour, 300 grammes de charbon, ne fût-ce que pour maintenir chaud l'air que contient notre poitrine, et, par conséquent, combien est nécessaire une alimentation convenable.

Le Grand-Papa. — A propos d'alimentation, je dois te rappeler ce que je t'ai déjà dit sur l'abus si fréquent des sucreries.

L'Enfant. — Certes, grand-papa, je n'ai pas oublié vos paroles sévères contre l'abus des pastilles, pralines et dragées.

Le Grand-Papa. — Le jour en ceci le plus compromis est précisément celui qui commence l'année.

L'Enfant. — Le jour de l'an ! ah ! ce qui atténue mes griefs contre l'Hiver, c'est qu'il nous ramène exactement cette grande fête des étrennes. Mais, enfin, est-ce que l'hygiène proscrit les bonbons ?

Le Grand-Papa. — L'hygiène ne proscrit pas les bonbons, mais elle conseille d'en user avec réserve, parce que l'abus est ici bien près de l'usage.

L'Enfant. — Cependant, grand-papa, le nom même de bonbon signifie deux fois bon.

Le Grand-Papa. — Sans doute, les bonbons flattent le goût, mais ils fatiguent l'estomac et dégradent les dents. Je dis qu'ils fatiguent l'estomac, parce que toute substance, même nécessaire, devient nuisible quand elle est prise avec excès ; c'est cet excès qui rend si fâcheux le premier jour de l'an. Saturé de sucreries, l'estomac est dégoûté de tout aliment substantiel, les glandes salivaires sont épuisées sans profit, les dents s'encroûtent de tartre, et les gencives se tuméfient. Je vais plus loin, et je dis qu'une mère intelligente se garde bien de donner à ses petits enfants le moindre fragment de sucre, parce que le sucre est ainsi d'autant plus nuisible qu'il est plus dur, c'est-à-dire de qualité supérieure.

L'Enfant. — Je vous écoute de toute mon attention, grand-papa; car je comprends maintenant pourquoi, malgré mes petits chagrins d'autrefois, vous n'avez jamais permis de me donner que du sucre dissous ou bien pulvérisé.

Le Grand-Papa. — Continue de m'écouter, afin de bien suivre mon raisonnement. Si le sucre est dur, le petit enfant doit produire, pour le rompre, un certain effort; car il est pressé de le faire crier sous la dent, et ne se donne pas le temps de le dissoudre. Eh bien, par cet effort, la dent, qui est encore mal affermie, risque bien d'être déviée. Quand elle a quitté son rang, elle n'y rentre que sous les violentes tenailles du dentiste; mais, pour le quitter de nouveau, dès qu'on lui rend la liberté. Elle affaiblit ainsi ses deux voisines de droite et de gauche; de plus, elle dérange plus ou moins la dent qui lui correspond dans la mâchoire opposée. Ce qui est encore plus grave, c'est que l'émail, dont la couche est encore si mince, peut s'écailler plus ou moins. Dès lors la dent est infirme et ne peut être conservée. C'est à son émail, en effet, que la dent doit son éclat, sa résistance et son efficacité. S'il manque sur un point, la carie s'empare bien vite de ce point; car l'ivoire, qui forme le corps de la dent, est attaqué par les acides les plus faibles. On peut, à la rigueur, s'abstenir de salade et de fruits, qui contiennent toujours des principes plus ou moins acides; mais comment supprimer l'acide carbonique produit par la respiration elle-même?

L'Enfant. — Oh! je vous remercie, grand-papa, de votre prévoyante fermeté.

Le Grand-Papa.— Oui, mon enfant, tu as pleuré plus d'une fois de mes refus, mais j'ai su vaincre tes larmes pour te conserver tes belles dents.

L'Enfant. — Comment se fait-il, grand-papa, que des connaissances si essentielles soient si peu répandues, ou du moins si peu appliquées?

Le Grand-Papa.— Que serait-ce donc si je te disais combien la fraude peut rendre dangereuses toutes ces sucreries, si variées de forme et de couleur!

L'Enfant. — Je pense, grand-papa, que, du moins, le sucre d'orge et le sucre de pomme sont d'innocentes friandises.

Le Grand-Papa. — Sans doute; et pourtant il est convenable d'en user modérément, par la raison même que ce ne sont que des friandises. Du reste, je dois ajouter qu'il n'y a pas plus un atome d'orge dans l'un qu'il n'y a, dans l'autre, un atome de pomme; pas plus qu'il n'y a un atome d'orge dans l'orgeat. L'orgeat se fait avec des amandes. Quant au sucre d'orge et quant au sucre de pomme, ce sont des sucres qui, d'après leur mode de fabrication, retiennent une plus ou moins grande quantité d'eau. En résumé, ce ne sont que des friandises, et non de véritables aliments. Je pense que tu n'as pas oublié les détails que je te donnai l'année dernière sur l'alimentation. Et d'abord, te rappelles-tu bien ce que c'est qu'un aliment ?

L'Enfant. — Si mes souvenirs ne me trompent pas, vous m'avez dit qu'un aliment est une substance que la digestion peut transformer en notre propre substance. Vous m'avez dit aussi qu'il faut varier ses aliments.

Le Grand-Papa. — C'est bien, mais pourquoi faut-il varier ses aliments ?

L'Enfant. — Voici la réponse que je trouve encore dans mes souvenirs : c'est que les principes nécessaires à l'alimentation sont très-nombreux, et se

trouvent pourtant disséminés dans des substances
très-diverses.

Le Grand-Papa. — C'est très-bien, mon enfant.
Il faut seulement ajouter que nous ne savons pas
toujours de quelle substance nous retirons tel ou tel
corps qui doit entrer dans la composition de nos
organes, de nos tissus : par exemple, le fluor, principe essentiel de l'émail de nos dents.

L'Enfant. — Je voudrais bien voir ce corps,
grand-papa.

Le Grand-Papa. — Nous ne savons pas si ce
corps est solide, liquide ou gazeux. Nous pouvons
bien le faire passer d'une combinaison dans une
autre, mais nous ne pouvons pas l'isoler, nous ne
pouvons point l'obtenir seul. Personne n'a jamais
vu une parcelle de fluor, et cependant personne ne
doute de l'existence de ce corps. Et ici te rappelles-
tu ce que je t'ai dit du lait, cette nourriture spéciale
du nouveau-né ?

L'Enfant. — Comment pourrais-je oublier, grand-
papa, cette preuve si manifeste de la sagesse divine,
qui veut que le lait soit un aliment complet, c'est-
à-dire réunisse à la fois, et dans les proportions
les mieux assorties, tous les principes nécessaires à
l'alimentation.

Le Grand-Papa.— Le lait est, en effet, le liquide le plus complexe qu'on puisse imaginer. L'analyse n'y trouve pas moins de trente-deux substances différentes. Remarquons bien que l'eau y prédomine; elle en forme presque les neuf dixièmes, comme nous avons vu qu'elle forme les neuf dixièmes du vin. Une notable proportion de matière sucrée lui donne une saveur agréable et contribue avec le beurre à fournir les éléments qui, en se brûlant dans les poumons, doivent produire de la chaleur. Il est surtout rendu nutritif par une certaine quantité de caséine, substance dont on fait le fromage. Il contient enfin le fluor avec les substances calcaires qui doivent constituer les os et les dents.

L'Enfant. — Je voudrais bien encore vous soumettre à propos du sucre une dernière question. Le sucre râpé, comme celui dont on saupoudre les fraises, par exemple, peut être donné, ce me semble, aux plus jeunes enfants, puisqu'il ne présente aucune résistance et, par conséquent, n'exige aucun effort.

Le Grand-Papa. — Le sucre pulvérisé peut être donné sans doute aux plus jeunes enfants; mais, pour réduire le sucre en poudre, il ne faut pas le râper.

L'Enfant. — Le moyen paraît cependant expéditif et commode; il est d'un usage général.

Le Grand-Papa. — Par son dur frottement, la râpe altère les deux qualités essentielles du sucre : l'éclat et la saveur. Le sucre, pour plaire au regard et au goût, doit être blanc et doux, or, les particules corrodées par les dents de la râpe, qui s'use elle-même sensiblement, prennent une teinte sombre et une certaine amertume.

L'Enfant. — Comment le frottement peut-il avoir ce double effet ?

Le Grand-Papa. — Tu sais, par expérience, que le frottement développe de la chaleur.

L'Enfant. — Oh! oui, grand-papa; et, tout à l'heure même, je me suis frotté les mains pour les réchauffer réciproquement.

Le Grand-Papa. — Or l'intensité de la chaleur produite est proportionnelle à l'intensité du frottement; et, comme la râpe agit avec force et vitesse, toutes les particules qu'elle atteint sont, en quelque sorte, caramélisées, c'est-à-dire légèrement brûlées, carbonisées.

L'Enfant. — Cette explication si nette me fait comprendre l'odeur particulière que les mains exhalent, quand on les frotte vivement : c'est une odeur de corne brûlée.

Le Grand-Papa. — C'est, en partie, l'odeur de l'épiderme, partie protectrice de la peau.

L'Enfant. — Mais alors, grand-papa, comment s'y prendre pour pulvériser le sucre ?

Le Grand-Papa. — On doit le broyer, le piler : d'abord le sucre se trouve ici entre deux surfaces lisses, celle du mortier et celle du pilon ; et puis l'action du pilon étant beaucoup plus modérée que celle de la râpe, divise le sucre sans en élever notablement la température.

L'Enfant. — Par conséquent, le sucre n'éprouve aucune altération sensible.

Le Grand-Papa. — Très-bien, mon enfant, très-bien.

L'Enfant. — Grand-Papa, il est encore un point obscur dont je vais me dégager, en vous le soumettant. Vous m'avez dit souvent que tout phénomène exige l'action d'une force. Or le froid n'est pas une force, puisqu'il est, au contraire, la négation de la force appelée chaleur. Comment se fait-il donc que, dans le langage, on semble lui attribuer le phénomène de la congélation ?

Le Grand-Papa. — Écoute bien ma réponse. Si le froid est la négation de la force appelée chaleur, il est par cela même l'affirmation d'une autre force qu'on appelle cohésion; car ce sont deux forces antagonistes, toujours en lutte dans tous les corps : la cohésion tendant à faire adhérer entre elles les molécules, tandis que la chaleur tend à les séparer. Quand la cohésion prédomine, le corps est solide ; quand la chaleur prédomine, le corps est gazeux; quand la cohésion et la chaleur se font équilibre, le corps est liquide. Or, pour que l'eau, par exemple, se congèle, c'est-à-dire devienne solide, que faut-il, mon enfant ?

L'Enfant. — D'après ce que vous venez de m'enseigner, il faut que la cohésion prédomine.

Le Grand-Papa. — Très-bien; mais, pour que la cohésion prédomine, que faut-il nécessairement?

L'Enfant. — Il faut que la chaleur diminue.

Le Grand-Papa. — Ou bien, ce qui revient au même, il faut que le froid augmente.

L'Enfant. — C'est juste, grand-papa; car augmentation du froid ou diminution de la chaleur sont deux expressions équivalentes.

Le Grand-Papa. — Ce sont, en effet, deux expressions identiques entre elles et chacune d'elles signifie, par conséquent, prédominance de la cohésion. Eh bien, il est facile de concevoir que le langage ordinaire, pour expliquer le phénomène de la congélation, se soit servi plutôt de l'influence indirecte du froid que de l'influence directe de la cohésion; d'abord, parce que la cohésion est une force qui n'est connue que de quelques savants et même depuis peu, tandis que tout le monde a naturellement la notion du froid. Ensuite, il importe de noter que, dans le phénomène de la congélation, c'est le froid seul qui nous impressionne. Concluons cependant qu'en réalité tous les phénomènes qu'on attribue au froid sont dus à la cohésion.

L'Enfant. — Je vois effectivement que dire augmentation du froid, c'est dire diminution de la chaleur; et dire diminution de la chaleur, c'est dire prédominance de la cohésion.

Le Grand-Papa. — Dans le langage ordinaire, on admet souvent des expressions équivalentes, quoique inverses. Ainsi je suppose deux joueurs ayant terminé leur partie de cartes ou d'échecs; il est évident qu'il y a une relation nécessaire entre la perte de l'un et le gain de l'autre, de telle sorte que dire ce que l'un a perdu, c'est dire nécessairement ce que l'autre a gagné.

L'Enfant. — C'est vrai, grand-papa; et cette analogie me fait mieux comprendre que ce que la chaleur a perdu est nécessairement l'équivalent de ce que la cohésion a gagné.

—

Le Grand-Papa. — Maintenant revenons à notre sujet, car je dois réhabiliter à tes yeux les deux autres agents de l'Hiver : la pluie et le vent.

L'Enfant. — Oh ! pour la pluie, grand-papa, je ne puis m'empêcher de dire qu'elle est fort ennuyeuse, car elle rend impraticables les promenades et les chemins ; parfois même elle tombe avec une telle abondance, une telle opiniâtreté, qu'elle semble nous menacer d'un nouveau déluge. Je conçois son utilité pour rafraîchir les ardeurs de l'Été ; mais, en Hiver, quel bien peut-elle faire ?

Le Grand-Papa. — Un bien considérable. Lorsque le froid a détruit tant de plantes et tant d'animaux, que vont devenir tous ces débris et toutes ces dépouilles ? L'eau s'empare peu à peu de toutes les substances qu'elle en peut dissoudre ; elle les change en engrais, c'est-à-dire en aliments, et elle les fait descendre avec elle dans le sol. Or tout ce travail exige un certain temps. La pluie d'Hiver ne doit pas être rapide, instantanée, comme un orage de l'Été ; il faut, au contraire, qu'elle persévère, qu'elle dure plusieurs jours. Du reste, quant à l'abondance de la pluie, la quantité d'eau qui tombe de l'air est à peu près égale tous les ans, l'Hiver n'en fournit guère plus que l'Été. Tu vois que si, par le froid, l'Hiver est économe, il devient, par la pluie, réparateur. En effet, il accumule autour des graines et des jeunes racines les provisions nécessaires pour rénover, au Printemps, le règne végétal.

L'Enfant. — Grand-papa, me voilà réconcilié désormais avec la pluie, même avec celle de l'Hiver. Mais une difficulté me reste sur le troisième agent de cette saison. Je m'explique parfaitement l'utilité du zéphyr, qui est si bienfaisant et si doux; je ne m'explique pas celle du vent, qui tourmente le feuillage des arbres et brise même leurs rameaux.

Le Grand-Papa. — Le vent, comme le zéphyr, est chargé d'une fonction qui lui est propre, et si parfois il n'avait pas une certaine violence, il ne pourrait pas accomplir son office. Il faut, en effet, qu'il émonde nos forêts, qu'il enlève les feuilles mortes, qu'il abatte les branches et que, même, il arrache les arbres qui, ne pouvant plus végéter, doivent céder leur place à d'autres.

L'Enfant. — Et pourquoi donc est-il plus fréquent au mois de mars ?

Le Grand-Papa. — C'est qu'il s'agit alors de balayer tout ce qui, détruit par le froid, n'a pas été dissous par la pluie, afin que l'horizon soit libre et net pour l'avénement du Printemps. De plus, il est des plantes qui, à cette époque déjà, sont en floraison, et qui ne pourraient donner le moindre fruit, si elles n'avaient pas le secours d'un puissant courant d'air. Je te développerai plus tard cette question de Botanique.

L'Enfant. — Je ne manquerai point, grand-papa, de vous rappeler une promesse qui surexcite ma curiosité, ou plutôt mon désir de m'instruire à la vue de tant de merveilles.

Le Grand-Papa. — C'est bien, mon enfant; tu vois, en effet, que tout est admirablement calculé dans les œuvres de Dieu, et que nous devons terminer par cette double conclusion :

1o L'Hiver est une saison nécessaire comme les trois autres, et même, en quelque sorte, plus nécessaire, puisque, par ses patientes économies et par ses abondantes réserves, il prépare la parure du Printemps, les moissons de l'Été, les vendanges de l'Automne ;

2o La Nature est si parfaite qu'on ne pourrait y supprimer le moindre détail sans défaire aussitôt tout l'ensemble.

LE PRINTEMPS

L'Enfant. — Grand-Papa, quelle agréable et jolie saison que le Printemps! oh ! que je la préfère de beaucoup aux trois autres !

Le Grand-Papa.— Cette préférence ne m'étonne pas, mon enfant, surtout à ton âge, qui est lui-même le printemps de la vie... Personne d'ailleurs ne peut méconnaître les avantages particuliers de cette saison, qui est à la fois la plus gracieuse et la plus ornée.

L'Enfant. — Il me semble, grand-papa, qu'elle doit réjouir également tous les âges.

Le Grand-Papa. — En effet, le Printemps plaît par tous ses points, et charme, pour ainsi dire, tous nos sens. L'air est alors pur, frais, azuré; le zéphyr y circule sans secousse et sans bruit pour y distribuer partout une douce température, et de nombreux papillons, comme des gemmes animées, y jettent, en volant, mille reflets. Le ruisseau, remis en liberté par le dégel, descend plus limpide et plus gai dans la plaine fleurie; et, quand il passe, on dirait que les fleurs s'inclinent vers lui pour s'y mirer. Ces fleurs, qui invitent la main à les cueillir, non-seulement sont plus nombreuses qu'à toute autre époque, mais encore elles ont des couleurs plus tendres et des parfums plus exquis. Dégagée du long silence imposé par l'Hiver, la voix des oiseaux semble avoir plus de fraîcheur et plus de mélodie. Tous les animaux, jusqu'au reptile, jusqu'à l'insecte, ont revêtu leurs habits de fête; et la terre, ainsi parée dans ses trois règnes, épanouit à nos yeux toutes les prémices du nouvel an, pour que notre reconnaissance monte avec transport vers la Providence divine, qui nous prodigue tous ces dons.

L'Enfant. — A mesure que je vous écoute, grand-papa, je sens de plus en plus que votre parole élève vers Dieu mon esprit et mon cœur.

Le Grand-Papa. — Cela doit être, mon enfant; car, comment ne pas admirer l'Auteur si grand de tant de merveilles! comment ne pas aimer l'Auteur si bon de tant de bienfaits!

L'Enfant. — Oh, qu'il me tarde d'étudier la Botanique, afin de connaître les diverses plantes et surtout les fleurs. J'aime tant à les cueillir pour en faire des bouquets!

Le Grand-Papa. — Les fleurs sont la fête des yeux, mais il faut les laisser à leur place, c'est-à-dire sur leur tige : elles se fanent si vite dès qu'elles en sont détachées ! Il faut, en tout cas, les tenir à l'air libre, parce qu'elles peuvent être très-nuisibles, si on les accumule dans une atmosphère limitée, par exemple, dans les appartements. Les soins intelligents donnés à leur culture méritent d'être reconnus et loués, mais on ne peut que blâmer ce caprice étrange qui tente parfois d'écarter de leur type primitif nos plus charmantes fleurs. Je m'arrête pour ne pas anticiper aujourd'hui sur notre prochaine étude de la Botanique. Seulement, comme il n'est jamais trop tôt pour donner un salutaire avertissement, je te recommande bien d'exclure de ta chambre à coucher toute espèce de fleur. Le lis lui-même, en cette circonstance, est très-dangereux.

L'Enfant. — Le lis !

Le Grand-Papa.— Comme toutes les fleurs odorantes, le lis doit son parfum à une huile volatile, c'est-à-dire à une huile qui se dégage sous forme gazeuse. Or, cette huile invisible a la propriété stupéfiante de ces substances qu'on fait inhaler parfois aux malades, afin de supprimer en eux toute sensibilité, tout mouvement.

L'Enfant. — Pourquoi donc traiter ainsi les malades ?

Le Grand-Papa. — Le motif est très-louable : on veut leur épargner la douleur d'une opération cruelle, longue ou difficile. Mais l'opérateur doit modérer habilement l'emploi de ces substances dont l'effet peut être mortel. Le parfum des fleurs n'est pas aussi énergique sans doute ; toutefois la torpeur qu'il produirait par un action trop longtemps prolongée pourrait déterminer la mort. Du reste, toute plante est nuisible dans une chambre à coucher, parce que, durant la nuit, toute plante répand plus ou moins l'acide carbonique qu'elle absorbe, au contraire, durant le jour pour le décomposer.

L'Enfant. — Je ne comprends pas bien comment une plante agit inversement le jour et la nuit.

Le Grand-Papa. — Durant le jour, la plante, par sa partie verte, surtout par les feuilles, s'empare de l'acide carbonique produit par la respiration de l'homme et des animaux. Elle s'assimile le carbone et dégage l'oxygène ; elle assainit ainsi l'atmosphère, car l'air serait irrespirable, s'il contenait une notable proportion d'acide carbonique. Mais, pour accomplir ce phénomène salutaire qui constitue la respiration, la plante a besoin d'être sous l'influence de la lumière. Quand elle en est privée, elle abandonne l'acide carbonique sans le décomposer.

—

L'Enfant. — Grand-papa, je viens de voir l'avant-garde des hirondelles revenant d'Afrique. Quelle prestesse dans leurs longues ailes ! Quelle joie dans leurs petits cris !

Le Grand-Papa. — Eh bien, mon enfant ?

L'Enfant. — Je n'ai pas oublié ce que vous m'avez dit de ces hôtes intéressants de nos toits; mais permettez-moi d'ajouter que, non plus, je n'ai pas oublié que vous m'avez promis de me les faire mieux connaître.

Le Grand-Papa. — Je vais tenir ma promesse. Je profiterai même de cette occasion pour te montrer comment doit être faite la description raisonnée d'un animal. Nous serons aidés par les notions que tu possèdes déjà sur les oiseaux.

L'Enfant. — Je compte plus encore sur votre auxiliaire, grand-papa.

Le Grand-Papa. — Tu sais que le caractère éminemment distinctif d'un type animal est inscrit sur l'enveloppe extérieure, sur le tégument.

L'Enfant. — Vous m'avez dit, en effet, que pour faciliter notre étude, Dieu nous signale ainsi, à

première vue, ce qui distingue chaque type. Par
exemple, le tégument plumeux de l'oiseau est parfaitement caractéristique, car à ce tégument spécial
correspond un ensemble d'organes qui l'accompagnent toujours, de telle sorte que la présence d'une
seule plume annonce la présence d'un bec, d'une
paire d'ailes, d'une paire de pattes.

Le Grand-Papa. — Je vois avec plaisir que tes
idées s'enchaînent avec méthode et s'expriment avec
précision. Maintenant ne nous occupons en particulier que de l'hirondelle; et, pour que notre description soit raisonnée, tirons de chaque détail une
conséquence.

L'Enfant. — Vous m'avez enseigné les lois qui
mettent en rapport les divers organes; ces lois sont
faciles à comprendre et à retenir. Je vais tâcher
d'en bien faire l'application.

Le Grand-Papa. — Quel est l'organe qui domine
dans l'hirondelle, et quelle est la conséquence qui
s'ensuit ?

L'Enfant. — C'est l'aile, qui est très-longue et
très-aiguë; je dois en conclure que l'hirondelle est
essentiellement aérienne, car l'aile ne peut avoir
d'autre fonction propre que le vol.

Le Grand-Papa. — Ainsi, dans l'organisation de

l'hirondelle, tout doit concourir pour rendre le vol facile et puissant. C'est ce que l'analyse va confirmer complètement. — Le plumage de l'hirondelle est lisse et serré.

L'Enfant. — Le plumage lisse favorise le glissement dans l'air, mais je ne sais pas s'il importe que le plumage soit serré.

Le Grand-Papa. — L'hirondelle doit surtout sa légèreté à l'air chaud qui la pénètre jusque dans l'intérieur de ses os. Or l'air dont elle est imbibée doit être d'autant plus léger lui-même qu'il est plus chaud. La respiration très-active de l'hirondelle donne à l'air intérieur une température très-élevée ; le plumage, mauvais conducteur de la chaleur, doit d'autant mieux la retenir qu'il est plus serré. J'ajoute que les plumes ont leurs barbes, barbelles et barbellules tellement enchevêtrées que le vent, de quelque point qu'il vienne, ne peut les soulever.

L'Enfant. — L'hirondelle est habillée de noir et de blanc. Cette vestiture répond peut-être à quelque condition particulière.

Le Grand-Papa. — Mon enfant, j'aime à te voir poser des questions qui me prouvent que tu acquiers de jour en jour cette faculté précieuse d'observer, faculté fort rare dans les enfants, et qu'il ne faut pas confondre avec cette vaine curiosité qui leur est si naturelle.

Le noir et le blanc, par le seul effet du contraste, donnent à la livrée de l'hirondelle une gracieuse simplicité; mais la distribution de ces deux teintes, qui sont disposées en surface, doit être signalée : le noir est au-dessus et le blanc au-dessous.

L'Enfant. — Si elles étaient disposées en sens inverse, l'effet du contraste serait, je crois, le même.

Le Grand-Papa. — Soit. Mais le résultat serait tout différent. L'hirondelle, en volant, tourne vers nous la surface blanche, qui, se confondant avec la lumière diffuse, ne gêne en rien notre regard. Si la surface noire, au contraire, était tournée vers nous, l'hirondelle passerait sans cesse sur nos têtes comme une tache au firmament.

L'Enfant. — C'est une remarque délicate à laquelle je n'aurais jamais pensé.

Le Grand-Papa. — L'hirondelle étant essentiellement aérienne doit réunir toutes les conditions possibles de légèreté. Son volume doit donc être petit.

L'Enfant. — Sans doute. L'hirondelle est d'autant plus légère qu'elle est plus petite, et je pense aussi que l'exiguité de son volume est nécessaire, puisqu'elle doit se loger sous nos toits et circuler sans cesse au-dessus de nos têtes.

LE GRAND-PAPA. — C'est très-bien, mon enfant. Le petit volume de l'hirondelle satisfait surtout à une loi souveraine qui veut que tout insectivore soit petit.

L'ENFANT. — C'est juste, grand-papa; cette loi s'exprime ainsi : une proportion est toujours établie entre le volume de l'animal et le volume de sa proie.

LE GRAND-PAPA. — Le régime alimentaire de l'oiseau est exprimé dans le bec. Les mandibules de l'insectivore sont hérissées de petites dentelures propres à diviser l'insecte, que protége parfois son tégument plus ou moins corné. Ainsi les jeunes hirondelles sont très-friandes de ces menues sauterelles qui s'envolent à nos pieds, quand nous parcourons une prairie. Or ces orthoptères ont des ailes assez coriaces que l'hirondelle doit briser, surtout quand elle les destine à ses petits. J'ajoute une particularité; c'est qu'elle ne leur présente pas d'une manière indifférente les insectes dont elle les nourrit : elle les leur enfonce toujours, tête première, dans le bec. Tu dois comprendre pourquoi?

L'ENFANT. — Je vous avoue, grand-papa, que je ne me rends pas compte de cette particularité.

Le Grand-Papa. — L'insecte présenté de toute autre façon ne pourrait passer ; ses pattes et ses ailes le feraient rebrousser.

L'Enfant. — C'est évident.

Le Grand-Papa. — Le bec de l'hirondelle est très-court, mais très-large. Quand elle vole, elle le tient hermétiquement fermé, elle ne l'ouvre que pour happer les insectes et le referme aussitôt. Pourquoi tient-elle le bec fermé et le referme-t-elle bien vite, dès qu'elle a fait sa capture ?

L'Enfant. — Je pense que c'est pour fendre mieux l'air.

Le Grand-Papa. — Mais pourquoi le bec est-il court ?

L'Enfant. — Je comprends qu'un bec long eût augmenté le poids sans être d'aucune utilité, mais je ne puis dire pourquoi ce bec est élargi.

Le Grand-Papa. — L'amplitude de la bouche, quand les mandibules s'écartent, permet à l'hirondelle de prendre dans son gosier, comme dans un filet, des insectes presque microscopiques qu'elle saisit collectivement. — Le cou est très-court.

L'Enfant. — J'en conclus que la patte est courte, parce qu'il y a rapport direct entre la longueur du cou et la longueur de la patte. Mais il me serait impos-

sible de bien justifier la brièveté correspondante de
ces deux organes. Je vois seulement que c'est comme une double condition de légèreté.

LE GRAND-PAPA. — Un cou long ne serait d'aucune utilité et rendrait moins facile le glissement
dans l'air. Mais la brièveté du cou est exigée ici par
cette loi qui veut que le cou, sorte de manche de la
tête, soit fort, si la tête est chargée d'effectuer quelque travail. Or, l'hirondelle construisant un nid, son
bec doit porter des matériaux et les façonner solidement. La patte doit être courte pour la même raison ;
elle doit être courte, pour que les doigts soient longs,
car le développement des doigts est en raison inverse de celui de la patte. La patte courte n'en est
que plus forte, et les doigts longs n'en sont que plus
propres au double office qu'ils doivent remplir : gâcher l'argile et s'accrocher.

L'ENFANT. — Le nid de l'hirondelle est à l'extérieur très-raboteux.

LE GRAND-PAPA. — Ce nid est merveilleusement
construit pour le bien-être de la famille. Il est très-uni à l'intérieur et tapissé de substances moelleuses ;
l'extérieur présente des rugosités qui sont bien nécessaires, car l'hirondelle s'y tient accrochée, quand
elle vient distribuer la pâture à ses petits qui,

pour la recevoir, se placent côte à côte au balcon
du nid.

L'Enfant. — Ainsi tout ce qui paraît défectueux
est, au contraire, habilement combiné.

Le Grand-Papa. — C'est surtout à l'aile que doit
s'arrêter notre attention. Si la patte gagne, comme
instrument de travail et comme force, elle doit perdre sous un autre rapport.

L'Enfant. — Elle doit perdre la vitesse.

Le Grand-Papa. — Elle doit perdre même la
faculté de marcher, précisément parce que tout le
mouvement de transport est confié à l'aile pour laisser à la patte une autre fonction.

L'Enfant. — Je le comprends, grand-papa.

Le Grand-Papa. — L'aile réunit au suprême degré les conditions les plus propres à rendre le vol
rapide, souple et puissant. Sa racine, c'est-à-dire
l'épaule, est disposée de manière à lui fournir un
point d'appui tout à la fois élastique et ferme. La
double clavicule, appelée fourchette, est formée
d'une partie inflexible, qui sert de point d'appui, et
d'une partie flexible, qui permet à l'aile de s'élever et
de s'abaisser tour à tour. Le sternum est surmonté
d'une carène appelée bréchet. Cette sorte de crête
ménage une large insertion aux trois muscles pec-

toraux, qui sont les plus puissants moteurs de l'aile.

L'Enfant. — Je ne voudrais pas entraver votre description, que je suis avec un extrême intérêt, mais je n'ai pas une idée nette de la clavicule et du sternum.

Le Grand-Papa.— Le sternum est un os large et plat qui constitue la partie antérieure de la poitrine et consolide, en s'y soudant, l'extrémité des côtes. La clavicule est un os qui, interposé entre chaque épaule et la poitrine, permet à l'aile d'exécuter ses divers mouvements.

L'Enfant. — Je comprends que, pour élever l'aile, il ne faut pas un effort aussi grand que pour l'abaisser.

Le Grand-Papa. — Les trois muscles pectoraux sont les abaisseurs de l'aile dont l'action principale consiste, en effet, à frapper l'air soudainement sur une grande surface. Et d'abord, pourquoi l'aile est-elle concave en dessous ?

L'Enfant. — L'aile est ainsi voûtée pour emprisonner en quelque sorte l'air sur lequel elle doit agir.

Le Grand-Papa. — Pourquoi doit-elle frapper l'air soudainement et sur une grande surface ?

L'Enfant. — Pour que l'air n'ait pas le temps de fuir sous la pression qui doit surexciter son ressort.

Le Grand-Papa. — L'hirondelle peut, en vingt-quatre heures et sans la moindre pause, effectuer un trajet de plus de trois cents lieues. Elle pourrait donc traverser d'un seul trait la mer Méditerranée. Cependant, elle fait parfois des stations et voyage, pour ainsi dire, par étapes, redescendant le plus près du sol pour faire la chasse aux insectes, puis remontant aux couches supérieures de l'atmosphère pour continuer sa migration.

L'Enfant. — Je pense qu'elle stationne la nuit, période naturelle du repos.

Le Grand-Papa. — L'hirondelle voyage, au contraire, durant la nuit, afin de n'être pas harcelée par les oiseaux de proie. Seule, l'hirondelle se joue des menaces du milan, de l'épervier, du faucon ; mais, quand elle est réunie à des milliers de compagnes, elle n'est plus à l'aise pour déconcerter par ses évolutions les tentatives du faucon. Toutefois elle avance ou retarde son départ pour profiter de la douce lumière de la lune. Cette lumière lui suffit pour apercevoir de loin les îles qui lui servent de points de repère. Elle attend aussi que le vent soit favorable.

L'Enfant. — Je croyais que la puissance de son aile lui permettait de voler en sens inverse du vent.

Le Grand-Papa. — Soit, mon enfant; mais il lui est plus facile évidemment de n'avoir pas à lutter contre le courant d'air. D'ailleurs, dans leur migration, les hirondelles emportent les vieilles et les blessées. Or le service de l'ambulance est fatigant, bien que toutes, infirmières tour-à-tour, se remplacent, à court intervalle, avec un parfait dévouement.

L'Enfant. — Je ne puis me faire une idée du mode de transport que pratique l'hirondelle.

Le Grand-Papa. — Deux hirondelles forment une sorte de civière en croisant l'une son aile droite avec l'aile gauche de l'autre. L'hirondelle impotente s'y trouve commodément placée, mais les deux infirmières n'ont, pour soutenir le vol : l'une, que son aile gauche et l'autre, que son aile droite.

L'Enfant. — Je comprends tout ce qu'a de pénible un tel office, mais j'admire tout ce qu'a de merveilleux son exécution.

Le Grand-Papa. — Je t'ai dit que les porteuses sont remplacées presque à chaque instant.

L'Enfant. — Le hibou, qui est un oiseau nocturne, ne pourrait-il pas inquiéter la nombreuse caravane ?

Le Grand-Papa. — L'aile du hibou lui refuse la possibilité de poursuivre l'hirondelle. Il a le vol trop

lourd et trop bas. Nous verrons plus tard que ce
rapace procède toujours par surprise et par ruse.
Son vol doit être assez lent pour être silencieux.
Son plumage cotonneux lui ménage le moyen de
voler sans bruit, comme les pelottes élastiques du
chat donnent à ce carnassier nocturne la faculté
de marcher sans être entendu.

L'Enfant. — Que ces analogies sont intéressantes
à connaître, grand-papa.

Le Grand-Papa.—L'aile et la queue sont ici dans
le plus parfait rapport. La queue est longue comme
l'aile; et, de plus, elle est bifurquée, présentant ainsi
deux pointes qui correspondent à la forme aiguë des
deux ailes.

L'Enfant. — Je ne vois pas bien pourquoi le
développement de l'aile et de la queue doivent se
correspondre.

Le Grand-Papa. — Ces deux organes concourent
à la même fonction : l'aile exécute le vol et la queue
le dirige; l'aile est la rame, la queue est le gouvernail.

L'Enfant. — Grand-papa, vous avez une manière d'expliquer qui descend à la portée des plus
jeunes intelligences.

Le Grand-Papa.— D'abord tu m'aides singulièrement par ton zèle, et puis l'histoire naturelle est une science qui semble faite pour nos heures de loisir.

L'Enfant. — Vous en rendez l'étude si facile !

Le Grand-Papa. — Comprends-tu maintenant pourquoi les pennes de l'aile sont appelées remiges, et pourquoi les pennes de la queue sont appelées rectrices.

L'Enfant. — Sans doute, grand-papa : remige signifie propre à ramer, rectrice signifie propre à diriger.

Le Grand-Papa. — L'hirondelle a l'ouïe très-fine, comme l'exprime déjà l'orifice assez grand de son oreille.

L'Enfant. — Mais elle est privée comme tous les oiseaux de cette partie extérieure de l'oreille qui doit recueillir les sons.

Le Grand-Papa. — Pour que le vol soit facile, il faut que le corps soit lisse et ne présente surtout aucun relief. L'hirondelle n'a donc pas de conques auditives, qui seraient pour elle un inconvénient; mais elle compense cette suppression par l'air dont elle est imbibée. Elle n'avait pas besoin d'un organe pour recueillir les vibrations sonores, parce qu'elle les reçoit de toutes parts et qu'elle entend, pour ainsi dire, par tous les points de son corps.

L'Enfant. — Ainsi, cet air, dont l'hirondelle est imbibée, non-seulement lui donne une extrême légèreté, mais encore lui fait percevoir sans effort le moindre bruit.

Le Grand-Papa. — N'oublie pas que cet air, en pénétrant jusques dans l'intérieur de ses os, imprime à sa respiration une si grande intensité que sa température est très-élevée. Cette faculté de produire ainsi beaucoup de chaleur et le privilége de pouvoir la conserver sous ses plumes, nous prouvent que, si l'hirondelle nous quitte en hiver, ce n'est point parce qu'elle ne pourrait pas en supporter la rigueur, mais bien parce que l'hiver, en détruisant les insectes, la ferait mourir, non de froid, mais de faim.

L'Enfant. — Que vous êtes bon pour moi, grand-papa, que vous êtes généreux ! car enfin vous me communiquez en quelques instants le fruit de vos longues études.

Le Grand-Papa. — Je n'accomplis envers toi qu'un devoir, et je l'accomplis avec bonheur, puisque tu profites si bien de mes leçons.

—

L'Enfant. — Je suppose, grand-papa, que la vue doit être bien développée dans l'hirondelle.

Le Grand-Papa. — Sur quel point, mon enfant, s'appuie ta judicieuse supposition ?

L'Enfant. — Sur deux points, grand-papa; d'abord, vous m'avez enseigné que la vue est le sens qui domine dans les oiseaux; et puis, vous m'avez dit plus d'une fois que tout animal doué d'une grande vitesse doit avoir la vue bien développée. Autrement, la vitesse ne serait pour lui qu'un danger.

Le Grand-Papa. — Le regard de l'hirondelle est tellement pénétrant qu'elle aperçoit une mouche à plus de cent mètres de distance. Une vue ordinaire serait insuffisante pour lui signaler la présence, souvent microscopique, de sa proie, comme aussi pour gouverner la vitesse de son aile et ne pas se heurter contre les obstacles.

L'Enfant. — Il me semble, grand-papa, que j'ai maintenant une notion assez nette de l'hirondelle. Mais l'étude de ses mœurs m'intéresserait beaucoup, si vous aviez l'intention de m'initier dans les habitudes instinctives d'un oiseau si bien doué.

Le Grand-Papa. — Avant de répondre à ce sentiment de curiosité que je trouve très-légitime, je désire m'assurer que nous ne laissons pas quelques points incomplets dans notre analyse scientifique. Essaie, par exemple, de résumer en quelques mots les avantages que ménage à l'hirondelle l'air dont elle est imprégnée.

L'Enfant. — Cet air intérieur ménage à l'hirondelle trois avantages : une légèreté plus grande, une respiration plus active, un audition plus parfaite.

Le Grand-Papa. — Je pense que tu pourrais résumer aussi dans quel rapport, ou direct ou inverse, se trouvent entr'eux tels ou tels organes de l'hirondelle.

L'Enfant. — Ce n'est pas probable, grand-papa, attendu que je ne sais pas ce que veut dire, être en rapport direct, être en rapport inverse.

Le Grand-Papa. — Deux organes sont en rapport direct, lorsqu'ils se développent en même proportion ; deux organes sont en rapport inverse, lorsqu'ils se développent en proportion contraire.

L'Enfant. — Je comprends, grand-papa, et je vais essayer de faire le résumé que vous attendez de moi. Il y a rapport direct entre l'aile et la queue. Ces deux organes se développent beaucoup, l'un et l'autre, pour rendre le vol plus parfait. Il y a rapport inverse entre l'aile et la patte, l'extrême longueur de l'aile entraînant la brièveté de la patte : une patte longue serait une gêne pour le vol. Il y a rapport direct entre l'œil et l'aile : l'intensité de la vue correspond à la vitesse du vol. Il y a rapport inverse entre la patte et les doigts : la patte courte porte des doigts longs, mais je ne sais quel avantage en résulte pour l'hirondelle.

LE GRAND-PAPA. — La locomotion étant confiée à l'aile, la patte n'est plus un organe de transport, elle devient un instrument de travail ; elle est forte, parce qu'elle est courte, et les doigts sont propres à saisir et à s'accrocher, parce qu'ils sont longs.

L'ENFANT. — L'analyse raisonnée de l'hirondelle m'a beaucoup intéressé. Mais elle me suggère une réflexion : c'est que les animaux sont si nombreux que, pour les connaître suffisamment, il faudrait un temps indéfini.

LE GRAND-PAPA. — Non, mon enfant. L'étude de l'hirondelle vient de mettre à notre disposition des lois qui ne sont pas faites seulement pour elle, ni même pour la seule classe des oiseaux. A la lumière de ces lois, nous pouvons suivre aisément la série zoologique et en acquérir une notion satisfaisante.

L'ENFANT. — Aidez-moi, je vous prie, d'un exemple pour me faire bien comprendre qu'en étudiant l'hirondelle, nous avons acquis des notions parfaitement applicables à d'autres animaux.

LE GRAND-PAPA. — Je vais prendre pour exemple

l'autruche, qui est à l'opposite de l'hirondelle; car l'autruche est un oiseau essentiellement terrestre, tandis que l'hirondelle est un oiseau essentiellement aérien. Eh bien, nous allons passer sans peine, mon enfant, de la description raisonnée de l'une à la description raisonnée de l'autre. Nous avons dit qu'il y a rapport inverse entre l'aile et la patte, d'où nous avons conclu avec raison que l'hirondelle, ayant un vol très-rapide, ne marche point. Avec la même raison, nous devons conclure que l'autruche, ayant la puissance dans la patte, ne l'a pas dans l'aile. L'hirondelle vole vite et ne marche pas, l'autruche court vite et ne vole pas. Nous avons vu que, dans l'hirondelle, la queue, parfaitement assortie à l'aile, est, comme elle, très-longue et très-aiguë; de même, dans l'autruche, la queue se dispose, comme l'aile, en panache flottant. Le rapport inverse de la patte et des doigts nous a donné, dans l'hirondelle, une patte courte et des doigts longs; le même rapport inverse nous donne, dans l'autruche, une patte longue et des doigts courts. A la brièveté de la patte dans l'hirondelle correspond la brièveté du cou; dans l'autruche, au contraire, le rapport direct entre la patte et le cou exige que le cou s'allonge en proportion de la patte.

L'hirondelle, pour conserver sa chaleur dans les hautes couches de l'air, a le plumage serré; l'autruche, pour se rafraîchir sous le soleil d'Afrique, a le plumage flottant. L'aile de l'hirondelle nous dit qu'il faut à ce petit oiseau le désert atmosphérique; la patte de l'autruche nous dit qu'il faut à ce géant penné le désert continental. Le vol rapide de l'hirondelle, comme la course rapide de l'autruche, exige une vue très-développée; le regard de l'une et de l'autre domine l'horizon; l'hirondelle le domine par le point élevé qu'elle occupe, l'autruche, par l'élongation considérable de son cou.

L'Enfant. — Cette comparaison est vraiment saisissante, et j'espère bien que, lorsque j'aurai acquis plus de puissance dans le raisonnement, je pourrai mettre à profit les lois que vous voulez bien m'enseigner.

Le Grand-Papa.—Ces lois constituent la science; sans elles, l'histoire naturelle ne serait qu'un stérile problème de mémoire.

—

L'Enfant. — Grand-papa, trouveriez-vous convenable maintenant de me donner quelques détails sur les mœurs de l'hirondelle ?

Le Grand-Papa.—Certainement, et pour le faire

avec ordre, nous allons nous attacher surtout à quatre points principaux : la nidification, l'éducation des petits, la migration et l'association.

L'Enfant. — Mon attention ne va perdre aucun de vos mots.

Le Grand-Papa. — L'hirondelle est architecte. Tandis que la fauvette tisse son nid dans la charmille et que le pic-vert creuse le sien dans un tronc d'arbre, elle maçonne sa demeure ; et c'est un acte de supériorité, puisqu'elle se loge à la manière de l'homme et sous le même toit.

L'Enfant. — Pourquoi donc vient-elle toujours se loger près de nous ?

Le Grand-Papa. — Une mutualité de services s'accomplit ainsi tout naturellement. L'hirondelle nous débarrasse d'une foule d'insectes ; mais, comme elle est faible, elle nous demande en retour un asile.

L'Enfant. — Tout par ce moyen se concilie. L'instinct de l'hirondelle la porte à venir près de nous, comme notre intérêt nous porte à la protéger.

Le Grand-Papa.— Le nid réunit toutes les conditions de bien-être et de solidité. Parfois on y remarque de merveilleuses combinaisons. Il en est une que je dois te citer, parce qu'elle est authentique. Une jeune hirondelle avait bâti son nid sous une des portes cochères du Muséum d'histoire naturelle. Le site était bien choisi, paisible, bien avoisiné : la Seine d'un côté et, de l'autre, le Jardin des Plantes. Depuis deux ans, elle y avait établi ses couvées et les attentions d'un de Messieurs les professeurs l'avait rendue très-familière. Le troisième hiver, ordre fut donné d'établir une sonnette sous la porte cochère. L'ouvrier, qui n'avait reçu aucune recommandation contraire, abattit une partie du nid pour faciliter le passage du fil de fer destiné à mettre en mouvement la sonnette. A son retour, l'hirondelle fut désolée, et par ses clameurs elle semblait se plaindre à toutes les personnes de la maison. Cependant elle se trouvait si bien du local, qu'elle se décida finalement par refaire son nid, et ne comprenant pas l'office du fil de fer qui le traversait, elle y fit adhérer sa maçonnerie Un soir qu'elle couvait ses œufs, le professeur, pour se faire ouvrir la porte, tira le cordon si fortement que le fil de fer, en se déplaçant, entraîna tout un pan du nid. La situation de l'hirondelle devint fort critique. On répara le dégât tant bien que mal, sauf à faire mieux le lendemain matin. Mais le nid n'était plus habitable ; aussi, dès l'aube naissante, l'hirondelle se mit à l'œuvre afin de sauvegarder ses œufs. Non-seulement elle refit la partie démolie; mais, pour que le fil de fer pût désormais fonctionner sans défaire sa demeure et sans blesser ses petits, elle l'entoura d'un manchon d'argile qui l'isolait complètement.

L'Enfant. — C'est une combinaison qui signale un instinct bien étonnant !

Le Grand-Papa. — Nous trouverons des artifices tout aussi merveilleux jusque dans les mites, qui s'habillent des débris de nos draps. C'est ainsi que la Providence ménage aux plus petits êtres le moyen d'échapper aux dangers.

L'Enfant. — On aurait dû conserver ce nid.

Le Grand-Papa. — On l'a gardé, en effet, dans la famille du professeur comme un objet de haute curiosité.

L'Enfant. — Comment ne pas respecter un petit oiseau si utile et si confiaut !

Le Grand-Papa. — L'hirondelle, en effet, recherche le voisinage de l'homme, malgré les inconvénients qu'elle peut y rencontrer. Elle préfère toutefois les maisons où se fait peu de mouvement, peu de bruit. Dès que le voyageur égaré l'aperçoit, il peut être sûr qu'il n'est pas bien loin de quelque habitation. La confiance de l'hirondelle en nous est si complète, que les coups de fusil tirés sur elle ne la mettent pas en fuite.

L'Enfant. — Je fais une remarque, grand-papa. Les services que nous rend l'hirondelle ne nous coûtent rien, tandis que le cheval, par exemple, exige une dépense assez notable.

Le Grand-Papa. — Ta réflexion est assurément très-juste. Le cheval est, en effet, très-coûteux à nourrir, on ne peut le loger dans une mansarde; de plus, il lui faut un domestique pour le soigner, une sorte de valet de chambre. Mais le cheval rachète tout par l'importance même de ses services.

L'Enfant. — Il me semble que la jument n'a pas le dévouement de l'hirondelle pour ses petits.

Le Grand-Papa. — Il ne faut pas calomnier ainsi la jument, qui a des conditions d'existence bien différentes de celles de l'hirondelle. A l'état sauvage, la jument n'a pas de demeure fixe. Mais le poulain, dès sa naissance, est déjà sur pied et peut la suivre dans l'espace pour être nourri de son lait; tandis que le petit de l'hirondelle est longtemps débile, et doit être recueilli dans un gîte moelleux jusqu'à ce que son aile se soit empennée.

L'Enfant. — Je vois, grand-papa, que mon ignorance m'entraîne à des erreurs que j'éviterais, si je savais rester dans la réserve qu'elle devrait naturellement m'imposer.

Le Grand-Papa. — Mon enfant, puisque tu sais ai revenir si vite des erreurs qui t'échappent, tu mérites indulgence; on ne se corrige pas aisément des défauts de son âge. Mais, sous ce rapport, tu fais de notables progrès. Tu as eu tort de comparer deux animaux qui appartiennent à deux classes différentes. Sans sortir même de la classe des oiseaux, la jument serait justifiée par la perdrix qui, entourée de périls dans sa vie nomade, ne peut garder auprès d'elle ses petits. Aussi le perdreau peut-il, à peine éclos, se suffire; on le voit parfois courir dans les champs entraînant encore sa coquille. L'éducation du perdreau est toute faite; celle des petits de l'hirondelle exige, au contraire, beaucoup de soins.

—

L'Enfant. — L'hirondelle est dans un perpétuel mouvement, on dirait qu'elle s'amuse dans l'air sans éprouver la moindre fatigue.

Le Grand-Papa. — L'hirondelle ne s'amuse pas dans l'air, elle y fait une chasse active aux insectes, surtout quand elle doit alimenter ses petits. Tu sais que toutes les fonctions s'accomplissent rapidement dans les oiseaux.

L'Enfant. — Oui, grand-papa, et que, par conséquent, ils digèrent très-vite.

Le Grand-Papa.— D'où il résulte qu'ils ne peuvent supporter la diète, et que l'hirondelle doit se donner beaucoup de mouvement pour suffire aux besoins de sa nombreuse famille. Dès que ses petits sont suffisamment emplumés, elle devient institutrice ; elle leur enseigne à faire usage de leurs ailes, et devines-tu quelle est l'heure des leçons ?

L'Enfant. — Certainement non, grand-papa.

Le Grand-Papa.— Elle choisit l'heure des repas, surtout celle du déjeuner, et c'est une heure bien choisie.

L'Enfant. — Et pourquoi donc, grand-papa ?

Le Grand-Papa. — Parce que l'élève a le déjeuner pour récompense, et la diète pour punition.

L'Enfant. — Mais vous m'avez dit, grand-papa, que les oiseaux ne pouvaient guère supporter la diète. La punition me paraît donc trop rigoureuse, et je n'aurais jamais supposé que l'hirondelle fût aussi sévère. Dans nos écoles, l'élève a, tout au plus, pour punition le pain sec.

Le Grand-Papa. — L'hirondelle est plus indulgente que tu ne le penses, elle ne pousse jamais la punition jusqu'à l'extrême rigueur. Celui de ses petits qui manque de zèle ou d'adresse, est seulement servi le dernier.

L'Enfant. — Comment la jeune hirondelle peut-elle manquer d'adresse ?

Le Grand-Papa.— C'est qu'elle doit prendre son élan de manière à rencontrer dans l'air sa mère, qui passe à une distance précise, et qui ne lui livre pas l'insecte qu'elle porte, si la jeune hirondelle ne vient le prendre elle-même.

L'Enfant. — Je ne saisis pas bien comment procède l'hirondelle dans cet exercice singulier.

Le Grand-Papa. — Quand l'heure est venue, l'hirondelle appelle ses petits au sommet d'une cheminée ou d'un toit. Tous se précipitent à l'envi pour y conquérir par la vitesse une bonne place.

L'Enfant. — Quel est donc l'avantage acquis au plus alerte ?

Le Grand-Papa. — Celui d'être servi le premier.

L'Enfant. — C'est, en effet, un avantage réel pour un bec affamé.

Le Grand-Papa. — L'hirondelle passe d'abord devant ses petits, pour leur montrer à quelle distance elle repassera successivement avec la proie destinée à chacun d'eux.

L'Enfant. — A combien de voyages, hélas, n'est-elle pas assujettie pour saturer toute sa famille !

Le Grand-Papa. — Que d'incidents viennent

encore les compliquer ! Je t'ai dit à quelle condition l'hirondelle livre l'insecte qui doit servir de pâture; or tel petit, ayant mal pris son élan, dépasse le point de rencontre, et tel autre, au contraire, ne l'atteint pas; ou bien c'est l'un qui part trop tôt et tel autre, trop tard.

L'Enfant. — Mais alors, que peut faire l'hirondelle ?

Le Grand-Papa. — Elle recommence l'épreuve jusqu'à parfait accomplissement de son œuvre.

L'Enfant. — Quelle patience à la fois et quelle abnégation !

Le Grand-Papa. — De jour en jour, elle passe à plus grande distance de ses petits, afin de rendre leur aile plus active, plus puissante et plus sûre. Elle termine enfin par de grands exercices de souplesse, pour qu'ils apprennent à se dérober à tout oiseau de proie.

L'Enfant. — Vous m'avez dit, grand-papa, que le faucon a l'aile aussi très-puissante.

Le Grand-Papa. — Mais j'ai ajouté que la souplesse du vol dépend de la bifurcation de la queue, qui forme ainsi comme un double gouvernail. Dans l'hirondelle, cette bifurcation est extrême et lui permet de rompre le vol, d'en changer brusquement la direction, soit horizontalement, c'est-à-dire de droite à gauche et de gauche à droite, soit verticalement, c'est-à-dire de bas en haut et de haut en bas.

L'Enfant. — Comment procède l'hirondelle dans ses importantes et dernières leçons ?

Le Grand-Papa. — Elle vient présenter à ses petits une chenille, par exemple, dont ils sont très-friands ; puis elle s'esquive pour se laisser poursuivre, et la chenille appartient à celui qui, après mille circuits, parvient à l'atteindre. Dans les premiers jours, afin de ne pas les décourager, elle modère sa fuite et restreint ses évolutions, mais bientôt elle n'a plus sur eux l'avantage de la vitesse.

L'Enfant. — Que je serais curieux de voir cette singulière manœuvre ; mais vous m'avez appris que l'hirondelle craint le bruit. Ce n'est donc pas dans nos cités qu'on peut observer ces faits intéressants.

Le Grand-Papa. — L'hirondelle modifie l'éducation de ses petits selon les circonstances. Or, dans nos villes, elle n'a pas à redouter pour eux les serres du faucon, qui, pour sa propre sauvegarde, se tient à l'écart. Elle leur enseigne à gouverner leur vol ; mais, aux exercices en commun, elle substitue, pour ainsi dire, des leçons particulières. Elle veille surtout à prévenir toute chute ; et si l'un d'eux, las ou découragé, se laisse choir, elle s'élance au-dessous de lui et, d'un coup d'aile, le relève comme la raquette relève le volant. Cet incident survient quelquefois, lorsque la jeune hirondelle, à peine emplumée, tombe du nid par suite d'un faux mouvement.

—

L'Enfant. — Grand-papa, en me faisant connaître avec ses principaux détails la migration annuelle de l'hirondelle, vous avez suscité dans mon esprit une question que je ne vous ai pas soumise immédiatement, parce que je voulais essayer de la résoudre moi-même, mais je n'ai pu y parvenir.

Le Grand-Papa. — Quelle est cette question, mon enfant ?

L'Enfant.— Je me suis demandé quelle est donc la patrie de l'hirondelle, puisqu'elle partage sa vie entre l'Europe et l'Afrique?

Le Grand-Papa. — Tu aurais pu remarquer d'abord qu'elle ne se rend en Afrique que par nécessité, n'y restant, en effet, que durant la froide saison.

L'Enfant. — Précisément, je ne comprends pas qu'elle redoute le froid, car sa vestiture suffit pour l'en mettre à l'abri. Ne m'avez-vous pas enseigné que la plume s'oppose à la déperdition de la chaleur, et que la respiration si active de l'hirondelle lui donne une température très-élevée.

Le Grand-Papa. — Effectivement, l'hirondelle peut supporter le froid le plus excessif. Elle le supporte même ici quand elle monte très-haut dans l'atmosphère; mais elle est insectivore, et l'hiver, qui supprime les insectes, la met dans l'impossibilité de se nourrir. Elle est donc forcée de se réfugier dans des régions où les insectes ne manquent jamais. Mais elle s'y comporte en exilée, elle n'y construit pas de nid. En un mot, c'est en Europe qu'elle est née, c'est en Europe qu'elle s'empresse de revenir dès que la température y fait éclore les insectes, c'est-à-dire au retour du Printemps, dont elle est, pour ainsi dire, la gracieuse messagère.

—

L'Enfant. — Dans l'étude des mœurs de l'hirondelle, il est un quatrième point qui me fait espérer aussi des faits bien intéressants. C'est le phénomène de l'association que vous m'avez annoncé vous-même.

Le Grand-Papa. — Pour rester dans des limites convenables, je ne te citerai que deux faits : l'un, qui se reproduit assez souvent; l'autre qui, notamment une fois, a été constaté par plusieurs membres de l'Institut et par plus de mille témoins.

L'Enfant. — Soyez sûr, grand-papa, que je ne risque pas, en ce moment, d'être distrait.

Le Grand-Papa. — Tu sais que le moineau se loge, comme l'hirondelle, sous nos toits. Mais il s'y établit, insouciant, dans un trou qu'il garnit d'une simple litière de paille ou de foin. Toutefois, il s'accommode très-bien d'une molle couchette, pourvu qu'il n'ait pas le souci de s'en préoccuper; c'est ainsi que le tente souvent un nid d'hirondelle artistement confectionné. Pour s'y introduire, il profite dé l'absence momentanée de l'hirondelle et s'y installe tout à l'aise, ne laissant poindre au dehors que le bout de son bec. Mais bientôt la scène devient indescriptible. Par ses petits cris précipités, l'hirondelle semble réclamer avec instance la possession de son nid, que le moineau, d'une voix brève, lui refuse brutalement.

L'Enfant. — Contre cet abus de la force que peut-elle faire, n'étant armée ni par le bec, ni par la patte ?

Le Grand-Papa. — Pour vaincre l'obstination de l'intrus, elle invoque le secours de ses compagnes qui, de tous côtés, affluent à tire-d'aile. Elles portent chacune à la patte un projectile parfaitement approprié à leur plan d'attaque.

L'Enfant. — Quel est donc ce projectile ?

Le Grand-Papa. — C'est un peu de boue qu'el-

les projettent, en passant, contre l'orifice du nid,
pour le murer. Elles agissent avec une telle activité
qu'elles déconcertent le moineau.

L'Enfant. — Sa position me paraît assez compromise.

Le Grand-Papa. — S'il tarde trop à déguerpir,
il se trouve bientôt écroué dans le nid, où finalement
il meurt de faim.

L'Enfant. — Mais ne peut-il pas s'ouvrir vigou-
reusement un passage à travers la faible troupe qui
l'assiége ?

Le Grand-Papa. — Les hirondelles ne lui en laissent presque pas le temps. Il réussit quelquefois
à sortir du nid pour s'échapper, mais alors la scène
tourne au comique. Sous le déluge de boue qui lui
couvre les yeux, qui encombre ses ailes, il ne peut
guère voler et moins encore se diriger. Il trébuche
ainsi contre tous les obstacles.

L'Enfant. — Les hirondelles qui sont parvenues
à l'expulser devraient être satisfaites, ce me semble,
et le laisser en repos.

Le Grand-Papa. — Bien au contraire, mon enfant, les unes le harcellent en lui arrachant, par-ci,
par-là, quelques plumes ; les autres le poursuivent de
leurs cris qui semblent toutefois plus acérés d'iro-

nie que de colère. Parfois l'infortuné moineau finit par tomber, éperdu, sous la griffe d'un chat. Quoiqu'il en soit, mon enfant, tu vois que l'hirondelle compense la faiblesse par le nombre et supplée à la force par l'instinct.

—

L'Enfant. — Grand-papa, vous m'avez annoncé un second fait, qui manifeste encore dans l'hirondelle un remarquable instinct d'association.

Le Grand-Papa. — Ce fait présente une particularité sur laquelle j'appellerai toute ton attention.

L'Enfant. — Je tâcherai d'en saisir toute l'importance.

Le Grand-Papa. — A Paris, les hirondelles se groupent d'elles-mêmes par quartiers : quartiers de l'Institut, des Tuileries, des Champs-Elysées, du Luxembourg, du Jardin des Plantes, etc. Elles circulent volontiers de l'un à l'autre et se visitent en bonnes voisines, mais elles rentrent toujours dans leur quartier respectif. Un jour donc, une des hirondelles établies à la corniche du Palais de l'Institut était tombée aux mains d'un écolier, qui, lui ayant attaché une longue ficelle à la patte, s'amusait à la faire voler en guise de hanneton ou de cerf-volant. Après mille efforts, l'hirondelle parvint à dégager la ficelle des doigts de l'écolier.

L'Enfant. — Cette longue ficelle devait bien gêner son vol.

Le Grand-Papa. — Ce qui fut plus fâcheux, c'est que la ficelle s'accrocha fortement à l'angle du monument et la retint captive assez loin de son nid. A ses cris de détresse, une nuée d'hirondelles entoura bientôt le dôme du palais. Tu sais qu'à Paris, la foule se condense au moindre incident. Parmi les nombreux spectateurs qui couvraient le pont des Arts et le quai se trouvaient plusieurs membres de l'Institut venus pour leur séance hebdomadaire. Il leur fut facile de constater comment les hirondelles résolurent le problème de mettre en liberté leur compagne. Elles se mirent en file sur un seul rang, et chacune, en passant, pinça d'un coup de bec le même point de la ficelle. Elles parvinrent ainsi à la rompre et puis, avec des cris joyeux, elles retournèrent dans leurs différents quartiers.

L'Enfant. — Comment ne pas admirer ce procédé aussi simple que souverain.

Le Grand-Papa. — Mais quelle est la particularité qui doit le plus t'y surprendre ?

L'Enfant. — C'est que les hirondelles ont piqué la ficelle sur un seul et même point pour la mieux effiler.

Le Grand-Papa. — C'est bien, mais ta remarque est incomplète, parce que tu ne songes pas à demander quel est le point de la ficelle que les hirondelles choisirent pour objectif de leurs efforts.

L'Enfant. — Si vous me le signalez, grand-papa, peut-être me sera-t-il possible d'en tirer une conséquence importante.

Le Grand-Papa. — Leurs coups de bec se portèrent sur le point d'attache de la ficelle, et tu comprends que cette particularité seule exprime un instinct très-élevé.

L'Enfant. — Je comprends, en effet, qu'en laissant à la ficelle trop de longueur, l'accident de la corniche risquait bien de se reproduire.

Le Grand-Papa. — C'est très-bien, mon enfant.

L'Enfant. — Maintenant, grand-papa, laissez-moi vous dire avec gratitude qu'en vous écoutant, je croyais, pour ainsi dire, assister moi-même aux deux petits drames que vous avez bien voulu me raconter.

Le Grand-Papa. — Mon enfant, ce n'est que l'effet naturel de ton intelligente attention.

—

L'Enfant. — Grand-papa, je suis encore sous la vive impression que m'a faite l'instinct de l'hirondelle.

Le Grand-Papa. — Je dois terminer par deux
points : 1° pour éviter les courants d'air, elle ne donne
à son nid qu'une seule ouverture ; 2° cette ouverture est étroite, pour le garantir des surprises
nocturnes du hibou. Du reste, dans la classe des
oiseaux, les petites espèces sont les plus habiles à
construire leur nid et surtout à le dissimuler. Tandis que l'aigle, qui n'a rien à craindre, établit son
aire presque à ciel ouvert et en simples buchettes
entrecroisées ; l'oiseau-mouche, qui est sans défense,
déguise son nid en le couvrant d'une écorce prise à
l'arbre même qui lui sert d'asile.

L'Enfant. — Les insectes, qui sont en général
si petits doivent avoir sans doute un instinct remarquable pour abriter leurs œufs.

Le Grand-Papa. — Nous aurons occasion d'en
signaler, en effet, dont les artifices dépassent tout
ce qu'on peut imaginer. Pour le moment, disons un
mot de l'ateuchus, qui passe à nos pieds. Cet insecte
était sacré chez les Égyptiens, parce qu'il était pour
eux le précurseur du Printemps. Dis-moi ce qu'en
lui tu remarques.

L'Enfant. — L'ateuchus n'est pas beau, grand-
papa ; son corps est massif, noir et lustré ; ses yeux
sont énormes et cachés sous une espèce d'auvent ;

ses pattes, surtout les pattes antérieures, sont épaisses, hérissées de pointes ou de crochets. Ses pattes
postérieures portent latéralement une sorte de
brosse. Sa mâchoire supérieure présente un fort prolongement qui donne à sa tête un aspect singulier.
Je voudrais bien savoir à quoi répondent tous ces
organes.

LE GRAND-PAPA. — Tous ces organes sont parfaitement coordonnés. Tu vas facilement t'en convain-
cre en étudiant les mœurs particulières de l'insecte.
L'ateuchus est nocturne, il a donc la couleur la
mieux assortie à ses heures d'activité. Il est fouisseur, il lui faut donc des muscles puissants et, par
conséquent, des formes massives. Il doit vivre dans
le fumier, il est donc nécessaire que son corps soit
lustré pour pouvoir circuler dans la bouse sans en
être sali.

L'ENFANT. — Je vois bien que, trompé par les
apparences, j'ai parlé trop légèrement de cet insecte,
qui maintenant m'intéresse de plus en plus à mesure que vous m'en faites l'analyse.

LE GRAND-PAPA. — Continuons. Ses yeux sont
très-volumineux. Ils doivent l'être, car l'animal nocturne doit recueillir d'autànt plus de rayons lumineux que ces rayons sont plus affaiblis.

L'Enfant. — Je me rappelle que vous m'avez dit que, chez l'homme même, la pupille se dilate dans l'obscurité pour recueillir plus de rayons.

Le Grand-Papa. — C'est très-bien, mon enfant, et, sans doute, tu pourrais expliquer un fait que certainement tu as remarqué plus d'une fois. Quand on entre, le jour, dans un lieu très-obscur, on ne distingue d'abord aucun des objets qui s'y trouvent; mais, peu à peu, l'obscurité diminue et ces objets deviennent plus ou moins visibles.

L'Enfant. — J'ai remarqué le fait bien souvent, et ne me suis même pas demandé à quoi tient ce phénomène; du reste, je ne pourrais en donner l'explication.

Le Grand-Papa. — Je vais t'aider encore de quelques mots. Tu sais quelle est la fonction de la pupille ?

L'Enfant. — Je n'ai pas oublié que la pupille est comme la fenêtre de l'œil, c'est l'ouverture par laquelle l'œil reçoit la lumière.

Le Grand-Papa. — Eh bien, la pupille se modifie selon l'intensité des rayons lumineux. Elle se contracte pour n'admettre qu'un petit faisceau de rayons, si la lumière est vive; elle se dilate pour recueillir un grand nombre de rayons, si la lumière est faible. Cette propriété de la pupille doit te rendre facile l'explication demandée.

L'Enfant. — Je comprends que la pupille doit se dilater dans un lieu très-obscur où, par conséquent, les rayons lumineux sont très-faibles; mais je ne comprends pas pourquoi les objets ne deviennent visibles que peu à peu.

Le Grand-Papa. — La dilatation de la pupille dans l'obscurité ne s'effectue pas spontanément, mais par degrés, car la rétine ou nerf optique, qui doit recevoir l'impression de la lumière, est trop sensible pour passer brusquement d'une vive lumière à l'obscurité. Aussi la pupille se dilate peu à peu et, par conséquent, c'est peu à peu que les objets deviennent visibles. Le passage de l'obscurité complète à une vive lumière, s'il était spontané, produirait un ébranlement nerveux qui déterminerait un éblouissement douloureux et, peut-être même, la perte de la vue.

L'Enfant. — Je me rappelle que vous m'avez cité l'exemple d'une personne frappée de cécité par un éclair.

Le Grand-Papa. — Continuons notre analyse. L'ateuchus étant fouisseur, ses yeux ont besoin d'être protégés contre le frottement du sol.

L'Enfant. — Je m'explique dès lors l'utilité de cette espèce de voûte sous laquelle ils rentrent à cet effet.

Le Grand-Papa. — Ainsi se trouve justifié jusqu'à présent tout ce qui te paraissait bizarre dans l'organisation de l'ateuchus. Quant au prolongement de la mâchoire supérieure, pour t'en faire mieux apprécier la fonction, comme aussi pour te faire mieux comprendre l'utilité des appendices que portent surtout les pattes antérieures et de la brosse qui garnit en partie chacune des pattes postérieures, je vais te dire un mot des habitudes de l'ateuchus. Cet insecte, qui se distingue surtout par son extrème sollicitude pour ses œufs, les enfouit à une assez grande profondeur dans un terrain bien choisi; et, pour que lès petites larves trouvent, près d'elles, en naissant, une abondante nourriture, il enveloppe sa nombreuse progéniture d'une masse de fumier qui lui sert aussi de calorifère.

L'Enfant. — Certes, je n'aurais pas supposé dans un tel insecte un calcul si remarquable.

Le Grand-Papa. — Pour transporter cette lourde masse, l'ateuchus lui donne la forme d'une boule, et la rend ainsi plus facile à mouvoir.

L'Enfant. — C'est juste. L'insecte agit comme le tonnelier qui fait rouler son tonneau.

Le Grand-Papa. — Toutefois il lui faut le secours d'un levier; et ce levier, c'est le prolongement de la mâchoire supérieure.

L'Enfant. — Sa place, sa forme et sa direction répondent effectivement à cet office.

Le Grand-Papa. — Parfois, la boule tombe dans une de ces anfractuosités que présente plus ou moins la surface du sol. L'insecte ne peut alors suffire à la relever.

L'Enfant. — Quel parti va-t-il prendre ?

Le Grand-Papa. — Les ateuchus, qui pourraient ici nous servir d'exemple, ont l'instinct de s'entr'aider en pareil cas. Aussi, de divers points, voit-on surgir des auxiliaires qui, par un effort commun, remettent la boule en mouvement. Enfin, quand notre insecte est arrivé au site convenable, il creuse le sol sous son précieux fardeau; il opère très-vite, car ses pattes antérieures sont éminemment propres à fouir. De plus, par les reliefs qu'elles présentent, les autres pattes fonctionnent comme des pelles pour rejeter tout autour les déblais, comme aussi pour effectuer les remblais, dès que la boule est suffisamment enfouie. Il ne reste plus qu'à lisser la surface du sol pour effacer toute trace d'enfouissement, et tu comprends que, pour cette opération, l'ateuchus se sert des brosses que portent les pattes postérieures.

—

L'Enfant. — Il me tarde bien de savoir, grand-papa, quels sont les agents du Printemps. Je pense qu'ils doivent être tout différents de ceux de l'Hiver.

Le Grand-Papa. — Ce sont pourtant les mêmes : le soleil, l'air et l'eau, mais se modifiant à l'envi, pour s'approprier à leurs nouvelles fonctions.

Occupons-nous d'abord du soleil. Pour qu'en Hiver la terre se refroidisse, le soleil lui fournit peu de chaleur; tandis qu'au Printemps, pour qu'elle s'échauffe, il lui en fournit beaucoup plus.

L'Enfant. — Le soleil a donc tantôt moins et tantôt plus de chaleur?

Le Grand-Papa. — Le soleil a toujours, par lui-même, une égale quantité de chaleur.

L'Enfant. — Alors, je ne puis comprendre comment il se fait que la terre se refroidisse en Hiver, tandis qu'elle s'échauffe au Printemps.

Le Grand-Papa. — Le rayon solaire est par lui-même également chaud dans les deux saisons; mais, au Printemps, il devient plus efficace qu'il ne l'est en Hiver.

L'Enfant. — C'est sans doute parce que le soleil, au Printemps, est plus près de la terre.

Le Grand-Papa. — Non, mon enfant; car le soleil, au contraire, en est un peu plus loin.

L'Enfant. — Comment! en Hiver, le soleil est plus près, et il fait plus froid! Au Printemps, il est plus loin, et il fait plus chaud! Ceci me semble inexplicable.

Le Grand-Papa. — Pour te préparer à le comprendre, je vais me servir d'un fait qui est analogue, mais plus simple. Chaque jour, le rayon de midi est plus efficace que le rayon du matin, et cependant la distance au soleil n'a pas changé. Ceci tient à ce que le rayon solaire est, au matin, plus oblique qu'à midi. Or l'obliquité du rayon solaire en diminue l'efficacité. Le soleil, nous le verrons plus tard, est moins oblique au Printemps qu'il ne l'est en Hiver; il doit donc être plus calorifique. C'est ainsi que le rayon lumineux qui tombe sur la page que je lis est plus éclairant à mesure qu'il est moins oblique; et, si je lui présente mon livre sous une extrême obliquité, le rayon ne m'éclaire presque plus : il se diffuse, c'est-à-dire il se réfléchit, il se disperse dans tous les sens. C'est encore ainsi que la pierre lancée à la surface d'un lac, sous une grande inclinaison, glisse sur l'eau et n'y pénètre presque pas; elle peut même rebondir, comme si elle eût rencontré la surface d'un corps solide.

L'Enfant. — Je comprends très-bien, grand-papa, le résultat de l'obliquité quand je compare le rayon de midi au rayon du matin, parce que la distance au soleil reste la même; mais ce qui complique pour moi la question, c'est que le soleil est plus loin au Printemps qu'il ne l'est en Hiver.

Le Grand-Papa. — A ton âge, on est naturellement impatient : on veut tout savoir et savoir tout de suite. Cependant on ne peut arriver parfois à l'explication complète qu'en passant par des vérités intermédiaires. Le fait que je t'ai cité ne devait que te préparer à me comprendre, je vais maintenant achever la solution du problème qui te paraît insoluble. Au Printemps, le rayon solaire, venu d'un peu plus loin, doit être, par cela même, un peu affaibli; mais, comme le jour est beaucoup plus long qu'en Hiver, le rayon gagne, par la durée de son action, beaucoup plus que ne lui fait perdre la distance. Ainsi, supposons en présence d'un même foyer deux cafetières emplies d'eau; supposons que l'une soit un peu plus loin, mais qu'elle reste beaucoup plus de temps soumise à l'action du feu, l'expérience va nous prouver que la température du liquide s'y est élevée beaucoup plus que dans l'autre cafetière, qui, n'étant qu'un peu plus près du foyer, y est restée beaucoup moins de temps.

L'Enfant. — Mon ignorance me fait passer de surprise en surprise, mais je suis bien heureux qu'elle se dissipe à mesure que vous portez la lumière dans mon esprit.

Le Grand-Papa. — Je crois devoir ajouter à mon explication une circonstance qui la rend plus complète. Au Printemps, afin de ménager les teintes délicates, qui se faneraient trop vite, afin de régulariser aussi le développement de la plante, qui serait trop rapide, l'accroissement de température ne se fait que graduellement, c'est-à-dire que le rayon du soleil ne devient de moins en moins oblique que par degrés insensibles.

L'Enfant. — Comme Dieu dispose tout avec sagesse ! que de précautions dans les moindres détails !

—

Le Grand-Papa. — Ce n'est pas tout; et maintenant, sans doute, tu désires savoir comment l'air, lui aussi, va s'assortir aux conditions spéciales du Printemps.

L'Enfant. — Je le désire d'autant plus que j'éprouve à m'instruire une satisfaction intime dont j'avais été privé jusqu'ici.

Le Grand-Papa.— D'abord l'air modère ses mouvements, afin de ne pas endommager les tiges encore si faibles et surtout les fleurs, qui sont l'espoir de la moisson. Il prend donc cette allure mitigée qui lui fait donner le nom de zéphyr. De plus, l'air se tient transparent, pour permettre à notre vue de s'étendre plus loin, et pour mieux laisser passer la chaleur et la lumière que nous envoie le soleil.

L'Enfant. — Je ne m'explique pas bien comment l'air peut conserver sa transparence.

Le Grand-Papa. — L'air est suffisamment chaud pour maintenir à l'état gazeux la vapeur d'eau qui s'y répand par évaporation.

L'Enfant. — Cependant il y a des nuages au Printemps, et même il pleut de temps à autre.

Le Grand-Papa. — Oui, et tout cela, mon enfant, est nécessaire; mais ces nuages et cette pluie ont le caractère particulier qui répond le mieux aux exigences du Printemps. Ainsi ces nuages sont légers et s'élèvent assez haut; par conséquent, le ciel n'en est pas assombri; et, quant à la pluie qui peut en provenir, comme elle tombe d'une certaine hauteur, elle ne s'ouvre un passage à travers les couches de l'air qu'en s'y divisant en petites gouttelettes; de telle sorte que cette pluie ne dégrade ni les feuilles ni les fleurs.

L'Enfant. — Quel ordre admirable la nature présente à celui qui sait l'observer !

Le Grand-Papa.—Tout ce qui semble un obstacle devient un auxiliaire. Il est utile assurément que l'atmosphère se voile quelquefois, même au Printemps, pour tempérer les rayons du soleil ; il est nécessaire qu'il pleuve de temps en temps pour rendre plus vite au sol l'eau que l'évaporation lui enlève sous forme de vapeur, toutefois l'arrosage régulier de la terre s'effectue par le merveilleux intermédiaire de la rosée.

L'Enfant. — Ce nom seul a quelque chose de doux qui annonce un bienfait.

Le Grand-Papa. — C'est vrai, mon enfant.

L'Enfant. — Oh ! que la rosée mérite bien le titre d'arrosage par excellence, car c'est une pluie si fine qu'on ne la voit, ni ne la sent tomber !

Le Grand-Papa. — Prends garde, mon enfant ; la rosée ne tombe pas et, par conséquent, elle est fort différente de la pluie. Pour te prouver que la rosée n'est pas de la pluie, il me suffirait de te dire que, par un temps nuageux, il n'y a jamais de rosée ; mais j'aime mieux faire intervenir une expérience bien simple. Une feuille de papier qui, placée sur le sol, se couvre d'une abondante rosée, n'en pré-

sente aucune trace, quand elle est placée dans l'air
à une hauteur, par exemple, de deux ou trois mètres. Il est évident que, s'il s'agissait de la pluie,
la feuille de papier serait mouillée dans les deux
stations.

L'Enfant. — Il me semble même qu'elle devrait
l'être encore plus dans la seconde station que dans
la première.

Le Grand-Papa. — Maintenant je vais te prouver
que la rosée est doucement déposée par la couche
inférieure de l'air. Cette couche, se refroidissant au
contact du sol, ne peut plus, en effet, conserver à
l'état gazeux la vapeur d'eau qu'elle abandonne peu
à peu sous la forme liquide.

L'Enfant. — Je vous prie, grand-papa, de me
faire comprendre ce phénomène, qui me surprend
beaucoup.

Le Grand-Papa. — Partons de ce fait scientifique : un corps qui s'échauffe plus vite qu'un autre
corps, se refroidit aussi plus vite. Or, durant le
jour, le sol s'échauffe beaucoup plus vite que l'air;
donc il doit, la nuit, se refroidir beaucoup plus vite.
En effet, quelques heures après le coucher du soleil,
le sol est beaucoup plus refroidi que l'air, et il en
refroidit, par son contact, la couche inférieure, qui

dès lors dépose en rosée sa vapeur d'eau. Mais allons plus loin et, pour établir d'une manière péremptoire que c'est bien le refroidissement du sol qui détermine le dépôt de la rosée, disposons l'expérience de telle sorte que deux points du sol, quoique contigus, se refroidissent très-inégalement, c'est-à-dire l'un beaucoup et l'autre très-peu.

L'Enfant. — Mais comment s'y prendre?

Le Grand-Papa. — Sur l'un des points, étenlons une feuille de papier noir et mat, et sur l'autre point, une feuille d'argent poli. Comme les corps noirs et mats perdent facilement leur chaleur, tandis que les corps blancs et polis la retiennent assez bien, le sol va se refroidir beaucoup plus au point où se trouve la feuille de papier et ne se refroidira que très-peu au point où se trouve la feuille d'argent. Eh bien, comment va se comporter la rosée? Elle sera très-abondante sur le premier point, et nulle sur le second.

L'Enfant. — Il est impossible de ne pas se rendre à cette démonstration, et ceci me rappelle cette singulière propriété du blanc, que vous m'avez signalée dans la neige de l'Hiver et dans la fourrure de l'hermine.

Le Grand-Papa. — Mon enfant, je vois avec plai-

sir que tu gardes souvenir de nos leçons, et que tu
sais rapprocher à propos les faits qui sont analogues. Ainsi tu dois comprendre aisément que le
limonadier, par exemple, tient dans des cafetières
d'argent poli le café, le lait, le chocolat, pour que
ces comestibles puissent mieux conserver une température convenable. Mais voici ce qu'on a dit quelquefois contre l'explication bien naturelle de la rosée. On a fait remarquer que la partie du sol abritée
sous un parapluie reste parfaitement sèche. Je pense
maintenant que tu pourrais, au contraire, trouver
dans cette remarque une preuve de plus qui s'ajoute
à celles que je t'ai données.

L'Enfant. — Grand-papa, je ne me dégagerais
pas facilement de cette objection.

Le Grand-Papa. — Réfléchis bien. Ce parapluie
est un écran qui s'oppose à la déperdition de la
chaleur sur toute la partie du sol qu'il recouvre;
c'est ainsi qu'agissent aussi les nuages, et voilà
pourquoi le sol ne présente pas de rosée quand le
temps est nébuleux; c'est ainsi qu'un simple voile
de gaze abrite la figure contre la déperdition de la
chaleur, c'est-à-dire contre le froid.

L'Enfant. — Vous portez une telle clarté sur
toutes les questions, qu'il est impossible de ne pas
comprendre.

Le Grand-Papa. — Nous sommes entrés, sans nous en apercevoir peut-être, dans les fonctions de l'eau qui vient à son tour, et sous forme de rosée, se conformer aux exigences du Printemps. Il suffit d'ajouter que les fleuves et les rivières, nés de la fusion des neiges au sommet des montagnes, descendent dans les vallées comme dans les plaines, non-seulement pour les fertiliser, mais encore pour les animer, en quelque sorte, et pour les embellir.

Ainsi le soleil, l'air et l'eau se correspondent sous tous les rapports, pour donner au Printemps son double caractère de saison rénovatrice et décorative. Mais, de plus, par leur action harmoniquement mitigée, ces trois agents concourent surtout au grand phénomène de la germination, c'est-à-dire au premier développement du germe dans les plantes.

L'Enfant. — Dites-moi, je vous prie, ce que c'est que ce germe ?

Le Grand-Papa. — Ce germe est la nouvelle plante en miniature, plante tout à fait identique à celle qui l'a produite. Le germe est assez ordinairement appelé graine. Ainsi le gland est un chêne complet, bien que réduit encore à des proportions exiguës, microscopiques.

L'Enfant. — Je n'ai pas une idée bien nette de

ce que signifie le mot microscopique, que j'entends
employer très-souvent.

Le Grand-Papa. — On qualifie de microscopiques les objets matériels qui échappent à l'œil nu,
c'est-à-dire à l'œil non aidé du microscope, instrument qui amplifie les images pour les rendre visibles. Je t'expliquerai plus tard à quoi tient la propriété de cet instrument.

L'Enfant. — Ainsi, grand-papa, dans ce gland
si petit, il y a ce qui doit être un arbre immense !

Le Grand-Papa. — Oui, mon enfant. Mis en terre
humide, à l'époque convenable, le gland, après
quelques jours, se gonfle, se rompt et laisse sortir
la radicelle et la tigelle, deux petits organes qui se
dirigent en sens inverse. La radicelle ou petite racine
pénètre dans le sol pour s'y fixer peu à peu en solide
pivot ; la tigelle ou petite tige s'élève peu à peu dans
l'air en colonne ligneuse pour supporter les rameaux, les feuilles et les fruits.

L'Enfant. — Mais comment sait-on placer en
terre le gland, de telle sorte que la radicelle soit en
bas et que la tigelle soit en haut ?

Le Grand-Papa. — On n'a pas à se préoccuper
de ce point, pas plus que le laboureur qui sème le
froment ne se donne le souci de placer chaque grain

dans une position déterminée. La radicelle prend d'elle-même sa direction vers le sol, comme la tigelle prend d'elle-même sa direction vers l'atmosphère. On ne peut même pas tromper cette tendance naturelle, quelque artifice qu'on emploie pour la mettre en défaut.

L'Enfant. — Voilà, certes, un phénomène bien étonnant.

Le Grand-Papa. — Cette direction inverse de la racine et de la tige est absolument nécessaire pour que la plante puisse se développer. Mais la science se tait sur la force qui détermine et gouverne un phénomène si remarquable.

À côté de cette tendance inverse de la racine et de la tige, il en est une autre également inverse, invincible et inexpliquée : c'est que la racine recherche toujours l'obscurité, tandis que la tige se porte toujours vers la lumière.

L'Enfant. — Comment peut-on constater, grand-papa, cette singulière tendance ?

Le Grand-Papa. — Par une expérience bien simple : dans une chambre qui ne reçoive la lumière que par une seule fenêtre, on place un verre empli d'eau ; à la surface du liquide, on étend une couche de ouate et, sur ce coton, l'on sème des graines

de moutarde blanche, par exemple. Au bout de quelques jours, on voit la racine s'enfoncer dans la
ouate, atteindre l'eau et, pour se dérober à la lumière qui traverse le verre, prendre une direction
tout à fait opposée; tandis que la tige, au contraire,
se tourne vers la fenêtre pour mieux recevoir les
rayons lumineux.

L'Enfant. — Si vous le permettez, grand-papa,
j'essayerai moi-même de faire cette curieuse expérience. Mais, d'abord, je voudrais en bien comprendre les détails.

Le Grand-Papa. — La chambre dans laquelle
on opère ne doit être éclairée que par un seul côté,
afin de rendre plus précise la direction inverse de
la racine et de la tige. Le vase doit être transparent,
afin que la racine éprouve l'influence de la lumière;
et la ouate a pour fonction de servir de support
spongieux à la petite plante.

L'Enfant. — Je vous remercie, grand-papa, car
maintenant je me rends compte de chacune de ces
conditions.

Le Grand-Papa. — Mais la cause du phénomène
n'en reste pas moins mystérieuse. Bien plus, si la
chambre n'était éclairée que par de la lumière rouge
ou jaune, par exemple, cette lumière, quelque in-

tense qu'elle fût, n'aurait plus la moindre influence. La racine et la tige se comporteraient comme si cette lumière n'existait pas, c'est-à-dire que la tige ne se dirigerait pas plus vers la fenêtre que la racine ne s'en détournerait. La plante ne manifeste plus alors qu'une seule tendance, c'est-à-dire qu'elle fait descendre sa racine vers le fond du verre et monter sa tige dans l'air. Mais, si la chambre était éclairée seulement par la lumière bleue ou violette, par exemple, alors la racine et la tige se comporteraient absolument comme elles se comportent avec la lumière ordinaire, c'est-à-dire blanche.

L'Enfant. — Je ne conçois pas comment on peut éclairer une chambre avec de la lumière rouge, jaune ou bleue.

Le Grand-Papa. — Il suffit pour cela de ne mettre à la fenêtre que des vitres ayant la couleur avec laquelle on veut faire l'expérience.

L'Enfant. — Nous ne sommes donc entourés que de merveilles, grand-papa.

Le Grand-Papa. — Dieu ne procède guère autrement; et, puisque nous parlons de tendances spéciales, je dois te signaler celle que présentent quelques végétaux qui, ayant une tige trop faible, l'enroulent autour de quelque corps voisin qu'on appelle leur support ou tuteur : telles sont, par exemple, le haricot et le houblon. Or chacune de ces deux plantes s'enroule d'une manière différente : le haricot toujours de droite à gauche, et le houblon toujours de gauche à droite. Je pourrais encore, à propos de la feuille et de la fleur, te citer des tendances tout aussi remarquables.

L'Enfant. — Je n'ose vous demander de me les faire connaître, grand-papa, parce que votre réserve me prouve que je n'ai pas encore les notions nécessaires pour vous comprendre.

Le Grand-Papa. — Ces questions trouveront mieux leur place dans notre étude de la Botanique. Cependant, pour encourager tes élans vers la vérité, je puis te dire quelques mots sur une tendance de la feuille qu'il te sera facile de remarquer. La feuille a deux faces bien distinctes : l'une, lisse, qui regarde le ciel ; l'autre, spongieuse, qui regarde le sol. Pour que cette feuille, qui est comme le poumon de la plante, puisse remplir sa fonction, il faut que la face lisse reste tournée vers le soleil et que la face spongieuse reste tournée vers la terre. Si donc on essaie de renverser la tenue de la feuille, la feuille résiste et persévère à reprendre sa position normale ; et si, elle ne peut vaincre la violence qui lui est faite, elle s'étiole et périt. C'est qu'en effet chacune de ces deux faces a une contexture bien différente, mais conforme à l'office qui lui est propre. L'une est réfléchissante, l'autre est absorbante; l'une a ses nervures en creux pour faciliter l'écoulement de la pluie, l'autre a ses nervures en relief pour que la chenille, notamment, puisse s'y fixer accrochée en sens inverse de la pesanteur. Cette tenue de la feuille doit répondre à beaucoup d'autres circonstances que je t'expliquerai en temps opportun. Aujourd'hui ne quittons pas le phénomène de la germination sans bien noter les trois conditions qu'il exige :

1o Une certaine quantité de chaleur; ainsi la germination ne peut s'effectuer, quand la température est inférieure à 5o;

2o Une certaine quantité d'eau; ainsi la germination est impossible dans un air complètement sec;

3o Une certaine quantité d'air; ainsi la germination ne peut s'accomplir dans un eau qui n'est pas aérée.

L'Enfant. — Grand-papa, je n'ai plus rien à désirer sur ce point. Mais il est une question qui me préoccupe, et, quoique vous m'autorisiez à vous soumettre même les plus étranges, je crains de sortir du sujet que vous m'avez développé d'une manière si complète.

Le Grand-Papa. — Précisément parce que notre étude sur le Printemps est terminée, je puis sans inconvénient répondre à une question qui serait étrangère à notre sujet.

L'Enfant. — Il s'agit d'un insecte qui ne se montre, je crois, que dans le Printemps.

Le Grand-Papa. — Puisqu'il s'agit d'un insecte printanier, notre digression est bien permise; elle peut même devenir fort utile.

L'Enfant. — Mais c'est que cet insecte n'est ni léger ni beau, il diffère bien des papillons dont vous m'avez parlé, qui brillent dans l'air comme des pierres précieuses.

Le Grand-Papa. — Qu'importe, cet insecte a sa place dans la création, il a donc sa raison d'être; et sache bien qu'il n'est pas nécessaire d'être beau pour mériter notre étude. Ainsi le papillon qui nous donne la soie, comme l'abeille qui nous donne la cire et le miel, est dépourvu de grâce et d'éclat.

L'Enfant. — Mais ce papillon, du moins, est utile ainsi que l'abeille; tandis que le hanneton, dont je veux parler, ne l'est pas.

Le Grand-Papa.— Dieu, qui est souverainement sage, n'a rien fait, n'a pu rien faire qui ne soit plus ou moins utile. Chose étrange : en présence d'une machine construite par un artiste habile, on se garderait bien d'appeler inutile un rouage dont on ne comprendrait pas la fonction ; et, parce qu'on ignore l'office de tel ou tel être sorti des mains du Créateur, on oserait nier l'utilité de cet être ! Et pourtant l'artiste, fût-il le plus ingénieux, a pu se tromper dans ses combinaisons ou ne pas savoir les réaliser, tandis que Dieu est l'infinie puissance, comme il est l'intelligence infinie.

L'Enfant. — Je vois, grand-papa, qu'il faut bien surveiller ses expressions, quand on parle des œuvres de Dieu.

Le Grand-Papa. — Si le hanneton, tournant la question contre nous tous, pouvait demander à quoi chacun de nous est utile… plus d'un, sans doute, se trouverait déconcerté.

L'Enfant. — Pour mon compte, cette question me fait réfléchir sérieusement, et je ne me sentirais pas à l'aise pour y répondre.

Le Grand-Papa. — Je continue ma supposition. Si le hanneton, la taupe, la marmotte, la buse, le dindon, l'étourneau, l'oie, etc., pouvaient parler, n'auraient-ils pas le droit de protester contre des proverbes injurieux qui circulent, comme des vérités, dans le langage ordinaire. Ainsi on dit : *étourdi comme un hanneton.* Or le pauvre insecte n'est rien moins qu'étourdi. S'il trébuche quelquefois contre les obstacles, ce n'est point faute d'attention, mais bien parce qu'il ne peut gouverner son vol à l'égal du papillon, attendu que ses ailes supérieures, destinées à le protéger plutôt qu'à le mouvoir, gênent le jeu des inférieures, qui sont les ailes proprement dites. D'ailleurs le hanneton est crépusculaire, c'est-à-dire qu'il ne vole que le matin ou le soir, aux heures où la lumière est assez douce. Durant le jour, il reste immobile, parce que le rayon solaire l'éblouit; et, s'il est alors forcé de prendre le vol, on conçoit qu'il se heurte quelquefois à des corps qu'il n'a pas aperçus. Certes, ce ne sont pas les yeux qui lui manquent, car il en a plusieurs milliers formant deux groupes aux côtés de la tête, de telle sorte qu'on peut presque dire qu'il a un œil pour chaque point de l'espace; mais n'oublions pas qu'il est crépusculaire et que son vol, naturellement assez lourd, ne lui donne guère les allures d'un étourdi.

L'Enfant.— Comment, grand-papa, le hanneton a plusieurs milliers d'yeux !

Le Grand-Papa. — Il en a plus de huit mille.

L'Enfant. — Mais ces yeux doivent être d'une petitesse inouïe, et alors comment peut-on les compter ?

Le Grand-Papa. — Dans le monde visible, l'homme est placé entre l'indéfiniment grand et l'indéfiniment petit. Il pénètre dans l'indéfiniment grand à l'aide d'un instrument appelé télescope; il pénètre dans l'indéfiniment petit au moyen d'un instrument appelé microscope. C'est donc en posant le hanneton sous le microscope, qu'on a pu compter le nombre de ses yeux. Ne sois donc pas étonné d'apprendre qu'un savant s'occupa, pendant plus de vingt années, du hanneton, sans en terminer l'étude.

L'Enfant.—Je le comprends, grand-papa, puisque le sens de la vue seulement a dû exiger de longues et patientes observations. Mais à quoi peuvent servir des yeux si nombreux ?

Le Grand-Papa. — Ces yeux ne sont pas mobiles comme les nôtres; leur grand nombre compense leur immobilité. Mais nous aurons occasion de revenir sur ce point en parlant de la vision chez les insectes. En ce moment, retournons sur nos pas; et, pour compléter ce que j'avais à te dire sur l'utilité du hanneton, je fais une nouvelle hypothèse. Je suppose que, dans une assemblée générale des animaux, sous la présidence de l'homme, on discutât la suppression de tel ou tel animal que nous croyons inutile. Eh bien, il n'en est pas un seul qui ne trouvât une voix pour le défendre, voix intéressée sans doute, mais légitime. Ainsi la taupe, qui est très-friande des larves du hanneton, demanderait la conservation de cet insecte; par un motif analogue, l'araignée plaiderait pour la punaise, l'hirondelle pour l'araignée. Quant à l'hirondelle, l'homme lui-même couvrirait de son suffrage souverain ce petit messager du Printemps, qui vient avec confiance se loger sous nos toits, comme s'il avait conscience des services qu'il nous rend.

L'Enfant. — Ainsi, grand-papa, les choses resteraient comme elles sont.

Le Grand-Papa. — Sans doute, car tout est admirablement coordonné dans la nature.

L'Enfant. — Je vois que le hanneton n'est pas inutile pour la taupe, mais on l'accuse de commettre quelques dégâts.

Le Grand-Papa. — Le hanneton, comme la plupart des animaux, ne devient nuisible que si sa famille devient trop nombreuse. Mais une famille quelconque ne devient trop nombreuse que par notre faute. En effet, pour qu'elle ne dépasse pas la limite convenable, Dieu place toujours près d'elle une autre famille qui est chargée de la restreindre et qui s'acquitte d'autant mieux de son mandat

qu'elle est stimulée par le besoin de s'en nourrir.
Ainsi la taupe a pour fonction de modérer le nombre des hannetons, comme le hibou doit modérer,
à son tour, le nombre des taupes, et c'est ainsi que
tout se maintient dans un rapport exact, dans un
équilibre parfait. Mais l'homme poursuit à outrance
la taupe, qui lui est si utile quand sa famille n'est
pas trop nombreuse; l'homme détruit aussi le hibou,
qui doit restreindre le nombre des taupes. C'est ainsi
que l'équilibre est rompu par notre ignorance; il en
résulte pour nous quelques dommages qui nous font
réfléchir, et alors nous finissons par apprendre qu'il
faut respecter les auxiliaires que nous a ménagés la
divine Providence. Dn reste, quoi que l'homme
puisse faire, il ne peut troubler les lois du monde
physique; jamais il ne pourra détruire une seule
espèce d'animal; et, à cet égard, nous pouvons citer
la souris, qui, soumise à mille dangers, se conserve
cependant, et malgré nous, afin de nous prouver
que l'homme ne peut rien changer au plan de la
création. C'est que la destruction complète d'une
espèce, entraînerait au moins celle d'une autre espèce, qui, à son tour, ne pourrait disparaître sans
déterminer la disparition de plusieurs autres espèces. L'homme finirait par être atteint lui-même, de

proche en proche, dans les animaux qui lui sont le plus nécessaires.

L'Enfant.— Désormais j'aurai plus d'estime pour le hanneton, qui, du reste, me sert d'amusement chaque année.

Le Grand-Papa. — Amusement cruel, mon enfant; car tu te fais un jeu de l'agonie d'un être faible, d'autant plus pressé de vivre qu'il est à la plus belle époque de son existence.

L'Enfant. — Mais, grand-papa, je ne le fais pas souffrir, je lui attache un fil à la patte pour qu'il ne s'échappe pas, et je l'excite à se donner le plaisir de voler.

Le Grand-Papa. — Mais ce fil qui te paraît si léger est, pour le hanneton, ce que serait pour toi le câble d'un navire; puis tu lui serres la patte fortement et, parce que sa douleur est muette, tu penses qu'il ne souffre point. Ajoute que l'insecte est affaibli déjà par un jeûne de six mois, et tu ne songes guère à le nourrir, lui qui n'a plus à vivre qu'une quinzaine de jours.

L'Enfant. — Comment se partage donc la vie du hanneton ?

Le Grand-Papa. — Sa vie comprend trois années, mais il ne devient insecte aérien que vers les derniers jours de son existence, qui s'est passée fort obscure sous le sol. Le hanneton, dans sa vie souterraine, a le nom de ver blanc; c'est alors que la taupe le recherche activement, et c'est alors surtout qu'il peut nuire aux cultures. Enfin, pour passer de l'état de ver blanc à l'état d'insecte ailé, il éprouve un état intermédiaire marqué par une diète de six mois.

L'Enfant. — Que d'intérêt présente ainsi un insecte !

Le Grand-Papa. — Ce sont les limites étroites de notre intelligence qui restreignent l'intérêt que doit avoir nécessairement tout ce qui sort des mains de Dieu. Oui, tout être doit servir à notre étude, quelque minime que soit son volume; on dirait même que, pour mieux manifester sa puissance, Dieu confie aux êtres les plus exigus les œuvres les plus grandes. Que de force, en effet, se condense dans un insecte! Puisqu'il s'agit du hanneton, je vais sans doute te surprendre en te disant qu'il est beaucoup plus fort que le cheval.

L'Enfant. — Oh! grand-papa, si je ne connaissais la dignité de votre caractère et le respect que vous avez pour l'enfance, je serais tenté de croire que vous voulez mettre à l'épreuve ma crédulité : un hanneton plus fort qu'un cheval !

LE GRAND-PAPA. — Oui, mon enfant, et beaucoup plus fort; du reste, la force du hanneton se traduit elle-même dans le développement énorme de ses muscles.

L'ENFANT. — Permettez-moi de me réfugier dans le conseil que vous m'avez donné, grand-papa, et de n'admettre que sur preuve les assertions de la science.

LE GRAND-PAPA. — Cette preuve la voici : un cheval de roulage, dont le poids moyen est de 600 kilogrammes, ne peut exercer durant quelques instants qu'un effort de traction équivalant à 400 kilogrammes, c'est-à-dire aux 2/3 de son poids; tandis que le hanneton, qui, en moyenne, ne pèse pas 1 gramme, exerce des efforts égaux à 13 grammes, c'est-à-dire à quatorze fois son poids.

L'ENFANT. — Comment s'attendre à pareil fait; mais enfin, il faut l'admettre, sans réplique, quelque extraordinaire qu'il soit assurément.

LE GRAND-PAPA. — Il s'impose avec toute l'autorité de l'expérience.

L'ENFANT. — Seulement il est deux renseignements que je désirerais bien vous demander. Et d'abord, que signifie l'expression *poids moyen*?

LE GRAND-PAPA. — Il est des chevaux qui pèsent plus de 600 kilogrammes, comme il est aussi des hannetons qui pèsent plus de 1 gramme, on doit donc prendre pour terme respectif de comparaison le poids intermédiaire entre le poids le plus grand et le poids le plus petit, et ce poids intermédiaire s'appelle poids moyen.

L'Enfant. — Et comment peut-on évaluer le poids moyen ?

Le Grand-Papa. — Il est des chevaux qui pèsent, par exemple, 625 kilogrammes, mais il en est qui ne pèsent que 575 kilogrammes; or pour avoir le poids moyen, on fait la somme des deux poids extrêmes et on la divise par 2, c'est-à-dire, on en prend la moitié. Fais toi-même cette opération.

L'Enfant. — Elle n'est pas difficile. 625 + 575 = 1,200, et 1,200 : 2 = 600; ainsi le poids moyen est de 600 kilogrammes. Je comprends aussi que, quant à la force, on suppose un cheval ayant juste la force moyenne entre celui qui en a le plus et celui qui en a le moins.

Le Grand-Papa. — On calcule de même pour le hanneton, c'est-à-dire on suppose l'insecte ayant un poids moyen et doué d'une force moyenne.

L'Enfant. — Mais, grand-papa, comment procéder pour faire l'expérience des forces relatives du cheval et du hanneton ?

Le Grand-Papa. — Pour obtenir la force de traction, on fait tirer horizontalement par le hanneton
un fil qui passe sur une poulie, et qui porte à son
extrémité un plateau. Dans ce plateau, on met des
poids qu'on augmente jusqu'au maximum que l'insecte peut mouvoir. Eh bien ! le hanneton, qui pèse
environ 0 gramme 940, soulève un poids de 13
grammes 456, par conséquent 14 fois son poids ;
tandis que le cheval de gros trait, qui pèse environ
600 kilogrammes, ne peut soulever qu'un poids de
400 kilogrammes, c'est-à-dire les 2/3 seulement de
son propre poids.

L'Enfant. — Cependant, grand-papa, j'ai vu
souvent un cheval traîner seul une charrette chargée de moellons. Or le poids de la pierre ajouté à
celui de la charrette dépassait de beaucoup le poids
du cheval.

Le Grand-Papa. — Ton observation est juste,
mais elle n'infirme en rien ce que j'ai dit. Elle me
prouve seulement que tu confonds deux faits qui
sont très-différents, c'est-à-dire que tu considères
comme équivalents le mot soulever et le mot traîner, qui expriment cependant deux idées bien distinctes l'une de l'autre. Sache donc qu'il faut beaucoup moins de force pour traîner un poids que pour

le soulever. Ainsi tu ne pourrais point soulever, je pense, la table de la salle à manger.

L'Enfant. — C'est une table de vingt couverts et, certes, beaucoup trop lourde pour que j'essaye même de la soulever.

Le Grand-Papa. — Et pourtant tu peux la déplacer sans peine. C'est une remarque que tu as dû faire, je pense.

L'Enfant. — C'est une observation qui, plus d'une fois, aurait dû me frapper; mais quand on est ignorant, on ne remarque presque rien.

Le Grand-Papa. — Remarquer un fait, un phénomène, c'est faire un premier pas vers la science; il ne reste plus qu'à s'en rendre compte.

L'Enfant. — Il me semble que je déplace facilement la table, parce qu'elle repose sur des roulettes.

Le Grand-Papa. — C'est vrai, mon enfant; mais ces roulettes, bien loin de diminuer le poids de la table, y ajoutent, au contraire, leur propre poids.

L'Enfant. — C'est évident. Alors je ne comprends pas bien quel est ici l'office des roulettes, quoiqu'elles me rendent possible et sans effort le déplacement de la table.

Le Grand-Papa. — Je suis bien aise d'aiguiser un peu ta sagacité; maintenant je te demande une certaine attention.

L'Enfant. — C'est ma curiosité que vous aiguisez singulièrement, grand-papa, ou plutôt le désir que j'ai de m'instruire. Donc, si je ne saisis pas bien votre explication, ce ne sera pas faute de l'avoir bien écoutée.

Le Grand-Papa. — Soulever un poids, c'est l'éloigner de la terre et, par conséquent, vaincre la pesanteur; tandis que traîner un poids, c'est seulement le déplacer et, par conséquent, ne vaincre que le frottement.

—

L'Enfant. — Grand-papa, je ne sais ce que c'est que la pesanteur, et je ne sais pas davantage ce que c'est que le frottement.

Le Grand-Papa. — Pour te l'expliquer avec ordre, je commence par la pesanteur. Quand on abandonne un poids à lui-même, il tombe, c'est-à-dire il obéit à la force par laquelle tendent vers la terre tous les corps placés à sa surface. Cette force mystérieuse s'appelle *pesanteur*. Elle est proportionnelle à la quantité de matière dont le corps est formé. Quant au frottement, c'est la résistance qui s'oppose au glissement d'un corps; cette résistance dépend de l'état plus ou moins lisse et de la surface du corps et de la surface du sol sur lequel ce corps repose. Nous n'avons aucun moyen de diminuer l'action de la pesanteur, puisqu'elle dépend du nombre des molécules qui constituent le corps; mais nous pouvons diminuer l'action du frottement, par exemple, en rendant plus lisse la surface du corps et celle du sol. Eh bien, quand un poids est au contact du sol, l'action de la pesanteur intervient si l'on veut soulever ce poids; mais elle n'intervient, pas, si l'on veut seulement le déplacer; dès lors on n'a plus à vaincre que l'action du frottement.

L'Enfant. — Je vois bien que traîner un corps ce n'est pas l'éloigner de la terre, puisque son contact avec le sol continue. Cependant je me fais à moi-même cette objection : si l'action de la pesanteur n'intervient pas, comment se fait-il donc que je déplace plus facilement la petite table à jeu du salon que la grande table de la salle à manger.

Le Grand-Papa. — Quand on dit que, pour traîner un poids, il faut moins d'effort que pour le soulever, il s'agit d'un seul et même poids. Mais s'il s'agit de deux poids différents, il est clair que, pour traîner le plus lourd, il faudra plus d'effort que pour traîner celui qui pèse moins. Ceci s'explique par une raison bien simple, c'est que la pesanteur exerce une pression plus forte sur le poids le plus lourd, c'est-à-dire qui contient plus de matière. Or cette pression augmente d'autant l'adhérence et, dès lors, aussi le frottement.

L'Enfant. — Je ne comprends pas que, même avec un poids lourd, il y ait adhérence, si la surface du poids et la surface du sol sont parfaitement lisses.

Le Grand-Papa. — Ce serait commettre une grave erreur que de supposer des surfaces parfaitement lisses; celle qui le paraît le plus est, en réalité, plus ou moins rugueuse. Elle est, en effet, hérissée d'une infinité de points saillants. Ces aspérités superficielles et du corps et du sol s'engrènent, s'accrochent entre elles et font obstacle au glissement.

L'Enfant. — Comment! cette table de marbre, par exemple, qui réfléchit les images presque aussi bien qu'un miroir, présente des aspérités!

Le Grand-Papa. — Mais, mon enfant, le miroir le plus poli a lui-même sa surface ondulée d'une multitude de saillies et de cavités que les verres grossissants nous rendent visibles.

L'Enfant. — Je rougis des erreurs que je commets à chaque instant.

Le Grand-Papa. — On n'a plus à rougir de ses

erreurs, dès qu'on a la volonté de s'instruire. Or voici une petite question que tu vas résoudre sans doute. Sur le plan incliné de mon pupitre, si je pose à plat cette pièce de cinq francs, elle y reste immobile; tandis qu'elle descend très-vite, si je la pose sur son tranchant.

L'ENFANT. — C'est que, dans le premier cas, le frottement s'effectuant sur une grande surface, est, en réalité, considérable; tandis que, dans le second cas, le frottement est presque nul.

LE GRAND-PAPA. — Tu comprends maintenant pourquoi le tonnelier fait aisément rouler une barrique emplie de vin, ce qu'il ne pourrait faire si la barrique avait une forme aplatie.

L'ENFANT. — Certainement, grand-papa. Je comprends par la même raison, pourquoi la caisse d'une voiture, au lieu de toucher directement le sol, est placée sur des roues qui diminuent de beaucoup le frottement.

LE GRAND-PAPA. — C'est bien, mais prenons un autre exemple. Dans les voies ferrées quelles sont les deux conditions qui, en atténuant l'adhérence, favorisent le mouvement du convoi.

L'ENFANT. — C'est que d'abord les wagons reposent sur des roues, et puis c'est que ces roues sont à surface lisse, ainsi que les rails.

Le Grand-Papa. — Je vois que tu fais de notables progrès, je ne regrette donc pas la digression que nous avons faite. Mais nous voilà bien loin de la question du hanneton. J'y reviens en deux mots pour dire que cet insecte, à l'état de ver blanc, peut être utilisé comme engrais; il peut aussi fournir un liquide gras, qui est un combustible préférable au pétrole, car il n'a pas d'odeur.

Il est un autre insecte qui partagerait plus souvent le triste sort du hanneton, s'il n'était en partie sauvegardé par sa petitesse.

L'Enfant. — Comment sa petitesse peut-elle le garantir ?

Le Grand-Papa. — En lui facilitant le moyen de se cacher.

L'Enfant. — Ainsi, grand-papa, ce qui fait sa faiblesse fait aussi sa sauvegarde.

Le Grand-Papa. — Oui, mon enfant; c'est une sorte de compensation que la Providence ménage toujours aux êtres les plus petits.

L'Enfant. — Quel est donc, je vous prie, cet insecte ?

Le Grand-Papa. — Tu vas le reconnaître sans doute et le nommer toi-même. Il est de forme hémisphérique, c'est-à-dire très-bombée. Comme le hanneton, il a deux paires d'ailes; les unes, cornées, et protectrices, les autres membraneuses, et propres au vol, qu'on appelle élytres. Son système de coloration se caractérise par un certain nombre de points géométriquement distribués sur un fond qui est toujours d'une teinte plus ou moins vive. Au moment du danger, dès qu'il sent qu'on veut le saisir, il replie ses pattes et semble se réfugier sous ses élytres, comme la tortue, quand elle est menacée, se recueille sous sa carapace.

L'Enfant. — Grand-papa, je cherche dans mes souvenirs, et n'ai pas la moindre idée de cet insecte; ce qui me fait espérer que je n'aurai pas à m'avouer coupable envers lui de quelque méfait. Dites-moi donc, grand-papa, quel est le nom de cet insecte?

Le Grand-Papa. — Cet insecte porte dans la science le nom de coccinelle, mais l'homme des champs, pour en exprimer le rôle bienfaisant, l'appelle *bête à Dieu*.

L'Enfant. — Eh bien, grand-papa, je dois me reprocher encore d'avoir quelquefois tourmenté, sans le savoir, ce joli petit insecte, que désormais je me promets bien de respecter.

Le Grand-Papa. — D'autant plus, mon enfant, que celui-ci ne nous cause jamais le moindre dommage. C'est une sorte de garde-champêtre qui a pour fonctions de veiller sur les fleurs. Il ne nous demande pas même pour salaire sa nourriture; car il ne vit que d'insectes microscopiques, qui parfois paissent en nombreux troupeaux de pucerons sur la feuille du rosier.

L'Enfant. — En nombreux troupeaux sur une feuille de rosier !

Le Grand-Papa. — Oui, mais presque invisibles, parce que le corps du puceron étant tout-à-fait transparent se confond avec la feuille dont il prend la couleur. Ces troupeaux, qui semblent errer à l'aventure, sont cependant sous la garde d'une vigilante bergère qui les ramène le soir au logis.

L'Enfant.— Je ne puis contenir ma surprise. Et quelle est donc cette étonnante bergère ?

Le Grand-Papa. — C'est une bergère sans houlette, c'est une fourmi.

L'Enfant. — Une fourmi !

Le Grand-Papa. — Qui ne cesse de courir tout autour de la feuille pour que les troupeaux ne puissent se disperser.

L'Enfant. — Et pourquoi donc cette sollicitude, grand-papa ?

Le Grand-Papa. — C'est que ces petits insectes transparents sont de véritables brebis ou vaches laitières, qui fournissent à la fourmilière un miel délicat dont les jeunes fourmis sont très-friandes. Dès que les troupeaux sont rentrés à l'étable qui leur est préparée, la fourmi bergère les confie à la fourmi vachère, qui va les traire avec soin et mettre le miel en réserve dans des petites cavités disposées tout exprès.

L'ENFANT. — Que de merveilles qui restent ainsi tout à fait ignorées ! Oh ! quel instinct singulier que celui de la fourmi ! Mais je me demande pourquoi la coccinelle vient attaquer ces petits troupeaux inoffensifs.

LE GRAND-PAPA. — Ces petits troupeaux dévoreraient toutes les feuilles du rosier et le feraient périr. La coccinelle est chargée de limiter le nombre de ces insectes microscopiques, qui se multiplient dans une incroyable proportion. Quand elle vient surprendre les troupeaux dans leur immense pâturage, la bergère les pousse bien vite vers la fourmilière ; tandis que d'autres fourmis, accourues du pied de l'arbuste, où elles se tiennent en réserve, s'accrochent aux pattes de la coccinelle et retardent sa marche.

L'ENFANT. — Enfin qu'en résulte-t-il ?

LE GRAND-PAPA. — Il en résulte que la coccinelle ne peut atteindre que quelques pucerons, mais elle a sauvegardé la feuille de rosier.

L'Enfant. — Quelle scène charmante !

Le Grand-Papa. — Dans cette lutte des instincts, tu vois comme tout se balance pour maintenir partout l'équilibre le plus parfait. Hélas, il n'y a que l'homme qui trouble parfois, et à son détriment, l'économie merveilleuse de la nature ! Comment ne pas déplorer surtout cette guerre inexorable qui s'attaque aux êtres les plus utiles et les plus innocents, au rossignol, à la fauvette ! Et n'essayons pas de calculer, par exemple, tout le dommage que cause l'enfant sauvage qui s'empare d'un seul nid de fauvette. Car enfin, pour elle-même ou pour ses petits, la fauvette détruit chaque jour plus de trois cent soixante chenilles ou larves, et, par conséquent, plus de dix mille dans un mois.

L'Enfant. — Or, ces dix mille chenilles, pour se nourrir elles-mêmes, doivent porter le ravage sur nos moissons et sur nos fruits.

Le Grand-Papa. — Et nous n'avons parlé que d'un seul nid de fauvette ; que serait-ce donc s'il s'agissait, par exemple, de dix mille nids ! et, sans exagérer, on peut en admettre ce nombre dans notre France seulement.

L'Enfant. — Si, pour son alimentation, un seul nid de fauvettes détruit, en un mois, dix mille chenilles, dix mille nids en détruisent cent millions, car $10,000 \times 10,000 = 100,000,000$. Ainsi la seule fauvette épargne à l'agriculture un préjudice considérable.

Le Grand-Papa. — Ton calcul est parfaitement raisonné, mais reste très-au-dessous de la vérité, parce que tu ne tiens pas compte des dégâts qu'aurait commis aussi l'innombrable progéniture de ces cent millions de chenilles.

L'Enfant.— Ainsi donc, c'est un dommage incalculable que nous épargne la seule fauvette.

Le Grand-Papa. — Et sous tous les rapports enfin, pourquoi ne pas laisser en paix ce petit être, que signalent à la fois et l'aménité de ses mœurs, et la gratuité de ses services, et la mélodie de sa voix ! Oui, Dieu créa la tribu des chanteurs du bocage comme un des charmes du printemps ; mais, alliant toujours l'utile à l'agréable, Dieu fit, de ces aimables artistes, d'actifs écheniлleurs qui, tout en égayant nos campagnes, protégent, mieux que nous, nos vergers et nos champs.

L'Enfant. — C'est vraiment déplorable.

Le Grand-Papa. — Si je ne craignais de fatiguer

ton attention, j'ajouterais quelques mots sur **un** animal utile qu'avec mépris on écrase sous le pied, sans se demander s'il ne serait pas plus sage de le laisser tranquillement remplir son office.

—

L'Enfant. — Grand-papa, votre parole est pour moi comme un délassement, et je désire bien vous écouter encore, afin de connaître cet animal utile, que moi-même peut-être je n'ai pas su ménager.

Le Grand-Papa. — Et d'abord as-tu remarqué qu'au printemps le gazon et les prairies, comme aussi les plates-bandes non retournées des jardins présentent, disséminée en petits tas, une sorte de bouillie terreuse. Cette matière, que les botanistes désignent sous le nom d'humus, constitue pour les plantes le terroir le plus riche, le plus nutritif.

L'Enfant. — J'ai remarqué ces petits dépôts boueux, mais sans y arrêter la moindre réflexion.

Le Grand-Papa. — Eh bien, c'est un animal souterrain qui porte à la surface du sol cet humus, qu'il a puisé dans la couche profonde. Ce laborieux mineur qui travaille sans bruit, fait ainsi, pour la terre abandonnée à elle-même, ce que cherche à faire l'homme des champs pour la terre cultivée.

L'Enfant. — Soyez assez bon pour me dire le nom de cet utile mineur ?

Le Grand-Papa.— C'est le lombric, vulgairement appelé *ver de terre*.

L'Enfant. — Mais, grand-papa, dans le langage du monde, c'est le terme le plus injurieux du dédain.

Le Grand-Papa. — Quoiqu'il en soit, cet annélide, si faible et si mou, produit cependant pour la culture un résultat qu'on ne peut obtenir aussi bien avec la houe, la bêche et même la charrue.

L'Enfant. — Mais comment ce petit être peut-il transporter toute cette bouillie terreuse, et quel est l'instinct qui le fait agir ?

Le Grand-Papa. — Tu ne me demandes pas la signification du mot annélide, dont je viens de me servir; j'en conclus que tu n'as pas oublié nos leçons d'histoire naturelle.

L'Enfant. — L'annélide est un animal dont le corps est formé d'anneaux, et cette enveloppe seule me le signale comme animal inférieur.

Le Grand-Papa. — C'est bien : l'enveloppe de l'animal vient effectivement nous traduire à l'extérieur les points essentiels de son organisation intérieure, pour nous rendre plus facile l'étude de la zoologie.

Et que nous exprime cette forme cylindrique accompagnant cette enveloppe annelée ?

L'Enfant. — Elle nous exprime un second caractère d'infériorité, notamment que le tube intestinal est droit.

Le Grand-Papa. — Mais que faut-il conclure de ce que le tube intestinal est droit ?

L'Enfant. — Je crains bien de l'avoir oublié !

Le Grand-Papa. — De cet état du tube intestinal, il résulte que l'aliment ingéré passe vite, n'étant pas retardé par les circuits, les contours, les circonvolutions que le tube intestinal présente dans les animaux supérieurs.

L'Enfant. — Je comprends que, par son passage rapide dans le tube intestinal, l'humus ne cède au lombric qu'une petite partie des substances nutritives qu'il contient et qui vont être utilisées par la plante. Je désirerais bien avoir encore quelques détails, car ce ver de terre m'intéresse vivement.

Le Grand-Papa. — Je vais d'abord compléter ma réponse à tes deux questions. Pour se nourrir, le lombric avale l'humus qui, avons-nous dit, traverse si vite son tube intestinal que l'animal n'en peut extraire que très-peu de sucs alimentaires. L'humus, à sa sortie, n'a donc cédé qu'une minime partie des substances qui le constituent, et conserve presque toute son efficacité pour l'alimentation des plantes.

Mais il en résulte aussi que le lombric est obligé de réitérer souvent son repas et, pour ne pas encombrer ses galeries, de porter au loin l'humus qui lui a fourni sa nourriture.

L'Enfant. — C'est vraiment admirable de voir un pauvre ver de terre, en se procurant son propre bien-être, contribuer cependant à celui des plantes.

Le Grand-Papa. — Ce n'est pas tout. En fouillant ainsi la terre, en la criblant d'innombrables galeries qui ne s'éboulent jamais, quoique privées d'étais, le lombric, sans outils, et même dépourvu de ces leviers que nous appelons des os, dépasse cependant tout ce que l'art, aidé de mille instruments, pourrait faire en ce genre.

L'Enfant. — C'est incroyable, grand-papa.

Le Grand-Papa. — Le lombric draine dans le sol, comme s'il était chargé d'y faire pénétrer profondément l'air et l'eau. De plus, au moyen des soies crochues que porte, au nombre de huit, chacun de ses anneaux, il entraîne, en rentrant sous terre, les débris de feuilles qui sont tombés à l'entrée de ses galeries ou tout auprès; et ces feuilles, transformées bientôt en engrais, sont ainsi transmises aux racines de la plante.

L'Enfant. — De telle sorte que cet annélide, ce

ver si dédaigné, draine, cultive et fume la terre tout à la fois.

Le Grand-Papa. — Tu vois, mon enfant, qu'il n'est pas d'être si infime qui n'ait à remplir un office, et c'est d'une réciprocité complète de services que résultent dans la nature l'ordre et l'harmonie; c'est aussi la condition essentielle de l'ordre et de l'harmonie dans la société.

L'Enfant. — Il me semble que rester inutile dans la société, c'est être bien coupable.

Le Grand-Papa.— Le riche lui-même n'a pas le droit d'être homme de loisir; il se doit à la bienfaisance. S'il manque à ce devoir, il est coupable et se prive aussi d'une noble satisfaction; car, enfin, la personne qui donne est bien plus heureuse que celle qui reçoit. Donner, c'est l'attribut suprême de Dieu; recevoir, c'est la condition subordonnée de l'homme.

L'Enfant. — Ah, j'ai gardé souvenir, grand-papa, de ce que vous m'avez dit, surtout de l'aumône, qui honore le riche en soulageant le pauvre.

Le Grand-Papa. — C'est bien, mon enfant, mais as-tu bien pesé toute la signification de cette expression *rendre service.*

L'Enfant. — On dirait, grand-papa, que vous devinez tout ce que je ne sais pas. Je n'ai jamais songé à saisir tout le sens de cette expression.

Le Grand-Papa. — Alors, écoute-moi bien. Rendre, suppose devoir : on ne rend que ce que l'on doit. Ainsi, le souverain rend la justice, parce qu'il la doit, en effet. De même, chacun doit rendre service, parce que rendre service, c'est, sous l'idée chrétienne, accomplir un devoir et, en quelque sorte, acquitter une dette de famille, car tel est le précepte formulé de notre père commun.

L'Enfant. — Je ne voudrais point, grand-papa, vous faire redescendre de ces considérations si élevées, pour vous adresser une dernière question sur le lombric.

Le Grand-Papa. — Mon enfant, l'occasion de me la soumettre ne pourrait être plus opportune; peut-être même ne se représenterait-elle jamais.

L'Enfant. — Si le lombric se multipliait sans obstacle, ne serait-il pas nuisible à son tour, comme tous les animaux qui deviennent trop nombreux ?

Le Grand-Papa. — Il deviendrait nuisible assurément, parce qu'il ferait perdre au sol sa consistance. Mais Dieu lui adjoint notamment deux modérateurs qui limitent sa propagation : d'abord le merle, si prompt à saisir le lombric à la surface du sol; puis la taupe, si opiniâtre à le rechercher sous terre.

L'Enfant. — Oh ! comme tout, dans la nature, se coordonne et se maintient !

Le Grand-Papa. — Ainsi, l'être qui nous paraît le plus infime a cependant sa place et sa fonction. Le monde microscopique lui-même a sa raison d'être, ainsi que le monde étoilé.

L'Enfant. — Vous m'avez déjà prouvé plusieurs fois que les progrès de la science ont réhabilité tel ou tel animal considéré longtemps comme nuisible.

Le Grand-Papa. — Je termine en reprenant une pensée qui te concerne. J'ai dit que ton âge est le printemps de la vie, c'est-à-dire qu'il est, pour les qualités de l'âme, l'époque de la floraison, ainsi que le printemps pour les produits de la terre. Or, les fleurs morales, comme les fleurs naturelles, exigent une surveillance et des soins, afin qu'elles puissent, un jour, donner des fruits. C'est à ce résultat définitif que doit tendre toute éducation, comme toute culture ; car, ne l'oublions pas, pour l'âme comme pour la plante, la fleur n'est qu'une promesse, le fruit seul est une réalité.

L'ÉTÉ

L'Enfant. — Grand-Papa, l'Été serait une saison magnifique, s'il n'avait deux graves inconvénients : d'abord son excessive chaleur, et puis ses terribles orages.

Le Grand-Papa. — Comment pourrait-on méconnaître la magnificence de l'Été ? Tout y resplendit à la fois au firmament, sur la terre, dans l'air et dans l'eau. Le soleil semble, de ses rayons éblouissants, occuper seul tout le ciel; il décore somptueusement la terre en y exaltant toutes les teintes, dans les plantes comme dans les animaux; il multiplie les fruits, qui, tout aussi nombreux que les fleurs, rivalisent avec elles de couleur, de forme et de parfum; et l'on dirait enfin que l'air est devenu plus transparent et l'eau plus limpide, pour mieux laisser voir dans tout leur éclat et l'aile de l'insecte et l'écaille du poisson. Mais, mon enfant, l'Été ne doit pas être seulement une saison magnifique, il doit être en même temps une saison efficace; et c'est ici que

les deux prétendus inconvénients que tu lui reproches vont devenir, au contraire, deux grandes utilités.

L'Enfant.— Tout en admirant le spectacle splen-
dide de l'Été, je ne songeais guère à supposer fort
utiles ni les chaleurs excessives, qui me sont insup-
portables, ni le tonnerre, qui me fait peur.

Le Grand-Papa.— Mon enfant, pour bien apprécier un fait, il ne faut pas le considérer par un seul
point, surtout par celui que choisit tout d'abord
l'intérêt personnel. Comprendre signifie entourer,
envelopper; donc, pour bien comprendre un fait, on
doit l'examiner sous toutes ses faces et, pour ainsi
dire, en faire tout le tour. Avant d'articuler tes griefs
contre l'Été, tu ne t'es pas même demandé peut-
être quelles sont les fonctions qu'il doit remplir.

L'Enfant. — J'avoue que je ne me suis pas
adressé cette question, et d'autant moins, grand-
papa, que je ne saurais y répondre.

Le Grand-Papa. — La principale fonction de
l'Été, c'est de mûrir les céréales, c'est-à-dire les
plantes alimentaires par excellence. Or, pour que la
farine abonde dans le grain, il faut que le liquide
qui, sous le nom de sève, lui porte les éléments de
cette farine, s'évapore très-vite, c'est-à-dire dès qu'il
a pénétré dans l'épi.

L'Enfant. — Mais, grand-papa, pourquoi donc toute cette vitesse ?

Le Grand-Papa. — La sève, afin de circuler aisément dans les organes menus de la plante, doit être assez fluide et, par conséquent, peu chargée de matériaux. Il faut donc qu'elle se renouvelle sans cesse, c'est-à-dire qu'elle monte vite et s'évapore de même, afin que ses apports se succèdent rapidement. Mais l'évaporation ne peut être accélérée que par la chaleur. Ainsi, sans chaleur assez intense, pas de farine ; et sans farine, pas de pain.

L'Enfant. — Pas de pain !

Le Grand-Papa. — Pas de vin, pas de sucre et, pour ainsi dire, pas de fruits.

L'Enfant. — Oh ! désormais, bénie soit la chaleur, puisque sans elle nous n'aurions ni pain, ni vin, ni sucre, ni fruits !

Le Grand-Papa. — Nous serions privés encore de bien d'autres produits. Mais ne nous arrêtons pas uniquement à ce qui nous touche de si près. Considérons plus loin les offices de la chaleur. Par exemple, d'innombrables animaux, tels que les reptiles, les poissons, les insectes, produisent des œufs, sans avoir, comme les oiseaux, la température nécessaire pour les couver. C'est le soleil qui est chargé de ce soin. Or, pour qu'il puisse y suffire, il faut que ses rayons aient une certaine intensité, car l'animal cache ses œufs dans la vase, dans le sable ou sous les feuilles, afin de les dérober à la vue de l'ennemi qui les cherche; de plus, tous ces animaux à sang froid, éclos par le soleil, n'entrent que par lui dans leur pleine activité.

L'Enfant. — Je me rappelle, en effet, que le froid les frappe d'un complet engourdissement.

Le Grand-Papa. — Ainsi, par sa lumière, le soleil embellit la terre sur tous les points, et, par sa chaleur, il la féconde dans les plantes et même dans les animaux inférieurs.

L'Enfant. — Il me semble, grand-papa, qu'il se mêle pourtant à ces deux résultats quelques fâcheuses circonstances. Ainsi, le ruisseau s'épuise, la fleur s'étiole, l'herbe se flétrit et la poussière se soulève au moindre vent.

Le Grand-Papa. — C'est vrai, mon enfant, mais tout va se réparer spontanément.

L'Enfant. — Eh ! par quel moyen ?

Le Grand-Papa. — Précisément par cette pluie d'orage que tu reproches à l'Été.

L'Enfant. — Mais, grand-papa, l'orage annonce naturellement un sinistre, et les circonstances qui caractérisent ce phénomène justifient, en effet, toute l'appréhension qu'il excite. Le ciel est noir, l'atmosphère est pesante, les nuages sont épais et bas, et, tandis que l'éclair aveugle et que le tonnerre assourdit, des torrents de pluie ou même de grêle crépitent sur le sol, brisent les épis, ravagent les vergers, mutilent les arbres et frappent d'effroi les animaux eux-mêmes.

LE GRAND-PAPA. — Je vois, mon enfant, que tu signales fort bien le mauvais côté du phénomène. Mais réfléchis maintenant, et fais le tour de la question. De quoi s'agit-il? Il s'agit de restituer au sol l'énorme quantité d'eau que lui a fait perdre une évaporation, fort nécessaire sans doute, mais très-active. Eh bien, la pluie d'orage n'est-elle pas le mode le plus expéditif pour obtenir ce résultat? Par son abondance même, la pluie nettoie l'atmosphère qu'en même temps la foudre purifie; le ruisseau renaît aussitôt, la fleur reprend sa fraîcheur, la prairie sa verdure et le feuillage des arbres, qui était souillé par la poussière, reparaît net et lustré.

L'ENFANT. — Est-ce que l'eau dont la terre a besoin ne pourrait pas lui être rendue plus lentement?

LE GRAND-PAPA. — N'oublie pas quelle est la principale fonction de l'Été, mon enfant, et tu comprendras combien il importe, au contraire, qu'à cette époque la pluie soit de courte durée, afin que la maturation des céréales n'éprouve pas un temps d'arrêt. Donc, il ne faut pas que l'action du soleil soit longtemps suspendue. Aussi voyons-nous apparaître bientôt l'arc-en-ciel, gracieux précurseur, qui témoigne, en effet, que l'épreuve est finie.

—

L'Enfant. — En citant l'arc-en-ciel, grand-papa, vous soulevez une question qui m'embarrasse infiniment. Ce phénomène est sans doute très-gracieux à voir, mais très-difficile à comprendre. Comment, en effet, peuvent se produire dans l'air ces bandes demi-circulaires qui sont si diversement colorées ?

Le Grand-Papa. — Nous aborderons cette question délicate, mais un peu plus tard, parce que nous ne sommes pas arrivés encore à l'étude de la lumière ; pour le moment, il suffit de t'en faire entrevoir la solution, en te disant que le rayon solaire porte en lui toutes les couleurs et que ces couleurs, en traversant, par exemple, une gouttelette d'eau peuvent se séparer. Elles se distinguent ainsi les unes des autres, et c'est précisément ce qui se réalise dans l'arc-en-ciel.

L'Enfant. — Comment ! le rayon solaire, qui est blanc, porte en lui toutes les couleurs !

Le Grand-Papa. — Toutes, et elles sont innombrables. Quand toutes ces couleurs sont ainsi réunies, elles se confondent ensemble et composent le blanc. Mais, quand elles se séparent, on y distingue six couleurs principales : le rouge, l'orangé, le jaune, le vert, le bleu et le violet. On pourrait toutefois les ramener à trois couleurs essentielles : le rouge, le jaune et le bleu. Car toutes les autres dérivent de ces trois, qui, pour ce motif, sont appelées couleurs primitives : l'orangé n'étant qu'un mélange de rouge et de jaune, comme le vert est un mélange de jaune et de bleu, comme le violet est un mélange de bleu et de rouge.

L'Enfant. — Mais, grand-papa, vous m'avez dit, je crois, que les couleurs sont innombrables, et vous les réduisez à six ou même à trois.

Le Grand-Papa. — En ramenant aux trois couleurs primitives toutes les autres couleurs, on n'en diminue pas le nombre, pas plus qu'on ne le restreint, en constatant que toutes les couleurs sont comprises dans le blanc. En effet, on passe du rouge au jaune par des nuances indéfiniment graduées dont le terme moyen est l'orangé ; on passe du jaune au bleu par d'innombrables intermédiaires dont le terme moyen est le vert ; comme aussi le passage du bleu au rouge est établi par des milliers de nuances successives dont le terme moyen est le violet.

L'Enfant. — Que de merveilles, grand-papa, dans un simple rayon de lumière !

Le Grand-Papa. — Nous y remarquerons plus tard beaucoup d'autres merveilles, mon enfant ; mais revenons bien vite à la question de l'arc-en-ciel, pour y ajouter quelques mots. Ce phénomène exige le concours simultané du soleil et de la pluie. Le rayon du soleil apporte les couleurs, et la gouttelette d'eau les sépare.

L'Enfant. — Je ne comprends pas bien.

Le Grand-Papa. — La gouttelette laisse passer les couleurs, parce qu'elle est transparente ; mais, par l'effet de sa forme sphérique, elle les dévie, et comme elle dévie l'orangé plus que le rouge, le jaune plus que l'orangé, le vert plus que le jaune, le bleu plus que le vert et le violet plus que le bleu, il en résulte que les différentes couleurs, ainsi séparées, se distinguent les unes des autres, tandis qu'elles étaient confondues dans le blanc. Le point fondamental dans le phénomène de l'arc-en-ciel, c'est la décomposition du rayon lumineux. Cette décomposition de la lumière s'effectue presque d'une manière analogue dans ces bulles de savon que tu faisais naître autrefois avec adresse au bout d'une paille, et que tu aimais à voir s'élever dans l'air comme de petits ballons.

—

L'Enfant. — J'ai toujours admiré les belles couleurs dont elles sont parées. J'ai de plus remarqué que, selon l'inclinaison sous laquelle on les regarde, les couleurs diffèrent ou même disparaissent tout à fait. Mais je ne m'en suis jamais demandé la cause.

Le Grand-Papa. — Eh bien, cette simple bulle de savon, jouet futile du jeune âge, nous démontre cependant une des plus grandes vérités de la science.

L'Enfant. — Et laquelle, grand-papa ?

Le Grand-Papa. — C'est que la couleur d'un corps ne lui appartient pas. Seulement il s'en revêt à nos yeux, parce qu'il n'est visible que par l'intermédiaire des rayons colorés qu'il nous renvoie; c'est à peu près comme ta main, qui, gantée de noir, me paraît noire et, gantée de vert, me paraît verte.

L'Enfant. — Mais alors, grand-papa, comment définir, par exemple, un corps vert ?

Le Grand-Papa. — Un corps vert est un corps qui, recevant l'ensemble des couleurs dont la lumière blanche se compose, ne nous renvoie que le vert. Ainsi nous attribuons au corps lui-même la couleur qui nous en porte l'image. Je pense que maintenant tu pourrais me définir un corps jaune.

L'Enfant. — Ce n'est pas difficile après l'explication si claire que vous venez de me donner. Je dirais donc qu'un corps jaune est un corps qui, recevant à la fois toutes les couleurs, c'est-à-dire la lumière blanche, ne nous renvoie que le jaune.

Le Grand-Papa. — Bien. Mais la bulle de savon nous démontre beaucoup d'autres vérités.

L'Enfant. — Soyez assez bon pour me faire connaître celles qui sont à la portée de mon intelligence, je suis si étonné d'apprendre que, d'un objet de si minime importance, on peut tirer toutefois divers enseignements.

Le Grand-Papa. — Cette bulle nous prouve que la forme sphérique est la forme la plus naturelle, c'est-à-dire celle que tendent à prendre tous les corps, et qu'ils prennent, en effet, quand leurs molécules sont libres de se disposer à leur gré.

L'Enfant. — Et pourquoi donc cette forme plutôt que toute autre ?

Le Grand-Papa. — C'est que la forme sphérique est celle qui répond le mieux à leurs attractions réciproques, celle où les molécules les plus éloignées sont cependant à une égale distance du centre.

L'Enfant. — Dès lors, pourquoi tous les corps n'ont-ils pas cette forme ?

Le Grand-Papa. — C'est qu'il est des forces diverses qui s'y opposent, et, ne fût-ce que pour éviter une monotone uniformité, il est bien que ces forces interviennent et modifient l'arrangement respectif des molécules.

L'Enfant. — Je comprends, en effet, qu'il ne serait pas agréable de voir partout et toujours la même forme.

Le Grand-Papa.—La bulle de savon nous prouve en même temps que l'air chaud est plus léger que l'air froid, puisque c'est l'air insufflé par l'haleine qui rend cette bulle plus légère que l'air ambiant, c'est-à-dire qui est tout autour.

L'Enfant.—Mais, grand-papa, la chaleur est une force qui ne peut diminuer le poids d'un corps, puisque le poids, dépend du nombre des molécules et que, froid ou chaud, ce corps en a le même nombre.

Le Grand-Papa.—Raisonnons, mon enfant. Si la bulle de savon était remplie d'air froid, c'est-à-dire contracté, elle contiendrait plus de molécules, puisque ces molécules y seraient plus pressées. Mais, si elle est remplie d'air chaud, c'est-à-dire dilaté, elle contient moins de molécules, puisque ces molécules y sont moins serrées; par conséquent, elle doit être plus légère.

L'Enfant. — Je comprends très-bien que la bulle contenant réellement moins de matière, quand l'air est chaud, doit avoir aussi moins de poids.

Le Grand-Papa. — La bulle de savon, par sa forme sphérique, nous démontre qu'un gaz exerce une égale pression dans tous les sens, c'est-à-dire sur toutes les parois du vase qui le contient. Et même, pour être contenu, il exige que le récipient soit clos de toutes parts. Si, dans la bulle de savon, l'air chaud ne pressait pas également sur tous les points de sa mince enveloppe, la forme de la bulle ne serait pas sphérique.

L'Enfant. — En effet, si l'air intérieur pressait inégalement sur les différents points des parois, toutes les molécules du contour ne seraient plus à une égale distance du centre.

Le Grand-Papa. — J'ajoute que par son mouvement ascensionnel, la bulle de savon nous prouve que les couches de l'atmosphère sont de moins en moins denses à mesure qu'elles sont plus élevées; car il arrive un moment où la bulle ne monte plus, parce qu'elle est parvenue à une hauteur où l'air est aussi léger qu'elle-même.

L'Enfant. — Que d'observations inattendues fournit à la science une simple bulle de savon !

Le Grand-Papa. — Puis encore, par la direction qu'elle suit, la bulle nous traduit la direction du vent quelque faible qu'il puisse être ; et nous pouvons même constater ainsi, mon enfant, cette autre vérité, que l'air n'est jamais dans un complet repos, car la bulle de savon ne monte pas d'un mouvement rectiligne.

L'Enfant. — Je vois qu'avec vous, grand-papa, une bulle de savon équivaut à tout un livre.

Le Grand-Papa. — Poursuivons notre étude. Cette bulle de savon nous offre encore l'exemple d'un corps dissous. Et ne confondons pas ici deux mots qui ont une signification bien différente : le mot dissoudre et le mot fondre. Fondre un corps, c'est le rendre liquide par l'action de la chaleur. On dit fondre du fer, du cuivre, du beurre, de la cire. Dissoudre un corps, c'est le disséminer dans un autre : on doit dire dissoudre du sucre, du sel, des gaz.

L'Enfant. — Ainsi on ne doit pas dire que, pour préparer un verre d'eau sucrée, on fond le sucre, mais bien qu'on le dissout.

Le Grand-Papa. — Il faut dire de même que, pour préparer de l'eau savonneuse, on dissout le savon ; on ne le fond pas.

—

L'Enfant. — D'où vient donc que les couches inférieures de l'air sont plus denses que les couches supérieures ?

LE GRAND-PAPA. — C'est qu'elles supportent la pression des couches superposées ; mais tu conçois que cette pression doit nécessairement diminuer à mesure qu'on s'élève, puisqu'il y a moins de couches à supporter.

L'ENFANT. — L'air est cependant si léger !

LE GRAND-PAPA. — L'air est léger sans doute, il l'est même 775 fois plus que l'eau ; mais l'atmosphère a une hauteur d'au moins 60,000 mètres, et dès lors son poids est tel que, sur une personne d'un volume moyen, elle exerce une pression de plus de 12,000 kilogrammes.

L'ENFANT. — Plus de 12,000 kilogrammes ! mais comment n'en sommes-nous pas écrasés ?

LE GRAND-PAPA.— C'est encore la bulle de savon qui va nous fournir la réponse. Cette bulle a des parois bien minces et supporte, d'après sa surface, une pression de plusieurs kilogrammes ; elle résiste pourtant à cette énorme pression. Et pourquoi ? parce que l'air chaud qu'elle contient réagit contre la pression extérieure et la contrebalance, car la chaleur est un agent doué d'une puissance extrême. Nous résistons à a pression atmosphérique, d'abord parce que nous sommes composés de substances liquides qui sont incompressibles, et que, de plus, nos poumons contiennent de l'air chaud. Cette pression nous est nécessaire pour étayer de toutes parts notre corps que la peau ne pourrait certes pas contenir. Mais ce qui est merveilleux, c'est que nous ne sentons même pas que l'air nous touche.

L'Enfant. — J'ai remarqué, grand-papa, que la bulle de savon ne tarde pas éclater.

Le Grand-Papa. — Elle n'est pas écrasée, mais elle se défait par suite de l'évaporation qui dissipe ses parois.

L'Enfant. — Oh vraiment, grand-papa, ma surprise s'accroît de plus en plus en présence de cette bulle de savon !

Le Grand-Papa. — Ne perds pas de vue toutefois qu'il faut se demander pourquoi, sans le savon dissous, on ne pourrait faire gonfler des bulles dans l'eau.

L'Enfant. — Je ne vois pas bien comment je pourrais répondre nettement à cette question.

Le Grand-Papa. — Réfléchis, tu sais que, dans un corps liquide, les molécules sont soumises à l'action équivalente de la chaleur qui veut les séparer et de la cohésion qui veut les réunir. Eh bien, qu'en résulte-t-il ?

L'Enfant. — Il en résulte que les molécules ni ne se tiennent, ni ne se quittent; elles sont assez distancées pour ne pas se tenir, mais elles sont assez voisines pour ne pas se quitter.

Le Grand-Papa. — L'intervalle qui s'interpose entre elles leur permet donc de rouler aisément les unes autour des autres. Mais, si les molécules d'un autre corps viennent remplir en quelque sorte cet intervalle, alors les molécules du liquide se trouvent comme soudées entre elles; c'est ainsi que, par l'intervention du savon, l'eau devient assez visqueuse, assez consistante pour pouvoir contenir de l'air chaud.

L'Enfant. — Je sais, en effet, par expérience que dans l'eau pure, on ne peut pas faire de bulles : l'air insufflé s'échappe et ne peut être retenu. Mais voici une difficulté qui me vient d'un tout autre côté; je voudrais bien savoir pourquoi le blanchisseur doit dissoudre le savon dans l'eau.

Le Grand-Papa. — Pour que le savon enlève les malpropretés du linge, il faut qu'il pénètre dans le linge, afin qu'il puisse les atteindre complètement; l'eau vient donc servir ici de véhicule au savon.

L'Enfant. — Je vois qu'entre le savon et l'eau, il y a comme une réciprocité de services. Pour que l'eau puisse produire des bulles, le savon donne au liquide la viscosité qui lui manque, et, pour que le savon puisse pénétrer dans le linge, l'eau donne au solide la fluidité qu'il n'a pas.

LE GRAND-PAPA.— C'est bien cela, mon enfant; nous pouvons donc aller plus loin. As-tu remarqué qu'il se forme de l'écume, de la mousse, avant qu'on n'obtienne une bulle volumineuse.

L'ENFANT. — Certainement, grand-papa, il se forme une multitude de petites bulles qui refusent de s'amplifier, ce qui me faisait quelquefois perdre patience.

LE GRAND-PAPA. — Au lieu de perdre patience, tu aurais dû ne t'en prendre qu'à toi-même, qui n'avais pas donné à l'eau une suffisante viscosité. Quoi qu'il en soit, ces petites bulles ne diffèrent de la grande que par le volume; et celle-ci, par con-séquent, est l'image amplifiée des éléments simi-laires qui forment la mousse de l'eau savonneuse, comme aussi cette mousse te représente parfaite-ment et la mousse de la bière et l'écume de la mer.

L'ENFANT. — Ah! je suis bien content de vous entendre parler de l'écume de la mer. D'abord la mer me rappelle les bains que j'y ai pris l'an dernier.

LE GRAND-PAPA. — Que tu as pris avec mesure et à propos.

L'Enfant. — Oh! je me gardai bien d'oublier vos recommandations sur ce point. Je sais que le but principal du bain, c'est la propreté. Je sais aussi que, pendant sa durée, le bain suspend les fonctions de la peau, ce qui peut avoir de graves conséquences. Je n'entrais donc dans l'eau que parfaitement reposé, et je n'y restais que le temps nécessaire pour exciter une salutaire réaction..

Le Grand-Papa.— Je vois que tu gardes souvenir de mes conseils, et que tu reproduis fidèlement les termes que j'ai moi-même employés en te motivant mes prescriptions.

—

L'Enfant. — Grand-papa, je me suis souvent demandé, comment l'eau de la mer qui était verte pouvait former une écume blanche qui, en s'apaisant, reprenait sa couleur naturelle. C'est un fait bien simple peut-être, mais que je ne puis comprendre.

Le Grand-Papa. — C'est dans les faits qui paraissent petits que se trouvent parfois les difficultés les plus grandes. Je pense pourtant que tu vas sans peine te rendre raison de ce changement de couleur.

L'Enfant. — J'y suis mieux préparé sans doute que je ne l'étais l'année dernière, puisque je sais aujourd'hui que, par eux-mêmes, les corps n'ont pas de couleur; mais ce passage du vert au blanc et ce retour du blanc au vert déconcertent mon esprit.

Le Grand-Papa. — Cette écume, mon enfant, c'est de l'eau entremêlée de bulles d'air qu'elle enveloppe séparément et qui la divisent ainsi en une infinité de petits compartiments. Par leur complexité même, toutes ces cloisons troublent la transparence de l'eau, et comme l'air qu'elles contiennent n'est pas réfrangible, c'est-à-dire ne décompose pas la lumière, il en résulte que l'écume n'étant ni transparente, ni réfrangible, réfléchit la lumière sans la décomposer.

L'Enfant. — Par conséquent, l'écume doit être blanche.

Le Grand-Papa. — Mais, dès que les bulles d'air se dissipent en brisant leurs minces parois, l'eau rentre dans son état normal : elle redevient transparente et colorée.

L'Enfant. — Je conçois maintenant le phénomène.

Le Grand-Papa. — En cherchant encore, nous trouverions dans la bulle de savon d'autres enseignements. Il importe du moins d'en tirer la réflexion morale qu'elle nous suggère naturellement : oui, cette bulle qui s'élève si gracieuse de forme et de

couleur, pour disparaître si tôt sans laisser la moindre trace, est bien l'image de ces illusions de la
jeunesse, rêves dorés qui s'évanouissent si rapidement dans le vide...

L'Enfant. — Que de leçons, grand-papa, et quels
enseignements vous avez su trouver dans une bulle
de savon ! Ah ! si je ne craignais de vous éloigner
beaucoup trop de votre sujet, je voudrais bien vous
adresser encore une question.

Le Grand-Papa. — Le professeur, quelque con-
descendance qu'il puisse avoir pour son élève, ne
doit pas s'éloigner de son sujet, parce qu'il lui importe, ainsi qu'à l'élève, de suivre la ligne droite
pour arriver plus directement à son but. Mais nous
avons atteint le nôtre, puisque nous avons considéré
successivement le caractère propre de l'Été, ses
fonctions et ses agents; nous pouvons donc, sans
nuire au sujet qui nous occupe, résoudre telle ou
telle question secondaire qui perdrait quelquefois à
être retardée.

L'Enfant. — Puisque vous le permettez, grand-
papa, je reviens sur vos précédentes explications
pour vous demander en quoi diffèrent le sucre de
canne et le sucre de betterave.

Le Grand-Papa. — C'est absolument le même

sucre. Seulement la substance sucrée est plus abondante dans la canne que dans la betterave.

L'Enfant. — Ainsi le jus de canne est au jus de betterave ce qu'est le verre d'eau très-sucré par rapport au verre d'eau qui l'est moins.

Le Grand-Papa.— C'est cela, mon enfant; mais cette différence dans la proportion de la substance sucrée a sa raison d'être, et tu dois en conclure que la canne et la betterave doivent différer par leur distribution géographique.

L'Enfant. — Certainement, grand-papa; et, d'après ce que vous m'avez enseigné dans nos leçons de géographie, je dis que la canne appartient aux climats chauds et la betterave aux climats tempérés.

Le Grand-Papa.— Ajoute, mon enfant, que cette distribution géographique est une preuve nouvelle de la sagesse infinie de la Providence; car le sucre, qui est antiseptique, c'est-à-dire qui s'oppose à la putréfaction, est bien plus utile à l'homme dans les pays chauds que dans les pays tempérés.

L'Enfant. — Que de bienfaits de la Providence restent ignorés ainsi, non-seulement du vulgaire, mais encore de personnes douées d'une certaine instruction.

Le Grand-Papa. — Tu vois, mon enfant, qu'en

regard des œuvres de Dieu, l'ignorance est bien coupable, bien ingrate.

—

L'Enfant. — Pourquoi donc, grand-papa, l'arc-en-ciel annonce-t-il la fin de l'orage ?

Le Grand-Papa. — Parce qu'il annonce, par une éclaircie, que le soleil va reprendre la souveraineté de l'horizon.

L'Enfant. — L'arc-en-ciel me rappelle, en effet, la consolante promesse que Dieu fit à Noé; je ne m'étonne donc pas qu'il soit salué partout comme un phénomène bienfaisant. Quant à l'orage, d'après ce que vous avez bien voulu m'enseigner, je ne conteste plus son utilité; mais les dégâts qu'il produit ne pourraient-ils pas, du moins, nous être épargnés?

Le Grand-Papa. — Il est des moments où l'atmosphère doit être brassée de fond en comble pour être salubre, ce qui exige l'intervention d'une force énergique et même violente. Or, qui veut la fin veut les moyens. Remarquons seulement que ces tempêtes électriques sont rares, et que les dommages d'ailleurs sont circonscrits à quelques points, tandis que l'intérêt général profite des avantages qui en résultent. Quand le laboureur recueille une riche moisson, regrette-t-il d'y avoir sacrifié la dépense du semis ? Prenons même un exemple d'un ordre plus élevé. A chaque triomphe de nos armes, on chante un *Te Deum* et l'on glorifie d'autant plus la bataille, que le résultat en est plus décisif; et pourtant la plus belle victoire n'a-t-elle pas à mettre elle-même un crêpe au drapeau ?

L'Enfant. — Je comprends, grand-papa, et je regrette d'avoir donné peut-être à quelques-unes de mes paroles les apparences d'une objection.

Le Grand-Papa. — Par une pente naturelle, notre esprit tend à l'objection. Cette tendance est légitime dans le domaine du raisonnement; mais il faut éviter l'hyperbole, défaut très-ordinaire à ton âge. Ainsi, tu appelles insupportable la chaleur de l'Été; il eût été suffisant de dire qu'elle est incommode. Cependant la température de notre corps n'en est pas sensiblement modifiée; et puis, comme circonstance atténuante, cette chaleur extrême ne dure que quelques jours. Pendant ces quelques jours, elle n'est même pas continue, puisqu'il y a l'intermittence de la nuit, augmentée des heures de l'aurore et du crépuscule.

—

L'Enfant. — Je reconnais, grand-papa, toute la nécessité d'une certaine température pour mûrir la moisson. Je reconnais aussi toute l'importance de la pluie d'orage pour arroser promptement le sol desséché par cette forte chaleur. Mais je ne comprends pas comment la foudre purifie l'atmosphère.

Le Grand-Papa.— La chaleur qui évapore l'eau, mon enfant, évapore aussi des substances diverses qui montent dans l'air avec la vapeur, pour en redescendre avec la pluie. Quelques-unes de ces substances rendraient l'air délétère, si elles s'y trouvaient en trop grande proportion; mais la foudre vient à propos les transformer en produits utiles, et c'est ce qui rend la pluie d'orage si nutritive pour les plantes.

L'Enfant. — Je vois qu'il ne me reste plus contre l'orage que la frayeur que me cause le tonnerre.

Le Grand-Papa.— Mais, mon enfant, le tonnerre n'est pas à craindre.

L'Enfant. — Oh! grand-papa, je tremble encore au souvenir de l'épouvantable impression qu'il me fit l'an dernier.

Le Grand-Papa.— Tu commets sur la nature du tonnerre une erreur qui est encore assez commune. Écoute-moi bien. Dans la décharge d'une arme à feu, est-ce le bruit qui blesse ou qui tue?

L'Enfant. — Non, grand-papa; c'est la balle ou le boulet que projette l'arme à feu.

LE GRAND-PAPA. — Et que, pour ce motif, on appelle *projectile*. Eh bien, le tonnerre n'est que le bruit provenant de la décharge d'un nuage orageux; par conséquent, là n'est pas le danger.

L'ENFANT. — Quand le tonnerre gronde, il faut bien pourtant que le danger soit quelque part.

LE GRAND-PAPA. — Sans doute, mais il n'est pas dans le tonnerre. Je m'explique. La décharge d'un nuage orageux présente trois phénomènes distincts : la foudre ou phénomène électrique, l'éclair ou phénomène lumineux, le tonnerre ou phénomène sonore. La foudre est ici le phénomène redoutable.

L'ENFANT. — Et, dans quel cas, une personne est-elle foudroyée ?

LE GRAND-PAPA. — *Quand elle sert de conducteur à l'électricité*, répond la physique.

L'ENFANT. — Soyez assez bon, grand-papa, pour m'expliquer cette réponse de la science.

LE GRAND-PAPA. — Je vais avoir recours à l'analogie que nous a déjà fournie l'arme à feu; et je te demande dans quel cas on est atteint par la balle ou par le boulet ?

L'ENFANT. — C'est quand on se trouve sur le trajet du projectile.

LE GRAND-PAPA. — De même, dans la décharge

d'un nuage orageux, on est atteint, quand on se trouve sur le trajet de l'électricité. Or le mouvement électrique peut s'effectuer du nuage à la terre, et alors la foudre est descendante; ou bien de la terre au nuage, et alors la foudre est ascendante; ou bien enfin d'un nuage à l'autre, et alors la foudre peut être horizontale. Il n'est donc pas exact de dire d'une manière absolue que la foudre *tombe*, puisqu'elle peut se diriger dans tous les sens.

L'Enfant. — Je comprends qu'on ne risque rien, quand la foudre passe d'un nuage à l'autre, car on ne se trouve pas alors sur son trajet; mais le danger est-il égal, lorsque la foudre est ascendante ou descendante?

Le Grand-Papa. — Le danger est le même; seulement on est foudroyé ou par les pieds ou par la tête, ce qui ne change rien au résultat.

L'Enfant. — C'est terrible, grand-papa. Il n'y a donc pas un moyen de s'abriter contre la foudre?

Le Grand-Papa. — Il y a d'abord le paratonnerre.

L'Enfant. — Il me semble qu'il serait mieux de dire parafoudre.

Le Grand-Papa. — Par cette figure littéraire qu'on appelle métonymie et qui consiste, par exemple, à prendre l'effet pour la cause, on avait dit d'abord

tonnerre au lieu de foudre; par suite, on a dit paratonnerre, et j'avoue que la métonymie me paraît un
peu forcée. Quoi qu'il en soit, il faut se soumettre
à l'usage qui, dans le langage, s'impose en maître
absolu, sans être toujours d'accord avec le bon
sens. Le paratonnerre est une tige métallique qui
présente à l'électricité une voie plus commode et
plus courte. Mais le paratonnerre est un danger
bien plus qu'un préservatif, s'il n'est pas établi dans
les conditions convenables. Un autre moyen de se
garantir de la foudre consisterait à s'isoler complètement dans une chambre où le parquet, le plafond
et les parois latérales seraient en verre, parce que
le verre refuse passage à l'électricité. Mais ce préservatif n'est guère praticable. Toutefois on peut,
par certaines précautions, diminuer ordinairement
le danger. Par exemple, il ne faut pas se mettre
sous un arbre, sous un clocher. Il faut surtout ne
pas se réfugier sous un noyer, qui est foudroyé de
préférence à tous les arbres qui l'entourent. On
ignore la raison physiologique de cette préférence
de la foudre. Après le noyer, c'est le chêne qui sert
le plus souvent de passage à l'électricité. Ainsi, sur
des massifs entremêlés de chênes et de hêtres, le
chêne est foudroyé dix fois tandis que le hêtre ne

l'est qu'une fois. Le faux acacia du Muséum a été atteint cinq à six fois déjà par la foudre, malgré le voisinage des arbres gigantesques qui naturellement auraient dû le préserver en servant eux-mêmes de conducteur à l'électricité. Ajoutons encore quelques conseils. On risque moins dans la plaine que sur la montagne, moins sur une place que dans un édifice, moins au milieu d'une chambre que près des murs, moins quand on est seul que si l'on se trouve dans une nombreuse assemblée.

L'Enfant. — Tout cela n'est pas rassurant.

Le Grand-Papa. — Braver la foudre serait une témérité ridicule, un acte insensé, car c'est un agent d'une formidable puissance. Toutefois, pour ne pas tomber dans une vaine frayeur, rappelons-nous que notre existence ne tient qu'à un fil que mille accidents peuvent rompre. Mais ce fil est entre les mains de Dieu, qui ne nous garde ainsi dans une dépendance continue que pour renouveler sans cesse en nous son action providentielle. Que la voix retentissante de la foudre ne nous soit donc qu'un salutaire avertissement.

L'Enfant. — Il est des éclairs qui ne m'effraient point; on les appelle, je crois, éclairs de chaleur. Il y aurait donc des orages sans tonnerre ?

Le Grand-Papa. — Ces éclairs, improprement appelés éclairs de chaleur, sont les lueurs, les reflets d'orages lointains, qui éclatent fort au-dessous de notre horizon; le tonnerre qu'ils produisent est tellement affaibli par la distance qu'il n'est plus sensible à l'oreille. Mais, ce qui va te surprendre sans doute, c'est que la personne foudroyée n'entend jamais le bruit de la décharge électrique. Le tonnerre n'a pas le temps de lui parvenir. De même, la personne tuée par la balle ou par le boulet n'entend pas l'explosion de l'arme à feu, parce que le projectile, ayant une vitesse d'environ 400 mètres par seconde, devance un peu le son, qui ne parcourt par seconde que 340 mètres. Mais, dans la décharge d'un nuage orageux, l'électricité devance de beaucoup le tonnerre, et même c'est à peine si la personne foudroyée peut voir l'éclair, parce que l'électricité lui arrive aussi vite peut-être que la lumière. Quoi qu'il en soit, le temps qui s'écoule entre l'éclair et le tonnerre, c'est-à-dire entre la perception de la lumière et la perception du son, mesure la distance qui nous sépare du nuage orageux.

L'Enfant. — Expliquez-moi cela, je vous prie, grand-papa, car j'aurai moins de frayeur, quand j'aurai la certitude que le nuage orageux est très-éloigné.

Le Grand-Papa. — Vaine ressource! mon enfant. Nos plus grandes distances terrestres ne sont rien pour l'électricité, qui ferait presque huit fois le tour du globe en une seconde. Sa vitesse est d'environ 75.000 lieues par seconde, et la circonférence de la terre est de 10.000 lieues.

L'Enfant. — Mais qu'est-ce donc que cette électricité, grand-papa?

Le Grand-Papa. — C'est la cause mystérieuse de certains phénomènes qu'on appelle électriques, parce qu'on les remarqua d'abord dans une résine fossile (l'ambre jaune) que les Grecs appelaient *électron*. Nous ignorons complètement la nature de l'électricité, mais nous en connaissons plusieurs propriétés merveilleuses; nous sommes parvenus à nous en faire un messager docile, presque aussi rapide que la pensée. Je t'ai fait remarquer souvent ces fils métalliques par lesquels elle transmet au loin nos dépêches; nous aurons à nous arrêter un jour sur cette fonction importante de l'électricité. Je dois aujourd'hui te donner l'explication que tu m'as demandée et qui pourra te servir dans plus d'une circonstance. Je t'ai dit que le temps qui s'écoule entre la perception de l'éclair et la perception du tonnerre mesure la distance qui nous sépare du nuage orageux. En effet, s'il s'écoule une seconde, c'est que le nuage est à 340 mètres, puisque le son parcourt 340 mètres par seconde; s'il s'écoule dix secondes, c'est que le nuage est à 3.400 mètres.

L'Enfant. — Mais, pour utiliser cet artifice de la science, il faut avoir une montre à secondes, et je n'en ai point.

Le Grand-Papa. — Tu te trompes, mon enfant, tu portes en toi-même une horloge qui bat à peu près la seconde. Cette horloge c'est ton cœur, dont les battements se traduisent par ceux du pouls. Mais, je t'avertis, si tu as peur au moment de l'expérience, tu dérangeras beaucoup le mouvement de cette horloge.

L'Enfant. — Voici donc que je puis désormais résoudre deux questions : l'une que je me suis posée plusieurs fois sans pouvoir la résoudre; l'autre, à laquelle j'étais bien loin de songer. Souvent, en voyant un chasseur qui déchargeait son fusil dans la plaine, j'ai remarqué que je n'entendais l'explosion qu'après un certain temps. Je sais maintenant que ce retard provient de la vitesse très-inégale de la lumière et du son. Je sais de plus que, par les battements de mon pouls, je pourrai savoir à quelle distance se trouve le chasseur.

Le Grand-Papa.— Dans les altérations du pouls, le médecin habile trouve les indications qui l'éclairent sur l'état maladif des organes qu'il ne peut explorer directement.

L'Enfant. — Que vous êtes heureux, grand-papa, de savoir toutes ces choses, et combien je vous remercie de vouloir bien me les faire connaître !

Le Grand-Papa. — Mais ici, mon enfant, quelle leçon ! Les montres à secondes mesurent les courtes durées, et c'est une horloge à secondes qui, au dedans de nous-mêmes, mesure la durée de notre vie ! Et chaque seconde qui bat à l'horloge du temps marque la fin d'une existence humaine ! N'en devons-nous pas conclure quel est le prix du temps et combien il importe d'en bien régler l'emploi ?

L'Enfant. — Avec vous, grand-papa, le temps est toujours employé d'une manière aussi agréable qu'utile. Et, si je ne craignais de vous fatiguer en prolongeant vos patientes explications, je voudrais bien vous soumettre encore une remarque qui est relative à l'électricité.

Le Grand-Papa. — A ce titre, mon enfant, elle mérite d'être prise en toute considération, car cette partie de la physique acquiert de jour en jour plus d'importance.

L'Enfant. — Vous m'avez fait lire avec soin les pages de la Genèse, où Moïse raconte les six jours de la création.

Le Grand-Papa. — En effet, j'ai dû, mon enfant, arrêter ton attention sur la majestueuse simplicité de ces pages, qui nous enseignent l'origine des choses et surtout la naissance de l'homme sortant à l'état parfait des mains du Créateur.

L'Enfant. — Or, Moïse dit bien que Dieu créa la lumière, mais il ne parle point de l'électricité.

Le Grand-Papa. — C'est vrai, et pourtant Moïse devait se rappeler la scène terrifiante du mont Sinaï. Il ne parle pas non plus de la chaleur, et cependant il en avait éprouvé tous les effets dans le désert brûlant de l'Arabie.

L'Enfant. — Est-ce que ce premier de tous les historiens aurait donc commis de telles omissions ?

Le Grand-Papa. — Le caractère privilégié de Moïse ne permet pas assurément de le supposer.

L'Enfant. — Mais alors, grand-papa, comment expliquer cette double réticence ?

Le Grand-Papa. — Mon enfant, la question est fort délicate, et je ne prétends pas la résoudre. Peut-être que, pour Moïse, la lumière, la chaleur et l'électricité n'étaient que trois manifestations d'un même agent ; et dès lors, pour signaler cet agent, Moïse n'aurait cité que celle des trois manifestations qui est la plus frappante et la mieux appropriée à son récit essentiellement descriptif. Note bien que je dis *peut-être*, ne voulant pas que ma parole aille plus loin que ma pensée. Je reste ainsi dans les limites d'une simple hypothèse. Toutefois, je dois ajouter que la science elle-même se pose aujourd'hui cette question considérable : Les phénomènes lumineux, caloriques et électriques ne seraient-ils que trois modes de mouvement qui résulteraient d'une force unique ?

L'Enfant. — Mais comment expliquer tout cela ?

Le Grand-Papa. — On y serait aidé par de nombreuses analogies. Remarquons seulement que dans l'éclair lui-même nous trouvons associées, sans se confondre, la lumière, la chaleur et l'électricité.

—

L'Enfant. — Grand-Papa, d'après ce que vous m'apprenez de la foudre, je vois qu'il n'est pas déraisonnable d'en éprouver quelque frayeur. Je ne sais s'il en est de même à l'égard d'un autre phénomène que je n'ai vu, je crois, que dans cette saison et qu'on appelle vulgairement feux follets.

Le Grand-Papa. — Les feux follets résultent d'un gaz composé d'hydrogène et de phosphore, c'est-à-dire de deux corps éminemment combustibles. Les feux follets s'enflamment au simple contact de l'air; ils se dégagent, en été, du sol et de l'eau; ils sont produits par la décomposition d'animaux putréfiés, soit dans le sol des cimetières, soit dans la boue des marais. On ne les voit pas dans le jour, parce que leur faible lueur est éclipsée par l'éclat du rayon solaire; mais, la nuit, ils ont un certain éclat.

L'Enfant. — Mais, grand-papa, chose bien étrange! un de ces feux follets m'a poursuivi l'an dernier; j'en étais paralysé de terreur.

Le Grand-Papa. — Puisque tu personnifies les feux follets, je vais continuer la métaphore en te disant que les feux follets ne songeaient guère à te poursuivre; ils obéissaient, au contraire, à l'impulsion que tu imprimais toi-même à l'air en fuyant. Songe bien, mon enfant, que les feux follets, qui sont plus légers que l'air, en suivent nécessairement la direction. En marchant sur eux, au contraire, tu les chasseras toujours devant toi, parce que tu pousseras l'air qui leur sert de véhicule. Les feux follets sont à peu près comme ces faux braves, qui ne sont redoutables que parce qu'on les craint.

L'Enfant. — Certainement, à la première occasion, je ne manquerai pas d'en faire l'expérience.

LE GRAND-PAPA. — C'est très-bien, car on n'oublie guère ce qu'on apprend par expérience personnelle.

—

L'ENFANT. — Grand-papa, que je suis heureux aujourd'hui d'être avec vous au Jardin des Plantes, pour en parcourir utilement toutes les parties !

LE GRAND-PAPA. — Mon enfant, je me garderai bien de te faire parcourir cet immense établissement qui réunit, en quelque sorte, les principaux produits des trois règnes de la Nature. Ce serait une fatigue de corps et d'esprit, double fatigue après laquelle tu n'aurais rien appris. N'oublions pas ce vieux proverbe : Qui trop embrasse, mal étreint.

L'ENFANT. — Vous savez mieux que moi, grand-papa, quelle doit être la limite de vos leçons.

LE GRAND-PAPA. — Nous ne visiterons que l'aquarium, et même nous n'y porterons notre étude que sur une seule plante, la Victoria regia.

L'ENFANT. — Pourquoi donc cette partie du Jardin des Plantes est-elle appelée aquarium, et pourquoi cette plante a-t-elle reçu le nom de Victoria regia ?

LE GRAND-PAPA. — L'aquarium est ainsi appelé, parce qu'il est spécialement réservé à des produits aquatiques, et la Victoria regia, découverte par un voyageur anglais, a reçu le nom de la reine d'Angleterre, à qui ce savant l'a dédiée.

Nous voici parvenus à l'aquarium, et tu dois y distinguer d'assez loin la plante gigantesque dont je désire que tu fasses avec moi la description raisonnée.

L'Enfant. — Mais je ne sais rien en botanique, et puis je n'ai jamais entendu parler de cette plante.

Le Grand-Papa. — Aussi laisserons-nous pour plus tard les caractères qui lui assignent sa place dans la série phytologique, c'est-à-dire dans la classification végétale. Je te demanderai seulement d'apprécier avec moi les faits que nous allons observer.

L'Enfant. — C'est une épreuve à laquelle mon ignorance se soumet sans réserve, grand-papa, puisque vous le désirez.

Le Grand-Papa. — Originaire de la Guyane, la Victoria regia aime les eaux dormantes et peu profondes, chauffées par un soleil ardent.

L'Enfant. — Je remarque, en effet, que l'eau de l'aquarium est tiède.

Le Grand-Papa. — On a soin de la maintenir à la température de 25 à 30 degrés.

L'Enfant. — La Victoria regia ne peut évidemment trouver ici qu'en été la chaleur de sa patrie.

Le Grand-Papa. — Mais qu'est-ce qui te frappe dans cette plante dont tu me parais ébloui, car elle est dans la période la plus active de son développement ?

L'Enfant. — Je ne sais vraiment par où commencer, tant je suis en extase devant cette merveille végétale.

Le Grand-Papa. — Commence par la feuille.

L'Enfant. — Ce qui me frappe le plus dans la feuille, c'est son volume, sa forme, sa couleur.

Le Grand-Papa. — Discutons ces trois points.

L'Enfant. — La feuille a des dimensions considérables, mais je ne puis en tirer la moindre conséquence.

Le Grand-Papa. — Chaque feuille peut atteindre, tu le vois, jusqu'à deux mètres de diamètre. Eh bien, ces grandes dimensions sont d'abord en harmonie avec celles de la fleur ; et puis, pour soutenir le poids de cette fleur, il faut que la feuille prenne sur l'eau un large point d'appui.

L'Enfant. — Du centre à la circonférence règnent des nervures saillantes qui me paraissent bien fortes et qui, par conséquent, doivent rendre la feuille bien lourde.

Le Grand-Papa. — Ces nervures qui s'entrecroisent en damier, sont très-fortes effectivement, et peuvent supporter, sans fléchir, un poids d'environ dix kilogrammes. On ne craignit pas un jour d'y poser un tout petit enfant, image de Moïse exposé sur les eaux du Nil. Pour compenser le poids de ses nervures et de son limbe, la feuille présente une multitude de cellules remplies d'air. Or ces petites bulles gazeuses sont **775** fois plus légères que l'eau.

L'Enfant. — Je comprends que ces petites bulles compensent ainsi très-bien le poids de la feuille, mais pourquoi les nervures sont-elles si fortes ?

Le Grand-Papa. — Pour maintenir étalé sur l'eau le limbe de la feuille, elles fonctionnent comme les baguettes du parapluie, qui en tendent le taffetas.

L'Enfant. — La feuille a la forme d'un vaste disque à pourtour relevé et garni de piquants. Je conçois cette forme de disque, puisque la feuille doit s'étendre à la surface de l'eau ; mais je ne puis dire pourquoi les bords se relèvent et sont, comme la surface du disque, hérissés de piquants.

Le Grand-Papa.— Les bords sont régulièrement relevés, afin que la feuille ne soit pas submergée par les agitations de l'eau, et les piquants forment autour de la fleur une enceinte protectrice contre le

choc des lutrides, des potamites, des poissons. Les
lutrides sont des espèces de grandes loutres, et les
potamites sont des espèces de tortues aquatiques.

L'Enfant. — Je sais que les loutres sont des car-
nassiers aquatiques aux allures assez brusques; mais,
d'après le dicton populaire, je croyais à l'extrême
lenteur de la tortue.

Le Grand-Papa. — Le dicton populaire n'est vrai
que pour la tortue terrestre, qui n'a pas besoin de
vitesse.

L'Enfant. — Et pourquoi n'en a-t-elle pas besoin ?

Le Grand-Papa. — Un animal n'a besoin de vitesse que pour atteindre sa proie ou pour fuir le
danger. Or, d'une part, la tortue de terre est herbi-
vore et, d'autre part, pour se mettre à l'abri, elle n'a
qu'à rentrer dans la boîte épaisse, dure et bombée,
que forme son inflexible enveloppe. La potamite,
au contraire, est carnivore et doit nager, il faut
donc qu'elle soit douée d'une certaine vélocité, comme aussi d'une certaine souplesse.

L'Enfant. — Ne pourrais-je pas conclure que
son enveloppe extérieure étant moins solidifiée, la
protége d'autant moins qu'elle lui ménage plus de
souplesse. Il lui faut, par conséquent, une locomo-

tion plus rapide, car elle ne peut se mettre à l'abri comme la tortue terrestre.

Le Grand-Papa. — J'aime à te voir tirer ainsi des conséquences qui me prouvent que ton jugement se développe de jour en jour. Continuons notre analyse et passons à la couleur de la feuille, après en avoir étudié la forme.

L'Enfant. — Je ne puis définir cette couleur, mais j'avoue qu'elle me plaît par ses reflets pourprés.

Le Grand-Papa. — La feuille, dans son premier développement, est d'un très-beau vert; mais, à l'époque de la pleine floraison, elle se pare d'un pourpre rehaussé d'un réseau délié de carmin. La Victoria regia est donc une de ces plantes où la feuille tend à être décorative comme la fleur. C'est un point qui intéresse en botanique.

L'Enfant.—Quel intérêt peut y trouver la science?

Le Grand-Papa. — Elle y trouve une transition naturelle entre deux caractères extrêmes que présente le règne végétal. Dans la plupart des plantes, en effet, la partie la plus ornée c'est la fleur, la feuille étant verte et devant l'être plus ou moins. Dans quelques plantes, au contraire, c'est la feuille qui seule est ornée. La série végétale exigeant un passage graduellement établi entre ces deux caractères opposés. La Victoria regia est, effectivement, une de ces plantes intermédiaires chez lesquelles la feuille devient décorative comme la fleur.

L'Enfant. — J'ai remarqué que sa feuille est d'abord verte, c'est-à-dire qu'avant de se colorer richement, elle présente la couleur normale des feuilles.

Le Grand-Papa.— Dans cette modification graduelle, qui finit par donner à la feuille la parure d'une fleur, le botaniste trouve une confirmation de cette importante vérité, c'est que les parties les plus ornées d'une fleur ne sont que des feuilles modifiées pour remplir une tout autre fonction.

L'Enfant. — Je ne comprends pas pourquoi, normalement, la feuille doit être verte.

Le Grand-Papa.— Cherche bien dans ton souvenir.

L'Enfant. — Votre livre des *Harmonies de la Nature* traite cette question avec tous les détails qu'elle comporte. Voici le seul souvenir qui m'en est resté. Le vert doit dominer dans la plante. Un horizon qui ne serait composé que de fleurs fatiguerait la vue, tandis que le vert la repose.

Le Grand-Papa. — Soit, mais il faut établir que la prédominance du vert est nécessaire aussi pour le bien-être de la plante. De plus, quant à la feuille elle-même, la couleur verte satisfait à deux conditions essentielles : à sa fonction et à sa durée. D'une part, la feuille est l'organe de la respiration ; d'autre part, elle doit précéder la fleur et lui survivre.

L'Enfant. — J'étais bien jeune, grand-papa, lorsque je lus avec tant de plaisir, dans vos *Harmonies de la Nature*, le chapitre des harmonies de la feuille. Je vais le relire maintenant avec plus de fruit. Toutefois, j'en ai encore retenu cette double vérité : la plante ne respire que par les parties vertes ; et le vert est la couleur qui lui donne la propriété de ne pas trop s'échauffer au soleil et de ne pas trop se refroidir à l'ombre.

Le Grand-Papa. — C'est bien ; mais quelle conséquence en résulte-t-il, quant à la fonction et quant à la durée de la feuille ?

L'Enfant. — Si la respiration dans les végétaux ne s'effectue que par les parties vertes, la feuille, poumon de la plante, doit être verte. Si le vert donne à la plante la propriété de s'échauffer moyennement le jour, et de se refroidir moyennement la nuit, cette couleur est pour la feuille une condition de durée.

Le Grand-Papa. — Considérons enfin la fleur de la Victoria regia.

L'Enfant. — Mais comment décrire cette magnifique fleur ?

15

Le Grand-Papa. — Essayons du moins, en examinant successivement le pédoncule, le calice, la corolle, le parfum.

L'Enfant. — Le pédoncule est volumineux; il se trouve ainsi, je crois, en rapport avec le volume de la fleur, dont il est le support.

Le Grand-Papa.—La corolle, en effet, peut avoir jusqu'à 38 centimètres de diamètre.

L'Enfant. — Mais il me semble que le pédoncule a l'inconvénient d'augmenter beaucoup le poids de la fleur.

Le Grand-Papa. — Le pédoncule est celluleux, comme la feuille, et pour la même raison. Les bulles d'air mystérieusement emprisonnées dans les cellules compensent amplement le poids du tissu. Tu vois aussi que ce pédoncule est, comme la feuille, hérissé de piquants.

L'Enfant. — D'où je conclus qu'il est parfaitement protégé. Quant au calice, je ne le distingue pas très-bien.

Le Grand-Papa. — Le calice disparaît presque sous l'exubérance de la fleur. Tu peux constater cependant qu'il est formé de quatre sépales qui sont d'un brun pourpré.

L'Enfant. — La corolle se compose d'un grand nombre de pétales splendides et charnus.

Le Grand-Papa.— Elle en présente une centaine.

L'Enfant. — Elle est d'un beau rose tendre.

Le Grand-Papa. — Aujourd'hui, mais hier elle était d'un blanc de neige, et demain elle sera d'un beau jaune pourpré.

L'Enfant. — Expliquez-moi, je vous prie, ce changement de coloration.

Le Grand-Papa. — Le premier jour de son épanouissement, la corolle était parfaitement blanche; le deuxième jour, elle passe au rose tendre; le troisième, elle commence à passer au jaune pourpré. On dirait que, fleur d'été, la Victoria regia commence son changement de coloration en prenant l'aspect d'une fleur printannière, et finit par prendre l'aspect d'une fleur automnale. Et ce changement s'opère dans la courte période de trois à quatre jours.

L'Enfant. — Ce phénomène est, certes, fort étonnant.

Le Grand-Papa. — Il l'est d'autant plus que la fleur est crépusculaire; elle s'ouvre vers cinq heures du soir, et se ferme vers dix heures du matin.

L'Enfant. — Vous m'avez appris que l'animal crépusculaire est très-simplement vêtu, parce que n'étant pas destiné, pour ainsi dire, à être vu de l'homme, il n'a guère besoin de plaire au regard.

Je pensais qu'il en devait être de même pour la plante crépusculaire.

Le Grand-Papa. — Cette analogie est parfaitement vraie; mais je dois te faire remarquer que, dans les climats chauds, où la nuit elle-même, avec son air transparent et son ciel étoilé, n'est jamais très-obscure, l'animal peut revêtir parfois une assez belle livrée. Tels sont, par exemple, le tigre et le lion. Ainsi la loi qui frappe l'animal et la plante nocturnes, s'atténue sensiblement et devait s'atténuer dans l'animal et dans la plante crépusculaires. Mais quel enseignement peut-on tirer de ce changement si rapide de coloration dans la Victoria regia?

L'Enfant. — Pour le savoir, grand-papa, je dois attendre, je l'avoue, que vous ayez la bonté de me le dire.

Le Grand-Papa. — Nous pouvons reconnaître que l'intensité du coloris est en rapport direct avec celle de la lumière et de la chaleur.

Pour terminer l'étude de la Victoria regia, nous n'avons plus à parler que de son parfum.

L'Enfant. — Les mots me manquent pour le définir.

Le Grand-Papa. — Il faut l'avoir flairé soi-même pour le spécifier; de plus, il n'est pas de langue assez riche pour étiqueter tous les parfums.

L'Enfant.— Tout ce que j'en puis dire, c'est qu'il est très-suave.

Le Grand-Papa. — Ce parfum balsamique doit être d'autant signalé que la Victoria regia est une fleur très-ornée.

L'Enfant. — Il est rare, en effet, qu'une fleur soit à la fois supérieurement belle et supérieurement parfumée.

Le Grand-Papa. — Dans les pays chauds, les fleurs, précisément parce qu'elles sont très-éclatantes, ne sont presque point odorifères; de plus, leur odeur se dissipe très-vite sous l'action du soleil, qui exalte, au contraire, leurs teintes. La Victoria regia se dérobe à ce double inconvénient des fleurs équatoriales. Elle est agréablement odorante et retient aussi son parfum.

L'Enfant. — Comment expliquer ce double privilége ?

Le Grand-Papa.— C'est que la fleur est crépusculaire. Son épanouissement cesse dès que le rayon solaire devient trop actif.

—

L'Enfant. — Grand-papa, le soleil est aujourd'hui très-brillant, mais bien chaud.

Le Grand-Papa. — Supportons un moment sa

chaleur, dont tu connais maintenant toute l'opportunité, et profitons de tout son éclat pour observer un fait assez intéressant que nous ne pourrions apercevoir à la lumière diffuse. Regarde cette araignée, que je touche presque du bout de ma canne.

L'Enfant. — Mais je ne l'aperçois pas.

Le Grand-Papa.— Je le crois. D'abord elle est très-petite, et puis elle se confond avec la poussière dont elle s'est complètement affublée. Chasseresse insidieuse, elle se tient en embuscade sous ce singulier déguisement.

L'Enfant. — Je n'ai pas oublié l'admirable artifice de l'araignée aéronaute qui escalade l'atmosphère le long d'un câble sans amarre, et qui flotte si haut dans son merveilleux aérostat. C'est une des pages les plus admirables de vos *Harmonies de la Nature*.

Le Grand-Papa.— En général, les araignées doivent être rusées, parce qu'elles doivent se nourrir d'insectes ailés qu'elles ne peuvent poursuivre. L'araignée domestique a pour piége sa toile, qui fonctionne comme un filet transparent. L'araignée que je te signale ici sait user d'un autre artifice.

L'Enfant.— Je regarde de mes deux yeux bien ouverts, mais je ne distingue rien qui puisse me faire soupçonner sa présence. Je ne conçois même pas comment il est possible de la constater.

LE GRAND-PAPA. — Le moyen de la constater va nous être fourni par la vive lumière du soleil.

L'ENFANT. — Quelle que soit leur intensité, comment les rayons solaires peuvent-ils me faire voir l'insecte, puisqu'ils ne peuvent me faire distinguer la poussière qui le couvre, de la poussière qui est alentour ?

LE GRAND-PAPA. — Avant de t'en donner la preuve, je dois te rappeler que l'araignée n'est pas un insecte. L'insecte n'a que six pattes, l'araignée en a huit.

L'ENFANT. — Cette expression n'aurait pas dû m'échapper, car votre *Histoire Naturelle dans ses applications géographiques, historiques et industrielles* m'a depuis longtemps appris que l'araignée est un octopode (animal à huit pattes), tandis que l'insecte est hexapode (animal à six pattes); et mon erreur est grave, parce que la multiplicité des pattes étant un signe de dégradation, l'araignée est inférieure à l'insecte dans la série zoologique.

LE GRAND-PAPA. — Te voilà parfaitement réhabilité.

—

L'ENFANT. — Grand-papa, plus j'y refléchis,

moins je comprends la possibilité de constater **la** présence de notre petite **araignée.**

LE GRAND-PAPA.— Partons de ce point. Un corps opaque, mis en regard d'un foyer de lumière, projette, à l'opposite, une ombre dont l'intensité est en rapport direct avec l'intensité des rayons lumineux.

L'ENFANT. — L'ombre est donc d'autant plus noire que les rayons sont plus éclatants !

LE GRAND-PAPA. — Ecoute-moi bien. L'ombre est l'ensemble des points où les rayons, interceptés par le corps opaque, n'arrivent pas. Si la lumière est très-faible, l'ombre n'est guère sensible, parce qu'il n'y a presque pas de différence entre les points qui sont éclairés et ceux qui ne le sont pas. Mais, si la lumière est très-vive, l'ombre est très-intense, parce qu'il y a contraste tranché entre la partie éclairée et celle qui ne l'est pas.

L'ENFANT. — Je le comprends.

LE GRAND-PAPA. — C'est ainsi qu'en optique, l'intensité d'une lumière se mesure à l'intensité de l'ombre qu'elle produit.

L'ENFANT. — Puisqu'il y a rapport direct entre ces deux intensités, on peut conclure de l'intensité de l'ombre, quelle doit être l'intensité de la lumière, comme on peut conclure de l'intensité de la lumière quelle doit être l'intensité de l'ombre.

Le Grand-Papa. — Eh bien, puisque les rayons solaires sont très-éclatants, l'ombre de notre petite araignée est très-noire. Elle se détache donc nettement des points éclairés qui l'entourent, de telle sorte que, si nous ne voyons pas l'araignée elle-même, nous en voyons la silhouette; et comme cette silhouette va se déplacer par suite de la locomotion de l'araignée, nous devons reconnaître à ce caractère la présence d'un animal.

L'Enfant. — Sans doute, car l'animal a seul la faculté de se mouvoir; mais l'ombre est si petite! comment l'apercevoir?

Le Grand-Papa.—Ton observation est très-juste; et, si l'araignée restait immobile, il serait difficile de voir le point noir que forme son ombre; mais l'araignée fait la chasse aux insectes, son ombre va donc se déplacer avec elle, nous en traduire tous les mouvements. Or, par le seul fait de son déplacement, l'ombre devient plus visible.

L'Enfant. — Pourquoi donc, grand-papa?

Le Grand-Papa. — Quand un corps est en mouvement, son image se fait sur divers points successifs de la rétine et doit, par conséquent, en rencontrer qui ont conservé plus de sensibilité que les autres points; comme il est des papilles nerveuses de la langue qui sont sensibles aux moindres saveurs, tandis que d'autres sont naturellement émoussées par l'usage. C'est ainsi que l'astronome, pour mieux apercevoir un petit astre, agite un peu son télescope, afin de promener l'image sur divers points de la rétine.

Le naturaliste, pour mieux examiner un insecte, presse délicatement sur un des côtés de son œil, afin que l'image de cet insecte se fasse en un point de la rétine qui, rarement impressionné, n'en reste que plus impressionnable.

L'Enfant.—Je comprends très-bien, grand-papa, comment l'éclat des rayons solaires nous permet de constater la présence de notre perfide octopode.

Le Grand-Papa.— Notre araignée marche assez lentement pour mieux se dissimuler au moucheron qu'elle guette et qui s'approche sans défiance. Mais, dès qu'elle voit l'insecte à sa portée, elle s'en empare prestement.

—

L'Enfant. — Grand-papa, je commence à me familiariser avec le principe que l'intensité de la lumière se mesure à l'intensité de l'ombre.

Le Grand-Papa.— D'après ce principe, il est facile de comparer la puissance éclairante de deux foyers lumineux, par exemple, de deux lampes.

L'Enfant. — Et comment cela ?

Le Grand-Papa. — Supposons deux lampes : l'une, A ; l'autre, B. Supposons-les placées du même côté d'un corps opaque (de ma canne). Chacune des deux lampes va produire son ombre, et les deux ombres seront assez voisines l'une de l'autre pour être aisément comparables. Si A produit une ombre plus intense, qu'en pourrons-nous conclure ?

L'Enfant. — Que son pouvoir éclairant est plus grand.

Le Grand-Papa.— Nous pourrions même savoir dans quelle proportion. Si, pour amener l'égalité des deux ombres, il faut mettre cette lampe à une distance double de celle où se trouve la lampe B, nous devons en conclure que sa puissance éclairante est quatre fois celle de la lampe B, d'après ce principe que l'intensité de la lumière est en raison inverse du carré de la distance. Fais toi-même cette petite opération.

L'Enfant. — La distance étant double, c'est-à-dire 2 ; et le carré de 2 étant 4, l'intensité lumineuse de la lampe A se trouve être rendue 4 fois moindre par le seul effet de la distance ; et, puisque réduite au 1/4, elle produit encore une ombre égale à l'ombre produite par la lampe B, il est évident que son pouvoir éclairant est 4 fois celui de cette lampe.

Le Grand-Papa. — On pourrait prouver cette vérité par une autre expérience. On n'aurait qu'à mettre à même distance, d'une part, la lampe **A** et, d'autre part, 4 lampes **B**, et l'on verrait que ces 4 lampes réunies ne produisent qu'une ombre égale à celle que produit seule la lampe **A**.

L'Enfant. — C'est encore évident.

Le Grand-Papa. — La question n'est pas dépourvue d'importance, car une lumière trop forte ou trop faible altère rapidement l'organe de la vue. Nous y reviendrons.

—

L'Enfant. — A propos des ombres, j'ai remarqué, tout-à-l'heure, que vous mesuriez celle d'un peuplier et celle de votre canne au moyen d'une petite tige de bois.

Le Grand-Papa. — Tu aurais dû me demander quelle était, en agissant ainsi, mon intention.

L'Enfant. — J'ai d'abord essayé, mais en vain, de la comprendre.

Le Grand-Papa.—Eh bien, je voulais savoir dans quel rapport de longueur étaient ces deux ombres.

L'Enfant. — Dans quel but, grand-papa ?

Le Grand-Papa.— Pour en conclure quelle était la hauteur du peuplier.

L'Enfant. — Je n'entrevois pas comment vous avez pu déterminer la hauteur de l'arbre, sans y appliquer directement une mesure.

Le Grand-Papa. — La longueur de l'arbre et la longueur de ma canne sont entre elles comme la longueur respective de leurs ombres. J'ai vu que l'ombre de ma canne était comprise dix fois dans celle de l'arbre; j'en ai conclu que le peuplier avait dix fois la longueur de ma canne, et comme ma canne a un mètre de longueur, j'en ai tiré la conséquence que la hauteur du peuplier est de dix mètres.

L'Enfant. — Il est incontestable que plus un objet est grand, plus grande aussi doit être son ombre.

Le Grand-Papa. — C'est le rapport nécessaire entre la cause et l'effet : ici l'objet est la cause, l'ombre est l'effet.

L'Enfant. — Je vois que je pourrais déterminer ainsi la hauteur d'une colonne, d'un clocher, d'un monument.

Le Grand-Papa. — Seulement, pour faire l'expérience, il est bien de choisir une heure convenable: midi, par exemple.

L'Enfant. — Pourquoi donc l'heure de midi ?

Le Grand-Papa.— L'expérience est plus facile à faire, parce que les ombres sont plus courtes et plus nettement terminées. En opérant au lever ou bien au coucher du soleil, les ombres se projetteraient très-loin, auraient une longueur excessive, et leur extrême limite serait confuse.

Terminons par une considération morale qui se présente tout naturellement.

La gloire, comme la lumière, produit une ombre proportionnelle à son éclat. Cette ombre, c'est l'envie.

—

L'Enfant.—J'ai remarqué, grand-papa, qu'après une course à travers les prairies, la semelle de ma chaussure est luisante et colorée. Qu'elle soit verdie par le frottement sur l'herbe qu'elle meurtrit, je le comprends; mais je ne m'explique pas qu'elle puisse être polie comme une surface métallique, car enfin l'herbe est flexible sous la moindre pression.

Le Grand-Papa. — L'herbe est très-flexible, en effet, mais son épiderme est siliceux, c'est-à-dire sa couche superficielle est incrustée de sable, corps excessivement dur.

L'Enfant. — Comment supposer du sable dans une plante molle ?

LE GRAND-PAPA. — La chimie nous enseignera plus tard comment le sable, qui est insoluble dans l'eau, peut se dissoudre dans la sève et pénétrer ainsi, comme partie intégrante, dans le tissu même de la plante. C'est le sable aussi qui donne tant de consistance à la tige longue et flexible du froment, du seigle, de l'orge, de l'avoine. Quant à la double action produite dans les prés sur la semelle de la chaussure, tu dois très-bien concevoir que, par son dur épiderme, l'herbe polit la surface du cuir, comme elle y laisse, par sa matière colorante, une teinte verdâtre.

L'ENFANT. — C'est tout naturel.

LE GRAND-PAPA. — Notons, en passant, que cette insolubilité du sable le rend précieux dans la nature et dans l'économie domestique. Dans la nature, il peut ainsi contenir les eaux de la mer, des fleuves, des fontaines; dans l'économie domestique, il sert, sous la forme de carafe, à contenir l'eau potable.

L'ENFANT. — Voilà des faits sur lesquels mon attention ne s'est jamais arrêtée.

LE GRAND-PAPA. — Il faut bien que certains corps soient insolubles dans l'eau. Car, enfin, que deviendraient nos maisons sous l'action de la pluie, si la pierre était soluble comme le sont, par exemple, le sucre et le sel.

L'Enfant. — Il est évident que nos maisons seraient liquéfiées ; mais, sans vous, mon esprit n'aurait pas su s'élever à cette considération pourtant si familière et si simple.

Le Grand-Papa. — On ne peut exiger de ton âge que le désir et la volonté de s'instruire. Je ne m'étonne donc pas que tu n'aies pas réfléchi sur une foule d'objets qui sont continuellement sous nos yeux. Ainsi, à propos du verre, qui reçoit une nombreuse variété de formes pour s'approprier à divers usages, peut-être tu ne t'es jamais demandé le service que nous rend une vitre, par exemple.

L'Enfant. — Jamais, grand-papa ; mais je me suis plusieurs fois demandé pourquoi deux carafes, sorties du même moule et sous une égale épaisseur, peuvent avoir un poids différent.

Le Grand-Papa. — C'est que l'une est en verre ordinaire et l'autre en cristal. Pour élever le verre à l'état de cristal, on y ajoute une certaine quantité de plomb ; or, dans sa combinaison chimique avec le verre, ce métal peut bien se dérober à notre vue, mais ne peut échapper à la pesanteur. On peut même imiter les pierres précieuses en y ajoutant des métaux colorants, comme le chrôme, le cobalt. Ces rubis, ces topazes, ces saphirs portent le nom de strass.

L'Enfant. — Vous ne citez pas le diamant, grand-papa ?

Le Grand-Papa. — Le diamant est, pour le lapidaire, une pierre précieuse ; mais, pour le chimiste, c'est-à-dire, en réalité, le diamant n'est pas une pierre, c'est un corps combustible ; c'est du charbon pur ou carbone.

L'Enfant. — On peut donc brûler le diamant ?

Le Grand-Papa. — Sans doute, et le ramener même à l'état de noir de fumée. Nous aurons l'occasion de revenir sur ce point. Occupons-nous des services que nous rend une vitre.

L'Enfant. — Cette question me prend à l'improviste.

Le Grand-Papa. — Tes souvenirs devraient t'aider à la résoudre ; car, dans notre visite à la magnifique serre du Jardin des Plantes, je t'ai parlé du vitrage qui en forme les parois.

L'Enfant. — Je me rappelle bien que vous m'avez dit : le vitrage est une clôture transparente.

Le Grand-Papa. — Réfléchis un moment. Si la vitre est une clôture, et si cette clôture est transparente, tu peux en tirer aisément quelques conséquences.

L'Enfant. — En y réfléchissant, je vois qu'elle

ferme tout accès à la pluie, à la poussière, au vent, tandis qu'elle livre passage à la lumière.

Le Grand-Papa. — Tu signales ainsi les principaux services que nous rend une vitre : elle ferme nos demeures à des agents incommodes et les ouvre à l'agent sans lequel nos demeures seraient inhabitables.

L'Enfant. — Si je n'ai signalé que les principaux services que nous rend une vitre, c'est qu'il en est d'autres, par conséquent, que j'aurais dû citer.

Le Grand-Papa. — La vitre atténue pour nous le bruit du dehors et, en limitant l'air intérieur de nos appartements, elle nous permet de converser sans effort et, pour ainsi dire, à voix basse.

L'Enfant. — Et puis encore, est-ce qu'elle n'empêche pas le froid d'entrer dans nos appartements?

Le Grand-Papa. — Je te félicite de cette remarque; seulement, tu aurais dû l'exprimer d'une manière inverse, car la vitre n'empêche pas le froid d'entrer, mais elle empêche la chaleur de sortir.

L'Enfant. — C'est juste, grand-papa; j'aurais dû ne pas oublier que le froid n'est pas un agent réel, mais seulement la diminution de la chaleur. J'aurais dû dire que la vitre s'oppose au refroidissement, à la déperdition de la chaleur.

Le Grand-Papa. — Elle jouit, par rapport à la chaleur, d'une propriété que je dois te rappeler : elle ne laisse passer que la chaleur douée d'une forte tension. Tu sais que l'horticulteur profite de cette propriété pour mettre à l'abri de la gelée une plante délicate.

L'Enfant. — J'espère bien vous prouver que je n'ai pas oublié cet artifice de l'horticulteur. Il tient la plante sous un récipient de verre. La plante y reçoit l'influence solaire comme si elle se trouvait à l'air libre, car les rayons du soleil sont doués d'une forte tension; mais la chaleur ne peut sortir du récipient, dès que sa tension est notablement affaiblie par la déperdition nocturne. La température sous la cloche de verre reste toujours au-dessus du point de congélation.

Le Grand-Papa. — Il est d'autres emplois du verre qui sont d'un ordre plus élevé. Nous aurons à connaître surtout ceux qui consistent à corriger les défauts de la vue, mais cette étude veut être précédée de quelques principes qui te manquent encore.

—

L'Enfant. — Grand-papa, sans anticiper sur les leçons que vous jugez convenable de remettre à plus tard, je voudrais bien vous soumettre une seule question. Les bésicles dont se servent, d'une part, les personnes qui ne voient bien que de près, et, d'autre part, les personnes qui ne voient bien que de loin, sont-elles d'un genre de verre différent ?

LE GRAND-PAPA. — Non, mon enfant ; le verre n'en diffère que par la forme. Mais le verre des bésicles est très-différent du verre à vitre. Il est plus blanc, plus diaphane, plus dense, plus facile à tailler, c'est-à-dire élevé à l'état de cristal. Pour l'œil myope (qui ne voit bien que de près), ainsi que pour l'œil presbyte (qui ne voit bien que de loin), le problème est le même : il s'agit de faire que l'image des objets se forme exactement sur la rétine, c'est-à-dire sur le nerf optique qui tapisse le fond de l'œil ; mais comme l'œil myope et l'œil presbyte sont inversement conformés, ils exigent des verres ou lentilles de forme inverse. Tu dois comprendre aussi que, pour les myopes qui le sont à degrés différents, comme aussi pour les presbytes, il doit y avoir des lentilles assorties à ces divers degrés.

L'ENFANT. — Je sens que, pour ne pas dépasser les bornes de mon intelligence, vous devez restreindre vos intéressantes explications ; j'ai pu cependant les suivre grâce à leur clarté.

Le Grand-Papa.— L'œil normal, c'est-à-dire qui n'est ni myope, ni presbyte, a quelquefois une telle sensibilité qu'il ne peut supporter l'ébranlement que lui cause la vive lumière. Les bésicles portent alors un verre à surface plane, c'est-à-dire qui n'est ni creuse, ni bombée; mais on colore cette lentille d'une teinte bleue, verte ou sombre, afin d'atténuer le mouvement lumineux. Ces bésicles, destinées à conserver la vue, ont le nom de conserves.

L'Enfant. — Je comprends maintenant la valeur de ce mot, que j'appliquais sans en connaître la signification.

Le Grand-Papa.— L'explosion d'une forte pièce d'artillerie détermine un ébranlement douloureux pour le nerf acoustique (nerf de l'oreille) et peut même altérer le sens de l'ouïe. De même l'éclat d'une vive lumière détermine un ébranlement douloureux pour le nerf optique (nerf de l'œil) et peut même altérer le sens de la vue. La teinte colorée de la lentille atténue l'ébranlement lumineux, comme un peu de coton mis à l'entrée de l'oreille atténue l'ébranlement sonore.

L'Enfant. — Je m'explique maintenant pourquoi vous avez eu soin de noircir le verre avec lequel j'ai pu regarder hier le soleil sans en être ébloui.

Le Grand-Papa. — Sans cette précaution, l'œi de l'astronome serait nou-seulement ébloui, mais encore consumé, c'est ce que nous apprendrons dans l'étude de la chaleur.

—

L'Enfant. — Je ne sais, grand-papa, si je suis influencé par la fable, *la Cigale et la Fourmi ;* mais je ne puis me défendre d'une certaine prévention contre ces deux insectes.

Le Grand-Papa. — Le bon La Fontaine leur assigne, en effet, un caractère peu propre à les recommander.

L'Enfant. — La fourmi s'y montre sans pitié, la cigale sans prévoyance.

Le Grand-Papa. — Evidemment la fourmi n'a pas plus le cœur endurci que la cigale n'a la tête légère. Et puis, d'une part, leur régime alimentaire est tout-à-fait opposé ; par conséquent, la cigale qui ne peut sucer que la sève des arbres, ne s'accommoderait ni de mouche ni de vermisseau ; d'autre part, la cigale n'a pas à faire des réserves pour la froide saison, car elle doit mourir bien avant la venue de la bise.

L'Enfant. — Mais alors cette fable est défectueuse, et cependant on la cite comme une des meilleures de cet éminent fabuliste.

Le Grand-Papa. — Le littérateur a raison; et le
naturaliste ne doit pas être ici trop sévère, puisqu'il
s'agit d'une fable, œuvre littéraire, où la parole
est concédée à la plante et même au minéral. Du
reste, discutons la question, car je tiens surtout à
ce que tu ne cèdes qu'au raisonnement. Et, d'a-
bord, qu'est-ce qu'une fable ?

L'Enfant. — Dans nos premières leçons de lit-
térature, j'ai appris de vous que la fable est un petit drame d'où ressort une vérité, un précepte, un
enseignement qu'on appelle moralité. Le fabuliste
ne raconte pas, il fait agir et parler les personnages.

Le Grand-Papa. — A quel genre littéraire appartient la fable ?

L'Enfant. — Au genre didactique, c'est-à-dire
instructif.

Le Grand-Papa. — Quelles sont les conditions
qu'exige la fable ?

L'Enfant. — Trois conditions : brièveté, simplicité, vraisemblance.

Le Grand-Papa. — Pourquoi faut-il que la fable
soit courte ?

L'Enfant. — Parce que l'homme n'aime pas les
longues remontrances; bien qu'elles ne soient ici
qu'indirectes, car la fable interpose, en général, des
personnages qui n'ont avec lui aucun rapport.

LE GRAND-PAPA.— Pourquoi la fable exige-t-elle un style simple ?

L'ENFANT. — Parce qu'elle fait parler des animaux, des plantes, des minéraux, c'est-à-dire des êtres chez lesquels un langage recherché serait choquant.

LE GRAND-PAPA. — Pourquoi faut-il que ce petit drame ou action soit vraisemblable ?

L'ENFANT. — Parce que notre esprit n'accepte que ce qui a du moins l'apparence du vrai.

LE GRAND-PAPA.— Mais en quoi peut réellement consister ici la vraisemblance, puisque la fable met en scène des êtres souvent inanimés ?

L'ENFANT. — La vraisemblance consiste à conformer le rôle de chaque personnage au caractère qui relativement lui convient le mieux. Ainsi dans la fable, *le Loup et l'Agneau*, par exemple, La Fontaine, voulant mettre en relief l'abus de la force brutale, a pris le loup comme type de brutalité, et l'agneau comme type de douceur. Or chacun de ces deux personnages parle et agit conformément au caractère qui lui est propre.

LE GRAND - PAPA. — Cite - moi quelqu'autre exemple ?

L'ENFANT. — Dans la fable du *Chêne* et du *Ro-*

seau, le fabuliste eût évidemment péché contre la vraisemblance, s'il eût fait le chêne modeste et le roseau présomptueux.

LE GRAND-PAPA. — Eh bien, dans la fable, *la Cigale et la Fourmi*, La Fontaine ne pouvait assigner l'imprévoyance à la fourmi, qui fait des réserves, et la prévoyance à la cigale, qui n'en fait pas.

L'ENFANT. — C'est juste, grand-papa; mais il me semble qu'il ne fallait pas dire que la cigale se trouva fort dépourvue quand la bise fut venue, puisqu'elle meurt avant la froide saison; il me semble aussi qu'il ne fallait pas dire qu'elle ne s'était pas mis en réserve un simple vermisseau, puisqu'elle ne se nourrit que d'une substance végétale et liquide.

LE GRAND-PAPA. — J'avoue qu'il importe de ne pas laisser croire à l'enfant que l'instinct d'un animal puisse jamais, dans les circonstances naturelles, être pris au dépourvu. Cet animal serait un être imparfait, défectueux et, par conséquent, ne serait plus l'œuvre d'une intelligence infinie.

—

L'ENFANT. — J'avais inscrit une question que je désirais bien vous soumettre; mais je ne puis la relire, parce que les caractères tracés à la mine de plomb sont effacés, comme si l'on s'était servi tout exprès de gomme élastique.

Le Grand-Papa.— Quand on est réduit à prendre une note au crayon, il faut s'empresser de la transcrire à la plume. L'encre pénètre dans le papier, et sa subtance colorante s'y fixe. Le crayon reste à la surface et s'en détache aisément. Je t'ai recommandé de ne pas craindre de m'interrompre, lorsque brusquement une difficulté se présente à ton esprit. Notre causerie, pour être instructive comme une leçon, doit avoir un objectif et s'y diriger en ligne droite. Mais une parenthèse n'est pas une déviation, c'est un simple point d'arrêt. Si l'incident ne demande que quelques mots, il ne nous fait pas perdre de vue la question principale. S'il est de nature à nécessiter un certain développement, nous l'ajournerons, mais sans le laisser tomber en oubli.

L'Enfant.— Je me rappellerai, grand-papa, votre recommandation.

Le Grand-Papa. — Je dois, en passant, rectifier l'expression de *mine de plomb* et l'expression de *gomme élastique,* dont tu viens de te servir. Le crayon ne contient même pas un atome de plomb, et la substance qui sert à effacer le crayon n'est pas de la gomme.

L'Enfant. — Ces expressions sont généralement employées.

Le Grand-Papa.—Eh bien, mon enfant, c'est une raison de plus pour que l'Enseignement se fasse un devoir de les corriger. Le mot crayon, qui ne signale en rien la composition de ce corps, ne présente aucun inconvénient. Pour le chimiste, le crayon est du carbone, ne différant du diamant que par l'arrangement des molécules. Dans le crayon, les molécules sont groupées d'une manière confuse, tandis qu'elles sont disposées d'une manière géométrique dans le diamant. Pour mieux me faire comprendre, je pourrais presque dire que le diamant diffère du crayon, comme le marbre diffère de la craie.

L'Enfant. — Comment un simple arrangement de molécules peut-il produire une si grande différence dans un même corps ?

Le Grand-Papa.—Nous en trouverons des exemples fréquents et remarquables. Qu'il me suffise de te rappeler la différence que l'eau présente, selon qu'elle est à l'état solide, à l'état liquide ou bien à l'état gazeux. Assurément, entre la glace et la vapeur, la différence est extrême; car, par l'arrangement des molécules, soudées dans la glace, éparses dans la vapeur, la glace est visible et la vapeur ne l'est pas.

L'Enfant. —La différence est telle qu'on ne peut s'imaginer que ce puisse être le même corps.

Le Grand-Papa. — Nous aurons l'occasion de revenir sur ce point, car la transformation physique de l'eau est, dans la nature et dans les arts, un phénomène de la plus haute importance. En ce moment, il est essentiel de te faire remarquer que le diamant et le crayon ne diffèrent pas seulement par leur aspect et par leur action sur la lumière. En effet, tandis que le diamant est le plus dur de tous les corps; le crayon est, au contraire, moins dur que le papier.

L'Enfant. — Comment ! le crayon est moins dur que le papier !

Le Grand-Papa. — Evidemment, il n'y laisse sa trace que parce qu'il est usé par les aspérités que présente la surface du papier. C'est ainsi que la craie, moins dure que le bois, laisse également sa trace sur le tableau qui nous sert pour nos leçons d'arithmétique.

L'Enfant. — Je n'aurais jamais imaginé que la craie, qui est une pierre, fût moins dure que le bois; et cependant, puisqu'elle se réduit en poussière par son frottement sur le tableau, je suis bien forcé de reconnaître cette vérité.

Le Grand-Papa. — Une autre vérité qui va bien aussi te surprendre, c'est que, vues sous le microscope, les traces de la craie sur le tableau sont d'in-

nombrables petites coquilles élégantes de *foramini-
fères*. Ces mollusques microscopiques sont ainsi
nommés, parce que leur coquille est percée de petits trous par lesquels le corps mou de ces animaux
peut partiellement faire saillie; les parties qui passent
pour ainsi dire à la filière, se transforment en organes
préhenseurs qui, en rentrant dans la coquille, se confondent avec les autres parties du corps. Le fragment
de craie qui nous sert au tableau en contient plusieurs centaines de mille. Et quelle pression n'a-t-il
pas fallu pour former de cette poussière, de ces coquilles, une masse compacte, une pierre continue!

—

L'Enfant. — Je ne puis me faire à l'idée que le
diamant, pierre précieuse par excellence, n'est, en
réalité, qu'un peu de charbon.

Le Grand-Papa.— D'abord le diamant n'est pas
une pierre, mais un combustible; et c'est par sa
combustibilité que le carbone est, dans la nature et
dans les arts, bien autrement précieux que par les
qualités brillantes qu'il prend sous le nom de diamant. De même, toutes les pierres qui, sous le nom
de gemmes (rubis, saphir, topaze, etc.), ont pour le
lapidaire tant de prix, sont assurément moins utiles
que la pierre à aiguiser, qui, chimiquement, a la
même origine.

L'Enfant. — Ma surprise est extrême, grand-papa.

Le Grand-Papa. — Réfléchis, mon enfant; sans la pierre à aiguiser, nous n'aurions pas d'instruments tranchants; nous n'aurions ni couteau, ni aiguille, ni rasoirs, ni ciseaux. Nous en serions privés aussi sans le carbone qui, en s'unissant au fer, le fait passer à l'état d'acier. Pour en revenir au diamant, je dois t'avertir qu'il est assez fragile.

L'Enfant. — Comment concilier ces deux propriétés : la dureté et la fragilité.

Le Grand-Papa. — La dureté, c'est la propriété de résister au frottement; la fragilité, c'est la propriété d'être brisé par le moindre choc. L'acier est beaucoup plus dur et beaucoup plus fragile que le cuivre; le verre est beaucoup plus dur et beaucoup plus fragile que le bois.

L'Enfant. — Quel est donc le moyen de travailler le diamant, puisqu'il est le plus dur de tous les corps ?

Le Grand-Papa. — Le diamant ne peut être usé que par lui-même. C'est avec sa propre poussière qu'on en polit vivement les facettes; privé de ce polissage, le diamant brut est sans éclat.

L'Enfant. — Pour constater que le diamant n'est **que** du carbone, il a bien fallu le brûler.

Le Grand-Papa. — On y parvent, surtout quand il est brut. Quand il est taillé, sa combustion est plus difficile, parce que sa surface brillante le rend *réfractaire*, c'est-à-dire renvoyant la chaleur, agent nécessaire de la combustion. Quoi qu'il en soit, sa combustion, comme celle du carbone, produit le même gaz et en même proportion. Ce gaz, qui est légèrement acide, est appelé acide carbonique.

L'Enfant. — Ainsi, quand on brûle de la houille, on brûle des diamants !

Le Grand-Papa. — Avec cette différence essentielle, c'est que le diamant ne laisse pas de cendres, parce qu'il est du carbone, c'est-à-dire du charbon pur ; tandis que la houille laisse des cendres, c'est-à-dire, les matières terreuses et incombustibles qu'elle contient. Comme, par exemple, l'eau claire et l'eau trouble diffèrent en ce que l'eau claire ne laisse pas de résidu sur le filtre, tandis que l'eau trouble laisse un résidu, c'est-à-dire les matières étrangères qu'elle tenait en suspension.

L'Enfant. — Je comprends très-bien, mais je n'en reste pas moins étonné de toutes les erreurs dont un enseignement rationnel doit nous dégager.

Le Grand-Papa. — Le carbone est un corps d'une telle importance que je me reprocherais de ne pas lui consacrer spécialement une de nos causeries.

Quant à la substance qui sert à effacer le crayon, c'est du caoutchouc, produit résineux qui diffère essentiellement de la gomme. La gomme se dissout très-facilement dans l'eau; le caoutchouc, au contraire, est insoluble et même imperméable, c'est-à-dire, ne se dissout pas dans l'eau et ne s'en laisse même pas pénétrer. Si, pour se préserver de l'humidité, on prenait une chaussure de gomme, qu'arriverait-il?

L'Enfant. — La chaussure serait dissoute.

Le Grand-Papa. — La chaussure en caoutchouc résiste, au contraire, sans se déformer; de plus, elle tient le pied parfaitement sec.

L'Enfant. — Qu'est-ce donc que le caoutchouc?

Le Grand-Papa.— C'est la sève de divers figuiers de l'Inde et de l'Australie. Au moyen d'incisions faites sur le tronc de l'arbre, elle s'écoule blanche comme du lait.

L'Enfant. — J'ai remarqué qu'en faisant une incision sur le pédoncule d'une figue qui n'est pas encore mûre, on fait jaillir un suc laiteux.

Le Grand-Papa. — Ce qui va peut-être te surprendre, c'est qu'il est un joli arbre du Venezuela dont la sève est analogue au lait de vache et sert aux mêmes emplois.

L'Enfant. — Comment, on peut ainsi aller traire l'arbre et se procurer un comestible aussi agréable que le lait de vache ?

Le Grand-Papa. — La matière grasse de ce lait végétal est de nature cireuse; mais sa saveur est à peu près celle du beurre.

L'Enfant. — Quel est le nom de cet arbre singulier ?

Le Grand-Papa. — Les botanistes l'appellent Galactodendron. En Amérique, on lui donne vulgairement le nom de l'arbre à la vache.

—

L'Enfant. — Grand-papa, permettez-moi de revenir sur le caoutchouc. Vous m'avez dit qu'il n'est pas une gomme, mais est-il élastique ?

Le Grand-Papa. — Il est à la fois très-élastique et parfaitement imperméable. Cette double propriété le rend très-propre à confectionner des chaussures et des vêtements pour se préserver de l'humidité. Seulement, le froid extrême le durcit beaucoup et l'extrême chaleur le ramollit beaucoup.

L'Enfant. — Sa valeur doit en être ainsi très-diminuée.

Le Grand-Papa. — Le soufre a la propriété de corriger ce double inconvénient. Le caoutchouc soufré porte dans le commerce le nom de caoutchouc vulcanisé.

L'Enfant. — Pourquoi donc faire intervenir ici le nom de Vulcain ?

Le Grand-Papa. — Tu sais que le soufre provient principalement des volcans.

L'Enfant. — C'est ce que m'ont appris les pages que vous avez consacrées à cet important minéral, dans votre ouvrage de l'*Histoire naturelle appliquée*.

Le Grand-Papa. — Or, dans le paganisme des anciens, les volcans étaient regardés comme les ateliers de Vulcain, dieu du feu.

L'Enfant. — Soit; mais, pourquoi ne pas dire tout simplement caoutchouc soufré ?

Le Grand-Papa. — Par son étymologie mythologique, le mot vulcanisé a plus de relief. Dans les étiquettes de commerce, on ne dédaigne pas ces petits artifices qui, sans augmenter la valeur d'un produit, permettent d'en élever le prix.

Naguère encore le caoutchouc avait de nombreux emplois. Mais, dans plusieurs cas, on lui substitue la gutta-percha qui est la sève d'un arbre appelé Isonandra. La gutta-percha s'amollit indéfiniment et s'allonge pour prendre toutes les formes, puis elle acquiert toute la dureté du bois; elle résiste à l'humidité et supporte une pression considérable.

L'Enfant. — Pourquoi le caoutchouc sert-il à effacer le crayon ?

Le Grand-Papa. — La poussière du crayon reste à ces aspérités du papier qui, sous le microscope, ressemblent à des cimes de montagnes. Or, le frottement effectué par le caoutchouc élastique et adhésif, est assez doux pour détacher cette poussière si ténue, sans rayer ni déprimer la surface du papier.

L'Enfant. — Je crois comprendre maintenant pourquoi le crayon laisse difficilement sa trace sur le papier glacé. Par sa surface presque lisse, ce papier ne peut mordre le crayon qui le parcourt.

Le Grand-Papa. — C'est très-bien dit, mon enfant, car le papier hérissé d'aspérités opère comme une lime qui ronge le corps sur lequel elle agit.

—

L'Enfant.—Grand-papa, vous avez complètement corrigé la prévention que j'avais contre la fourmi. Vous m'avez même fort surpris en me citant une intéressante preuve de son instinct. Mais je me demande pourtant quelle peut être l'utilité de cet insecte.

Le Grand-Papa.— Quand la fourmi ne serait nécessaire qu'aux divers animaux dont elle est l'unique aliment, elle aurait bien, je crois, sa raison d'être; mais elle nous est à nous-mêmes très-utile parce qu'elle concourt à purifier l'air que nous respirons.

L'Enfant. — Comment peut-elle purifier l'air ?

Le Grand-Papa.— En consommant des matières éminemment putrescibles. Ainsi, les régions équatoriales, c'est-à-dire soumises à une extrême chaleur, seraient inhabitables sans cette espèce innombrable et vorace de fourmis qu'on appelle termites.

Les demeures des termites priment, sous le rapport architectural, les cases des nègres ; ce sont les seuls monuments qu'on rencontre sur les côtes d'Afrique voisines de Liberia. Leur hauteur varie de 1 à 10 mètres, et quelques-unes de ces pyramides ont, à leur base, 3 à 4 mètres de diamètre.

L'Enfant. — C'est prodigieux pour des insectes !

Le Grand-Papa. — Leurs demeures contiennent un nombre considérable de pièces qui sont séparées les unes des autres, parce qu'elles ont une destination différente. Ces pièces communiquent entre elles par une infinité de galeries, dont quelques-unes s'enfoncent à une grande profondeur. Tout l'édifice, qui a la solidité du granit, est formé d'argile enduite d'un ciment dont notre industrie européenne pourrait à peine reproduire les merveilleuses qualités.

L'Enfant. — Je suis tout émerveillé de l'industrie des termites d'Afrique.

Le Grand-Papa. — Tu vas l'être encore des combinaisons instinctives d'une des fourmis d'Europe.

Un amateur d'oiseaux élevait en cage un charmant chardonneret, et s'en était réservé tout le soin. S'étant aperçu que, depuis quelques jours, la ration quotidienne était de plus en plus dépassée, il voulut savoir d'où pouvait provenir cet excès de consommation. D'une part, il ne pouvait raisonnablement l'attribuer au jeune chardonneret; d'autre part, il ne pouvait s'imaginer qu'un maraudeur fût assez subtil pour passer entre les barreaux très-étroits de la cage, qui était d'ailleurs suspendue au sommet d'une longue tige. Il se mit en surveillance et ne fut pas peu surpris de voir de nombreuses fourmis qui, deux à deux pour chaque grain de millet, effectuaient prestement le pillage. Pour faire obstacle à l'escalade, on pensa d'abord qu'il suffirait d'enduire d'une couche de glu la partie inférieure de la tige. Mais, trois à quatre jours après, le pillage recommença, et même plus actif, comme si les fourmis avaient à réparer ainsi le temps perdu.

L'Enfant. — Comment donc les fourmis avaient-elles pu franchir la couche de glu ?

Le Grand-Papa. — Elles avaient établi une sorte de petit trottoir en alignant sur la glu des grains de sable, comme on incruste le gravier dans l'asphalte de nos cités. Le transport de ce sable, venu de fort loin, avait exigé plus de trois jours de labeur. La glu ne suffisant pas à faire obstacle à l'invasion, il fallut avoir recours à un autre moyen. Le pied de la tige fut donc cerné d'une petite nappe d'eau, qui, étant comme une mer pour la fourmi, devait lui rendre tout accès impossible ; car la fourmi n'est pas organisée pour la natation, et le simple contact de l'eau lui répugne infiniment.

L'Enfant. — Ne pouvant exécuter à la nage leur maraude, les fourmis durent y renoncer.

Le Grand-Papa. — Point du tout. Avec des brins d'herbes et des débris de feuilles, elles parvinrent à construire une voie flottante, comme un pont de bateaux. Il fallut isoler complètement la cage en la suspendant au plafond.

L'Enfant. — Dans mon admiration pour tant de patience et tant d'habileté, j'aurais fait très-volontiers le petit sacrifice du millet, ne fût-ce que pour avoir, chaque jour, le spectacle de cette singulière invasion.

Le Grand-Papa. — Et moi, j'aurais essayé de soumettre les fourmis à d'autres épreuves, pour voir jusqu'où seraient allées les ressources de leur instinct. Concluons quant à l'utilité de l'insecte.

On ne sait pas voir que les fourmis compensent de beaucoup les dégàts qu'elles causent. Du reste, n'oublions pas que, si les insectes tendent à devenir très-nombreux, ils ont aussi de nombreux modérateurs qui sont chargés d'en restreindre la propagation. D'après cette loi d'équilibre, l'Amérique, étant la partie de la Terre qui présente le plus de fourmis, est, par cela même, celle qui a le plus de myrmécophages.

Et puis, oserait-on méconnaître l'utilité du bœuf, parce qu'en broutant l'herbe, il dépouille nos prés !

L'Enfant. — Certainement non, grand-papa.

Le Grand-Papa.— Et, de ce que l'homme ignore encore l'utilité de tel animal, de tel corps, de tel phénomène, a-t-il le droit de la nier ? Dieu n'a pu rien faire d'inutile dans l'économie de l'univers. Prenons-y garde: il y a un mode insidieux d'athéisme, une manière indirecte de nier Dieu, en signalant quelque imperfection dans la nature, c'est-à-dire dans l'œuvre du divin créateur. L'athée croit se faire un argument souverain de ce qui devrait, au contraire, lui imposer le plus de réserve. En effet, de son impuissance à saisir sur tel ou tel point la loi providentielle de pondération qui régit la nature, il conclut la négation de cette loi, pour nier ensuite la Providence elle-même. Mais, à mesure que la vraie science accomplit un progrès, elle affirme de plus en plus que chaque être a son office, comme il a sa place, dans le plan de la création.

—

L'Enfant. — Dieu, ne pouvant rien faire qui soit inutile, ne peut, à plus forte raison, rien faire qui soit nuisible.

Le Grand-Papa. — Nous avons déjà signalé, à propos du hanneton, l'abus fréquent du mot nuisible, qu'on prodigue avec une téméraire légèreté. Que n'a-t-on pas dit longtemps de l'électricité, qu'on ne connaissait que par les accidents terribles de la foudre ! Aujourd'hui cet agent mystérieux est, dans le monde physique, le grand purificateur de l'atmosphère, le puissant excitateur des forces végétatives ; comme il est, dans le monde social, le merveilleux intermédiaire de tous les peuples, qui peuvent ainsi converser entre eux d'un bout du globe à l'autre. Que ne dit-on pas encore du loup ! Et cependant, malgré l'apparence paradoxale de l'expression, ne peut-on pas dire que, dans l'état naturel, dans l'état sauvage, le loup est nécessaire au bien-être de la race ovine.

L'Enfant. — Mais, grand-papa, le loup est le destructeur des moutons.

Le Grand-Papa.— C'est précisément parce qu'il est le destructeur des moutons, qu'il en restreint le nombre et assure le bien-être de la famille. Un fait tout récent va nous servir de preuve.

L'Enfant. — Croyez-bien, grand-papa, que je vous écoute d'une oreille curieusement attentive.

Le Grand-Papa. — Les Anglais ont transporté dans l'Australie une belle race de moutons qu'ils élèvent principalement pour en retirer une laine magnifique; tandis qu'en Angleterre ils élèvent le mouton comme viande de boucherie seulement. Moins sages qu'eux, en France, nous voulons en vain que le même mouton nous donne à la fois une chair délicate et une abondante toison. Quoi qu'il en soit, les troupeaux australiens ont fini par devenir si nombreux, que les pâturages immenses de la colonie sont devenus insuffisants, et les moutons étaient menacés de mourir de faim. L'Australie a bien un carnassier, le thylacine, qui tient à la fois du tigre et du loup; mais le thylacine, qui suffit pour modérer la propagation des ruminants indigènes, n'a pu suffire pour restreindre les nouveaux venus. Les colons anglais ont dû nous acheter, à tout prix, une certaine quantité de loups, et peu à peu **la** race ovine est rentrée dans ses limites naturelles.

—

L'Enfant. — Grand-papa, tout-à-l'heure vous regardiez attentivement un moineau, comme pour appeler sur lui toute mon attention.

Le Grand-Papa. — Je contemplais un fait que tu aurais dû remarquer toi-même, car il s'accomplit chaque jour sous nos yeux.

L'Enfant. — Quel est donc ce fait, grand-papa ?

Le Grand-Papa. — Ce fait, c'est la force que dépense le moineau, qui a le mode de locomotion le plus fatigant, car il procède tour-à-tour par le vol et par le saut. Pour choisir un meilleur terme de comparaison, ne considérons en lui que la force qu'exige le saut. Le moineau saute durant des heures entières. Or, pour que l'homme pût tenir à ce mode de locomotion, il lui faudrait dix fois plus de force qu'il n'en peut avoir d'après les limites de ses repas.

L'Enfant. — Aussi le moineau mange-t-il presque continuellement.

Le Grand-Papa. — Il ne perd même pas le temps à mâcher. La frégate, qui est, pour ainsi dire, l'hirondelle de la mer, dépense tant de force, dans son vol rapide et continu, qu'elle est toujours affamée.

Le pélican, cet autre oiseau marin qui doit ramer à la fois de la patte et de l'aile, consomme à son repas quinze fois son propre poids, c'est beaucoup plus que l'homme qui, pour dîner, mangerait ce géant de la boucherie qu'on appelle le bœuf gras.

L'Enfant. — Mais, c'est incroyable, grand-papa.

Le Grand-Papa. — N'oublie pas que l'alimentation est une véritable combustion. Comme la machine, privée de combustible, ne fonctionne plus, l'organisme se débilite aussi par la diète, et l'animal s'affaiblit d'autant plus qu'il est soumis à plus de travail, tandis qu'il est d'autant plus fortifié qu'il s'assimile plus d'aliments.

L'Enfant. — Ma surprise, devant de tels faits, n'a plus de mesure.

Le Grand-Papa. — Que serait-ce donc si je prenais la puce pour exemple !

—

L'Enfant. — Hier, grand-papa, pour ne pas prolonger votre intéressante leçon, je me suis abstenu de vous exprimer mon bien vif désir de connaître ce que la puce peut présenter de plus extraordinaire encore que le moineau, la frégate et le pélican.

Le Grand-Papa. — Écoute bien ce que je vais te dire, car j'en suis moi-même saisi d'étonnement. A chaque piqûre, la puce absorbe plus que son **poids.** C'est à peu près comme si tu mangeais un **grand** mouton à chaque repas.

L'Enfant. — Mais ceci dépasse toute imagination, car la puce réitère plusieurs fois par jour sa piqûre.

Le Grand-Papa. — Il n'est pas facile de compter combien la puce prend de repas par jour, ou plutôt par nuit. On peut seulement constater qu'une personne assaillie par quelques puces se trouve, au matin, couverte de cicatrices.

L'Enfant. — Quel appétit, grand-papa, dans un si petit insecte !

Le Grand-Papa. — Mais, aussi, quelle force !

L'Enfant. — Et pourtant, pour exprimer une extrème débilité, on dit : faible comme une puce.

Le Grand-Papa. — Il est certain que la personne qui n'aurait que la force d'une puce serait d'une incroyable faiblesse, parce qu'on ne fait allusion qu'à la force absolue de l'insecte inailé. Mais, s'il s'agit de sa force relative, c'est-à-dire proportionnelle à son exiguité, alors la puce l'emporte de beaucoup sur l'éléphant lui-même.

L'Enfant. — Si ceci m'était affirmé par toute autre personne, grand-papa, j'y verrais l'intention de tendre un piége à ma crédulité.

Le Grand-Papa. — Discutons. Pour comparer rationnellement la force respective de la puce et de l'éléphant, il faut d'abord les ramener tous les deux au même volume, c'est-à-dire supposer l'éléphant petit comme la puce, ou bien la puce grande comme l'éléphant.

L'Enfant. — C'est juste; mais comment établir d'abord la force de la puce?

Le Grand-Papa. — Nous ne pouvons pas procéder comme nous l'avons fait pour prouver que le hanneton est beaucoup plus fort que le cheval.

L'Enfant. — C'est fâcheux, car la démonstration serait incontestable.

Le Grand-Papa. — Nous rencontrons ici deux énormes difficultés. D'une part, nous ne pouvons savoir quel est le poids d'une puce; et, d'autre part, alors même qu'il nous serait possible de le savoir, nous ne pourrions pas établir combien de fois la puce peut soulever son propre poids.

L'Enfant. — Pourquoi ne peut-on pas connaître le poids d'une puce?

Le Grand-Papa. — Parce que nous n'avons pas de balance qui soit assez sensible pour peser exactement cet insecte; approximativement, on pourrait y parvenir en pesant une masse de puces, par exemple, mille puces, et le poids d'une puce serait, en moyenne, le millième du poids total exprimé par la balance. Mais ce qui serait tout-à-fait impossible, ce serait d'expérimenter combien de fois la puce peut soulever son propre poids. En effet, comment atteler une puce à un appareil de traction et comment l'assujettir à ne pas sauter.

L'Enfant. — Je conçois que la puce ne se prête pas à l'expérience comme le hanneton, qui ne saute pas et qui est assez volumineux pour présenter un point d'attache.

Le Grand-Papa. — Cependant, nous allons avoir un moyen de déterminer à peu près la force relative de la puce et de l'éléphant. Ecoute-moi bien.

L'Enfant. — Mon attention va vous suivre pas-à-pas.

Le Grand-Papa. — La puce, qui n'a que 1 millimètre de longueur, franchit d'un saut 500 millimètres, c'est-à-dire 1/2 mètre. Si l'éléphant, qui a 4 mètres de longueur, était doué d'une force égale à celle de la puce, il devrait franchir d'un bond 500 fois 4 mètres, c'est-à-dire 1/2 lieue.

L'Enfant. — Je le comprends très-bien; la puce franchit 500 fois sa propre longueur, l'éléphant devrait franchir aussi 500 fois la sienne. On pourrait encore, je crois, arriver au même résultat, en raisonnant ainsi : pour que l'éléphant, qui a 4.000 fois la longueur de la puce, eût une force égale à celle de ce petit insecte, il devrait franchir 4.000 fois l'espace que franchit la puce, c'est-à-dire 4.000 fois 1/2 mètre, ou 2.000 mètres, c'est-à-dire 1/2 lieue.

Le Grand-Papa.— C'est parfaitement calculé. Or, l'éléphant aurait beaucoup de peine à franchir 1/8e dé fois sa longueur; et, de plus, il ne pourrait répéter le saut, comme la puce qui le réitère indéfiniment.

L'Enfant. — Quel prodige de force et d'élasticité dans un être si menu !

Le Grand-Papa. — C'est une confirmation de cette sage parole: Dieu est grand dans les grandes choses et plus grand encore dans les petites.

—

L'Enfant. — Grand-papa, je ne puis comprendre comment la viande qui se gâte peut donner naissance à des vers.

Le Grand-Papa. — C'est qu'en effet, elle ne leur donne pas naissance, mais elle favorise leur développement, en leur servant de nourriture. Les vers sont nés de parents, comme naissent tous les autres animaux. Mais ce qui nous dérobe leur véritable origine, c'est qu'ils proviennent de germes

microscopiques. Ces germes flottent dans l'air et
font partie de cette poussière qu'on remarque très-
bien sur le trajet d'un rayon solaire qui pénètre dans
une chambre obscure.

L'Enfant. — J'ai plusieurs fois remarqué cette
poussière qu'on ne voit plus dans la lumière diffuse.

Le Grand-Papa. — Le rayon direct du soleil, qui
rencontre ces corpuscules, est réfléchi vers nous et
nous en apporte l'image. Ces germes ont une force
de vitalité qui leur fait jouer un rôle important dans
la nature. Nous reviendrons un jour sur ce point.
Aujourd'hui j'aime mieux te soumettre cette question. Si je place sous verre une certaine quantité de
viande fraîche, cette viande, quoique parfaitement
calfeutrée, se trouve bientôt habitée par des vers.
Ces vers seraient-ils nés spontanément ?

L'Enfant. — D'après ce que vous venez de me
dire, je réponds qu'en enfermant sous verre la viande
fraîche, on y a renfermé aussi une certaine quantité
d'air, et que cet air, par le repos, a déposé les germes qui s'y trouvaient en suspension.

Le Grand-Papa.— Le poids des germes échappe
à l'action de la balance; mais si l'on pèse les vers
qui en sont issus, on retrouve le poids de la viande
qu'ils ont consommée. La plupart de ces animalcu-

les sont très-utiles, car en faisant rentrer dans l'organisme les éléments des matières qui se décomposent, ils purifient l'atmosphère, réceptacle naturel de toutes les substances gazeuses et putrides. Tout ce qui existe a sa raison d'être, depuis l'étoile qui, par sa distance, échappe au plus puissant télescope, jusqu'au corpuscule qui, par sa petitesse, se dérobe au microscope le plus grossissant.

—

L'Enfant. — Dans la culture patiente du chêne à liége, j'ai vu qu'on ne cherche que l'utile, et que c'est vers l'écorce que se portent les soins intelligents du cultivateur.

Le Grand-Papa. — En général, la culture a des procédés savants dont il faut reconnaître hautement le mérite. Elle gouverne la sève à son gré, la portant, en effet, vers la racine, la tige, l'écorce, la feuille, la fleur ou le fruit, selon la partie de la plante qu'elle veut plus spécialement développer : voilà pour l'utile.

L'Enfant. — Elle fait aussi beaucoup pour le beau.

Le Grand-Papa. — Un peu trop, peut-être ; tous ces arbres disposés en lignes géométriques, tous ces arbrisseaux taillés en portiques, en colonnes, en pyramides, tous ces arbustes façonnés en bouquets, tout cela charme la vue, mais doit rester dans une certaine limite. Cette architecture végétale, par cela seul qu'elle constate la présence trop continue de l'homme, met en fuite les petits oiseaux, qui vont porter au loin leur demeure, leur famille et, par conséquent, leurs services. Les insectes, profitant de l'absence de ces actifs échenilleurs, se multiplient outre-mesure et s'abattent sur nos moissons. Si du moins on ménageait à ces oiseaux timides des nids discrètement établis sur quelques points réservés, on sauverait nos grains et nos fruits; on protégerait même tous ces chefs-d'œuvre de l'art que la chenille ne respecte guère.

L'Enfant. — C'est juste, grand-papa.

Le Grand-Papa. — Que l'horticulteur groupe de jolis arbrisseaux, tels que le viburnum, l'acacia, l'arbre de Judée, pour associer ainsi dans les fleurs le blanc, le jaune et le rose, c'est très-bien, car les fleurs sont la fête des yeux; mais ce qui n'est pas bien, c'est de tourmenter, par exemple, le type floral de la pensée pour n'avoir que des pétales d'un jaune éteint, d'un blanc sale, ou d'un violet douteux.

L'Enfant. — C'est vraiment déplorable.

Le Grand-Papa. — Et, tandis qu'on se passionne parfois pour des arbres élégants, venus même à grands frais de pays éloignés, on néglige des arbres utiles qu'on a sous la main, le buis, par exemple.

L'Enfant. — Je ne croyais pas que le buis pût avoir les proportions d'un arbre; il ne forme guère que de simples bordures dans les jardins.

Le Grand-Papa. — Laissé à lui-même, le buis est un arbre qui peut s'élever à plus de trente mètres, avec un tronc d'un diamètre relativement assez grand. Mais on l'arrache sans discernement pour les besoins de l'industrie; il se trouve ainsi réduit, en France, aux proportions d'un petit arbuste.

L'Enfant. — Il exige peut-être des soins particuliers.

Le Grand-Papa. — Le buis est, au contraire, un végétal rustique qui ne craint pas les intempéries et conserve, même en hiver, son vert feuillage. Autrefois la France était riche en buis, surtout dans sa partie méridionale; aujourd'hui ce bois tend à disparaître de notre sol, et nous sommes forcés de le tirer de l'Asie Mineure.

L'Enfant. — L'Asie Mineure ou Anatolie.

Le Grand-Papa. — Je pense que tu n'as pas oublié les notions essentielles que je t'ai données sur cette province de la Turquie d'Asie ?

L'Enfant. — Pour vous répondre, grand-papa,

je dois aller reprendre au passé des souvenirs assez lointains.

Le Grand-Papa. — Tu étais alors fort jeune, il est vrai, et tu n'avais pas acquis ce goût de l'étude dont je me plais à te féciliter aujourd'hui. ,

L'Enfant. — Je crois du moins me rappeler que l'Anatolie est un des points géographiques les plus favorisés par sa situation dans la zone tempérée du nord, par sa forme péninsulaire, qui lui permet de se développer sur quatre mers, et enfin par la variété de ses produits, qui doivent à la nature du sol leur qualité supérieure.

Le Grand-Papa. — C'est parfaitement dit, mon enfant. Il y a deux ans, tu m'aurais répondu à peu près de même, quant au fond; tu m'aurais même donné plus de détails, de ces menus détails qui ne sont que de pure mémoire. Mais aujourd'hui tu me réponds avec concision, et tu sais choisir les points essentiels; je te félicite encore ici de tes progrès.

L'Enfant. — Mes progrès, grand-papa, c'est à vous que je les dois; il est si facile d'apprendre, quand on a le privilége de vous écouter ! Aussi j'ai hâte de vous communiquer, pour les comprendre, deux faits qui m'ont frappé hier, lorsque je respirais, l'air frais à l'ombre des marronniers , sur le bord du lac.

Le Grand-Papa. — Mais, auparavant, est-ce que tu n'aurais pas à me demander quelques détails sur les emplois du buis ?

L'Enfant. — J'en avais eu l'idée, grand-papa, mais elle n'a fait que passer dans mon esprit; et, sans le soin que vous mettez à m'instruire, je me trouverais ainsi privé par ma faute d'une infinité de connaissances utiles. Vous m'avez dit, en effet, que, pour les besoins de l'industrie, on arrache le buis sans lui donner le temps de devenir un grand arbre. J'aurais donc, sur ce bois, des notions incomplètes, si je n'apprenais point quels en sont les emplois.

Le Grand-Papa.— Le buis a des emplois divers. On en fait de modestes couverts de table et notamment des couverts à salade, puis des tabatières, des boîtes, des robinets; et tous ces articles sont à la fois solides, économiques et sains. Mais le buis est surtout employé pour la gravure sur bois, gravure aujourd'hui si commune.

L'Enfant. — Quelle est donc, grand-papa, la qualité qui le rend propre à la gravure ?

Le Grand-Papa. — Le buis est de tous les bois celui qui a le grain le plus fin et qui donne, par conséquent, plus de finesse au travail de l'artiste; il est dense, dur et peu perméable à l'eau.

L'Enfant. — Pourquoi n'en fait-on pas alors des bouchons ?

Le Grand-Papa.— Pour que le bouchon s'adapte parfaitement au goulot de la bouteille, il faut qu'il y entre avec effort et sous les coups du maillet; si le bouchon était en buis, il transmettrait le choc au goulot et la bouteille serait cassée. Le bouchon doit être fait d'une substance élastique, qui supporte le choc sans le transmettre; et c'est à ce titre que le liége est préféré dans cette industrie éminemment française. Nous en avons déjà parlé avec détail.

L'Enfant. — Je vous ai parfaitement écouté, grand-papa, quoique j'aie pu vous paraître un peu distrait.

Le Grand-Papa. — Ton regard semblait effectivement se fixer sur un point vers mon cabinet de travail.

L'Enfant. — Tout en vous écoutant, grand-papa, je regardais l'effet produit par le soleil qui ne pouvait pénétrer que par une fissure de l'un des volets. Vous pensez bien, grand-papa, que cet effet m'étonne d'autant plus que je ne puis le comprendre.

Le Grand-Papa. — Je vais te l'expliquer. Quand un rayon solaire entre par un petit orifice dans une chambre obscure, sa trace nous est signalée par une infinité de corpuscules qui flottent dans l'air et qui nous réfléchissent la lumière.

L'Enfant. — Je croyais que c'était tout simplement de la poussière, des particules minérales soulevées par le vent et qui se déposent sur tous les objets, quand l'air est tranquille.

Le Grand-Papa. — Cette poussière atmosphérique est surtout composée de corpuscules organisés. Elle est invisible dans un milieu bien éclairé, parce que la lumière réfléchie par ces petits germes d'animaux et de plantes est éclipsée par la lumière diffuse dans laquelle ils sont plongés : c'est ainsi que, durant le jour, les étoiles sont éclipsées par l'éclat prédominant du soleil.

L'Enfant. — Je comprends, grand-papa; et comme les étoiles, la nuit, reparaissent de nouveau, de même ces corpuscules deviennent visibles, quand ils sont dans une chambre obscure.

Le Grand-Papa. — Ces germes, auxquels les verres les plus grossissants ne peuvent donner une forme quelconque, jouent cependant un rôle immense dans la nature, et se développent dès qu'ils rencontrent les circonstances appropriées à leur évolution : par exemple, le concours de la chaleur, de l'humidité, de la putréfaction.

L'Enfant. — L'Été doit être leur saison favorite.

Le Grand-Papa. — Sans doute. Ce sont ces germes qui déterminent, ou du moins qui accélèrent la décomposition des substances végétales et animales ; ils sont doués eux-mêmes d'une telle vitalité, qu'ils résistent aux agents qui font périr les êtres plus élevés. Ils communiquent parfois de très-belles couleurs rouge, jaune, bleue aux corps sur lesquels ils s'accumulent, comme aux liquides dans lesquels ils sont en suspension. C'est ainsi qu'il faut expliquer la neige rouge dont il est parlé dans les livres de voyages.

L'Enfant. — De la neige rouge !

Le Grand-Papa. — Il serait plus exact de dire neige rougie, car la couleur rouge n'est due qu'aux corpuscules qui la couvrent d'une couche plus ou moins épaisse.

L'Enfant. — Mais, grand-papa, quels sont donc les êtres organisés qui peuvent se déposer ainsi sur la neige ?

Le Grand-Papa. — Supposons, au sein de très-hautes montagnes, une vallée tellement profonde que le rayon du soleil n'y puisse parvenir : la neige y sera permanente, et des corpuscules peuvent s'y développer. Ce sont, en général, des champignons.

L'Enfant. — Comment peuvent-ils s'y maintenir, y trouver la nourriture nécessaire à leur développement ?

Le Grand-Papa. — Je t'ai dit que ces êtres jouis-
sent d'une vitalité extraordinaire ; ils peuvent supporter des températures extrêmes, s'accommodent
même des milieux les plus impropres aux êtres organisés. Ainsi, dans les eaux de Barèges, se produit
et végète un petit champignon appelé barégine.

—

L'Enfant. — Hier, considérant sur le lac les
mouvements gracieux du cygne, j'ai fait deux remarques que je me suis promis de vous soumettre.

Le Grand-Papa. — Tu me paraissais, en effet,
préoccupé, lorsque tu respirais l'air frais, sous la
voûte épaisse que forment les marronniers d'Inde
avec leur grandes feuilles digitées. Quels sont donc
ces deux faits que tu désires me soumettre ?

L'Enfant. — Le premier, grand-papa, c'est la
grâce du cygne qui glissait à la surface de l'eau sans
se mouiller.

Le Grand-Papa. — Tout est admirablement calculé dans le cygne pour lui rendre facile la natation ;
et d'abord son plumage est épais, pour le défendre
de l'action refroidissante de l'eau.

L'Enfant. — Mais, grand-papa, ce plumage épais, en augmentant son volume, doit augmenter aussi son poids.

Le Grand-Papa. — Il est certain que le cygne, pesé dans une balance, est plus lourd avec son plumage qu'il ne le serait s'il était déplumé; mais, dans l'eau, ce plumage le rend plus léger, parce que tout corps plongé dans un liquide y perd de son poids le poids du liquide qu'il déplace; et, comme le cygne est amplifié par une substance plus légère que l'eau, il doit en devenir d'autant plus léger. Il faut, de plus, que l'oiseau soit protégé contre l'action dissolvante de l'eau.

L'Enfant. — Oh ! sans doute, car si le cygne était comme le sucre ou comme le sel, il se dissoudrait dans l'eau.

Le Grand-Papa. — Le plumage du cygne est donc lustré, c'est-à-dire enduit d'un corps gras. Ce corps gras, que l'oiseau produit lui-même, non-seulement l'empêche de se mouiller, mais encore rend le frottement sur l'eau presque nul et, par conséquent, permet au cygne de glisser aisément à la surface du lac. Le cygne présente d'autres conditions merveilleusement assorties à la natation : son corps allongé, ainsi que son cou, sa patte courte et palmée, ses ailes fortes ainsi que sa queue, concourent à lui donner la forme d'un petit navire élégant, avec son mât flexible, ses rames larges, sa voile concave, son gouvernail puissant.

L'Enfant. — Quel avantage peut donc avoir, pour le cygne, son cou si flexible et si long ?

Le Grand-Papa. — Cette flexibilité du cou donne au cygne plus de grâce, mais surtout lui permet de déplacer aisément le centre de son poids. Or, tu n'as pas oublié quelle est, pour les corps, la condition essentielle d'équilibre.

L'Enfant. — Pour qu'un corps soit en équilibre, il faut que le centre de son poids, ou centre de gravité, soit soutenu; mais je ne saisis pas pourquoi le cygne doit déplacer son centre de gravité.

Le Grand-Papa. — Selon qu'il est sur le sol ou dans l'eau, le cygne, pour soutenir le centre de son poids, doit le reculer ou l'avancer plus ou moins. Quand le cygne est à la surface de l'eau, il porte la tête en avant pour contrebalancer le poids de ses pattes dirigées en arrière comme les rames d'un bateau; mais, quand il est sur le sol, il porte sa tête en arrière pour ramener le centre de gravité dans la verticale de ses pattes, c'est-à-dire du point d'appui.

L'Enfant. — J'ai remarqué, en effet, que les pattes du cygne, comme celles du canard, ne sont pas placées tout à fait sous le corps, ce qui rend sa marche assez difficile.

Le Grand-Papa. — Le cygne est calculé pour se mouvoir dans l'eau plutôt que sur le sol; ses pattes sont donc insérées un peu en arrrière pour rendre plus facile la natation. Enfin la longueur de son cou se justifie par la faculté qu'elle donne au cygne de faire descendre son bec jusqu'au fond du lac, sans risque de souiller dans la vase son beau plumage.

L'Enfant. — Son plumage si blanc!

Le Grand-Papa. — Prends garde, mon enfant; on ne peut plus, d'une manière absolue, se servir aujourd'hui de l'expression : blanc comme un cygne, parce que l'Australie nous offre un cygne à plumage complètement noir.

L'Enfant. — L'Australie est donc une terre étrange; vous me l'avez souvent citée pour le caractère singulier de ses plantes et de ses animaux.

Le Grand-Papa. — Passons maintenant au second fait qui t'a préoccupé sur le bord du lac.

L'Enfant. — Oh! c'est une question d'un tout autre genre. Hélas! quand on est ignorant, on rencontre à chaque pas des difficultés qui sont insurmontables. Ainsi, en contemplant la beauté du paysage sous les rayons étincelants du soleil, je constatais l'action évidente de cet astre. Je constatais sa puissance lumineuse, dont mes yeux ne pouvaient directement supporter l'éclat.

Le Grand-Papa. — Cependant la distance qui nous sépare de cet astre est bien grande, et l'intensité de la lumière est singulièrement atténuée par la distance.

L'Enfant. — Si je ne me trompe, grand-papa, l'intensité de la lumière est en raison inverse du carré de la distance, de telle sorte qu'à une distance double l'intensité de la lumière est quatre fois moindre. Donc le soleil est excessivement lumineux. Mais je ne puis encore comprendre que ce soit là le foyer de la lumière, puisque la création de la lumière précéda celle du soleil.

Le Grand-Papa. — Le soleil n'est pas le foyer, mais un des foyers de la lumière. La lumière, sortie du néant avant le soleil, existe donc indépendamment de cet astre. Ce n'est pas du soleil que les innombrables étoiles du firmament tiennent leur éclat. Ce n'est pas au soleil que l'éclair doit le sien, puisqu'il brille d'autant plus que la nuit est plus obscure. Ce n'est pas au soleil que la flamme de nos bougies et le singulier luminaire du ver-luisant doivent leur éclat, puisque, sous les rayons solaires, cette flamme pâlit et ce luminaire s'éteint. Le soleil, comme tous les corps qui sont lumineux par eux-mêmes, a la propriété de mettre en vibration une substance impondérable, que la physique appelle éther; comme un instrument de musique a la propriété de mettre l'air en vibration. L'éther en vibration, c'est la lumière; comme l'air en vibration, c'est le son; l'éther au repos, c'est l'obscurité; comme l'air au repos, c'est le silence. Et, de même que l'instrument de musique ne perd rien de sa propre substance, quand il produit le son, de même le soleil ne perd rien de sa propre substance, quand il produit la lumière. Nous aurons à revenir sur cette étude. Aujourd'hui sachons en retirer ce haut enseignement : c'est que le grand miracle de la création commence par un mystère. Au seuil du monde physique, Dieu place, en effet, la lumière, c'est-à-dire le phénomène qui est à la fois le plus évident et le plus incompréhensible. N'est-ce pas ainsi nous préparer, en quelque sorte, à tous les mystères du monde surnaturel !

L'AUTOMNE

L'Enfant. — Grand-papa, l'Automne me plaît infiniment : c'est la saison des vendanges, c'est aussi la fête des écoles, puisque c'est l'époque des vacances.

Le Grand-Papa. — Mon enfant, ton éloge si diversement motivé de l'Automne contient une expression insuffisante. En disant que cette saison te plaît, tu pourrais faire supposer que tu ne l'apprécies que pour l'agrément qu'elle peut offrir. Sans doute, l'Automne est agréable par sa température modérée, par ses jours encore assez longs, par ses nombreuses fleurs et surtout par ses fruits qui, plus nombreux encore que ses fleurs, rivalisent plus que jamais avec elles de grâce, d'arome et d'éclat. Et puis, c'est la dernière parure de l'année; par cela même, le regard s'y complaît d'autant plus qu'un charme particulier s'ajoute toujours au bien que l'on va perdre. Mais l'Automne se recommande aussi par l'importance extrême de ses fonctions. C'est peut-être à cela, mon enfant, que tu n'as pas songé.

L'Enfant. — En effet, grand-papa, je ne me suis jamais préoccupé de ce point. Maintenant, je suis bien désireux de connaître toute l'utilité de l'Automne. Mais voici qu'une difficulté m'arrête tout d'abord. Puisque la fleur précède et prépare le fruit, je ne comprends pas que cette saison puisse avoir plus de fruits que de fleurs.

Le Grand-Papa. — Tu vas le comprendre. Une des fonctions principales de l'Automne est d'achever la maturation d'un grand nombre de fruits, qui a commencé dans les autres saisons. C'est qu'en effet, de nombreuses plantes ayant fleuri en Été ou même au Printemps, n'ont pas fructifié, c'est-à-dire n'ont pas terminé leur complète évolution. L'Automne est chargé de parfaire la fructification de ces plantes, et les fruits ainsi développés lentement sont comme les ouvrages longtemps élaborés : ils durent plus que tous les autres.

L'Enfant. — Vous m'aviez dit effectivement, grand-papa, que le Printemps donne plus de fleurs que de fruits, mais je n'avais pas saisi toute l'importance de cette remarque. Aujourd'hui, je vois que plusieurs de ces fleurs ne sont devenues des fruits qu'en Été, comme aussi la floraison de plusieurs autres plantes s'est faite en Été, tandis que leur fructification ne s'accomplit qu'en Automne.

LE GRAND-PAPA.— C'est très-bien, mon enfant; nous verrons bientôt pourquoi les fruits doivent prédominer dans cette saison.

—

L'ENFANT. — Grand-papa, pourquoi cultive-t-on certains fruits en espalier ?

LE GRAND-PAPA.— L'espalier réalise deux avantages : il sert à la fois de réflecteur et de paravent. Comme réflecteur, il utilise mieux les rayons calorifiques du soleil et rend ainsi plus complète la maturation des fruits; comme paravent, il protége les fruits contre le vent, qui est leur plus redoutable ennemi.

L'ENFANT.— Je comprends que l'espalier, contre lequel les arbustes s'appuient, les garantit de la violence du vent, qui parfois les détache avant qu'on ait pu les cueillir; mais je ne m'explique pas comment ce mur utilise mieux les rayons calorifiques du soleil.

LE GRAND-PAPA.— Remarque d'abord que, privé d'espalier, le fruit ne profite que des rayons qu'il reçoit directement; tandis que, si l'on fait interve-

nir l'espalier, le fruit profite, en plus, des rayons ré
fléchis par ce mur ; remarque aussi qu'on blanchi
l'espalier pour le rendre plus réfléchissant.

L'Enfant. — Tous les arbres, je crois, produisen
des fruits.

Le Grand-Papa. — Certainement, et c'est par
son fruit que chaque arbre se continue dans l'espace et dans le temps.

L'Enfant. — Pourquoi donc certains d'entr'eux
seulement sont-ils appelés arbres fruitiers ?

Le Grand-Papa.— On réserve ce titre aux arbres
dont le fruit est, pour nous, comestible. Tu dois
comprendre pourquoi les arbres fruitiers sont tenus
assez bas.

L'Enfant. — Je pense que c'est pour en cueillir
plus commodément le fruit.

Le Grand-Papa. — C'est aussi pour atténuer
l'action du vent. Naturellement, du reste, ces arbres
n'acquièrent jamais une grande hauteur.

L'Enfant. — J'admire avec quel art on leur
donne les formes les plus variées.

Le Grand-Papa.— Par la taille, en effet, on diversifie beaucoup la disposition des arbres fruitiers.
Mais il est fâcheux que parfois l'art veuille obstiné-
ment plier la nature à ses caprices. La taille rem-

plit un office plus utile sous la main d'un habile arboriculteur. Elle améliore le fruit.

L'Enfant. — Comment peut-elle améliorer le fruit ?

Le Grand-Papa.— En retranchant le nombre au profit de la qualité. L'arbre, ayant à nourrir moins de fruits, porte abondamment sa sève sur ceux qu'on lui a laissés.

L'Enfant. — Je ne saisis pas assez nettement pourquoi le fruit gagne en qualité.

Le Grand-Papa.—Tu vas mieux me comprendre par un exemple tout-à-fait analogue et qui doit nous être familier : quand une chatte a donné naissance à de nombreux petits, on en supprime plusieurs pour ne lui en laisser qu'un ou deux.

L'Enfant. — C'est juste. La chatte consacre alors tout son lait aux petits qu'on lui a laissés et qui, par conséquent, beaucoup mieux nourris, doivent être plus fortement constitués.

Le Grand-Papa. — Il est un artifice de culture qui consiste à modifier la couleur naturelle du fruit pour qu'il plaise au regard. C'est une séduction pour l'estomac, toujours mieux disposé pour l'aliment qui flatte la vue. De toutes les prunes, par exemple, c'est la Reine-Claude qui a la pulpe la plus suave, mais sa couleur est d'un vert pâle qu'on peut relever d'une teinte rouge par un procédé fort simple : on met la prune à découvert en supprimant les feuilles qui lui cachent le soleil.

L'Enfant. — Le prunier doit souffrir, ce me semble, de l'ablation de ces feuilles.

Le Grand-Papa. — Aussi faut-il procéder avec réserve, car il est essentiel de conserver au fruit toute sa saveur. On supprime d'abord la feuille de dessous pour favoriser l'action des rayons réfléchis par le sol; puis, successivement et peu à peu, on ôte celles de dessus. La prune soumise ainsi, par degrés, à plus de rayons calorifiques, se pare d'un gracieux coloris. On procède de même pour rendre plus vive la couleur de la pêche, de l'abricot.

L'Enfant. — Cet artifice, qui embellit le fruit sans en altérer la saveur, doit en élever certainement le prix.

Le Grand-Papa. — On ne l'applique qu'à des fruits de première qualité, mais on le modifie selon leur nature. Ainsi, pour orner la poire St-Germain et surtout la poire Bon Chrétien, on écarte bien les feuilles qui leur dérobent le soleil; mais, de plus, on mouille délicatement le fruit au moyen d'un pinceau. On fait passer sur l'épiderme, par petits traits et d'un bout à l'autre, le pinceau qu'on a trempé dans de l'eau fraîche. Sous l'action solaire, ces traits prennent une couleur vermillon. Tu apprécies, sans doute, la précaution qu'on a de ne mouiller que l'épiderme.

L'Enfant. — Il ne faut pas imbiber le fruit, ce qui le rendrait aqueux, par conséquent, moins sucré.

Le Grand-Papa. — Très-bien. Ce n'est d'ailleurs que sur l'épiderme que doit se produire le phénomène de la coloration.

L'Enfant. — Les géographes citent la France comme éminemment riche en fruits.

Le Grand-Papa. — Il n'est pas de contrée plus riche que la France en fruits délicieux. Plusieurs de ceux qui lui sont propres se signalent par leur qualité superlative; parmi ceux que produit l'Europe, il n'en est pas un seul qui ne s'accommode très-bien de notre sol et de notre climat.

L'Enfant.— C'est à Paris, je crois, que les lignes ferrées apportent le premier choix de tous ces fruits.

Le Grand-Papa. —Paris est, en effet, le marché par excellence pour les fruits; il les reçoit non-seulement des divers points de la France, mais encore de tous les points de l'Europe, et ces produits lui arrivent aussi frais que s'ils venaient d'être cueillis.

L'Enfant. — Il est pourtant des fruits délicats qui ne peuvent supporter le moindre cahot et, par conséquent, ne peuvent être transportés à grande distance.

Le Grand-Papa. — Par un habile emballage, on parvient à vaincre cette difficulté. La cerise, l'abricot, la prune Reine-Claude, la poire mouillebouche, la pomme reinette, la pêche, le chasselas de Fontainebleau, partis souvent de fort loin, sont livrés aux consommateurs dans l'état naturel le plus parfait : depuis la fraise au vif coloris jusqu'à la framboise à la teinte brumeuse.

L'Enfant. — Ne serait-il pas plus simple de cultiver dans les environs de Paris ces fruits privilégiés ?

Le Grand-Papa. — Le climat de Paris est trop variable pour quelques-uns de ces fruits, pour l'abricot, par exemple.

L'Enfant. — Lorsque vous avez bien voulu me conduire à la magnifique exposition du Palais de l'Industrie, je ne me suis pas lassé d'admirer le volume, l'éclat et la variété de tous ces fruits.

Le Grand-Papa. — Ce concours ouvert aux produits de la culture fruitière a manifesté les immenses progrès de cette branche de notre industrie agricole. C'est ainsi que d'un objet de consommation limitée, on a fait l'élément d'un commerce important, une source de richesse non-seulement pour de simples villages, mais encore pour des villes et même pour des départements entiers. Ainsi, chaque année, le village de Baroville (Aube) exporte pour 50,000 fr. de prunes Reine-Claude, la ville d'Aix (Bouches-du-Rhône), pour 3,000,000 de francs d'amandes; le département de Maine-et-Loire, à lui seul, exporte deux millions de kilogrammes de fruits divers, mais principalement de poires, qui sont dirigées en grande vitesse vers le Hâvre pour Londres et pour St-Pétersbourg.

Chaque jour du mois d'août, un train spécial de raisins chasselas, composé d'une vingtaine de wagons, recueille tous les paniers déposés dans les gares depuis Cette jusqu'à Tarascon. A partir de là, ce train court sur Paris à grande vitesse et sans point d'arrêt.

L'Enfant. — La pêche de Montreuil et le raisin de Fontainebleau, qui tiennent la première place dans nos desserts, doivent être aussi d'un grand rapport.

Le Grand-Papa. — Non-seulement le chasselas dit de Fontainebleau enrichit le vigneron de Thomery (Seine-et-Marne), mais encore il occupe une foule de femmes et d'enfants qui, dans la saison, recueillent de la fougère, afin d'y mettre le raisin qu'on emballe ensuite avec art dans de légers paniers. C'est aussi avec des soins extrêmes qu'est expédiée la pêche de Montreuil (Seine). Montreuil et Thomery doivent respectivement à leur unique produit le privilége d'être les deux communes rurales les plus opulentes de la France. Notons, en passant, que la culture fruitière réunit trois conditions favorables : la première mise de fonds est relativement insignifiante ; l'entretien, peu coûteux ; le produit, très-rémunérateur.

L'Enfant. — De tous les aliments servis sur nos tables, les fruits sont, pour moi, les plus agréables.

Le Grand-Papa. — Ce sont les plus délicats et les plus savoureux. Mais ils ne sont véritablement comestibles qu'à leur parfaite maturité ; et, même alors, on ne doit en user qu'avec réserve, parce qu'ils retiennent toujours une certaine proportion de cet acide malique qui s'accuse si fortement dans les fruits encore verts.

L'Enfant. — Il me semble, grand-papa, qu'on peut les manger, pour ainsi dire, sans appétit.

Le Grand-Papa.—C'est une circonstance précisément qui les rend indigestes, car, le plus souvent, on ne leur fait subir qu'une mastication très-incomplète ; on se laisse séduire par leur suavité, les supposant d'une digestion facile, parce qu'ils sont peu nutritifs.

L'Enfant. — Je fus bien surpris, un jour, de trouver un ver dans une pêche qui me paraissait parfaitement saine. Comment un animal si mou avait-il pu percer le noyau, qui est si dur, pour parvenir jusqu'à l'amande ?

Le Grand-Papa. — Le ver avait été inoculé dans l'amande encore tendre, avant la formation du noyau. Il dévore l'amande et, par conséquent, détruit le fruit. C'est ainsi que, par l'incitation du mauvais exemple, le vice s'introduit aisément dans un jeune cœur, le ravage et le tue. Mais, quand le cœur a reçu déjà une éducation solide, il en est protégé comme le fruit par son noyau.

L'Enfant. — Je crois saisir cette analogie. Le mauvais exemple, c'est l'insecte inoculateur ; le ver, c'est le vice ; l'amande, c'est le jeune cœur ; le noyau, c'est l'éducation solide.

Le Grand-Papa. — L'occasion de passer du monde physique au monde moral, par voie de comparaison, se présente souvent dans l'étude de la nature.

L'Enfant. — Je possède maintenant, sur les fruits, des connaissances que j'espère bien ne jamais oublier.

Le Grand-Papa.—Mais comprends-tu bien l'importance du double caractère qui distingue les fruits de l'Automne?

L'Enfant. — Quel est donc ce double caractère?

Le Grand-Papa.— Les fruits de l'Automne sont très-abondants et se conservent mieux que tous les autres.

L'Enfant. — Je crains de perdre beaucoup de temps à chercher la raison de ces deux faits bien remarquables.

Le Grand-Papa. — C'est que l'Automne ne doit pas seulement nous fournir des fruits pour son propre compte, mais encore nous en ménager, pour tout l'hiver, une réserve suffisante.

L'Enfant. — C'est juste, grand-papa; mais vous voyez qu'un rien m'embarrasse et me fait hésiter.

Le Grand-Papa.— Dans le doute, mon enfant, il est sage de s'abstenir; mieux vaut un silence absolu qu'une parole hasardée.

—

L'Enfant.— Grand-papa, votre bienveillance me tient compte du grand désir que j'ai de m'instruire.

Le Grand-Papa.— C'est un de mes devoirs, mon enfant, mais toutefois ce n'est pas le seul. Et, pour exercer ton jugement, qui se fortifie de jour en jour, je vais te proposer encore une question.

L'Enfant.— Je tâcherai de la résoudre, dussé-je vous laisser voir toute mon ignorance sur les choses les plus simples.

Le Grand-Papa. — Une fonction essentielle de l'Automne est de graduer la transition de l'Été, qui le précède, à l'Hiver, qui le suit. Il passe, en effet, de l'une à l'autre saison par degrés successifs, et sous le double rapport à la fois de la lumière et de la chaleur. Quelque temps encore le soleil conserve une certaine intensité et se maintient assez longtemps sur l'horizon ; l'homme des champs en profite pour opérer ses labours et ses semis. Mais peu à peu les rayons solaires s'affaiblissent, le jour s'abrége, les brumes altèrent la transparence de l'air et l'atmosphère s'encombre de brouillards et même de nuages. Eh bien, mon enfant, comprends-tu d'où provient, en Automne, le décroissement successif de la température et du jour ?

L'Enfant. — Puisque les deux phénomènes de lumière et de chaleur, qui s'accompagnent toujours, marchent ici en sens inverse de ce que nous avons vu dans le Printemps, j'espère ne pas me tromper en disant : au Printemps, la progression de la température est croissante, parce que les rayons du soleil deviennent de moins en moins obliques et se maintiennent de plus en plus sur l'horizon, tandis qu'en Automne, la progression est décroissante, parce que les rayons deviennent de plus en plus obliques et se maintiennent de moins en moins sur l'horizon.

Le Grand-Papa. — Je vois, par ta réponse, que tu as parfaitement saisi la fonction inverse du Printemps et de l'Automne: le Printemps marquant le passage entre l'Hiver et l'Été; l'Automne, au contraire, marquant le passage entre l'Été et l'Hiver.

—

L'Enfant. — Hier, grand-papa, vous avez prononcé deux mots dont je n'ai pas une idée bien nette. Je serais fort embarrassé de dire ce que c'est qu'un nuage, ce que c'est qu'un brouillard; et bien souvent je me suis demandé comment un aérostat peut traverser, comme on le dit, les nuages sans s'y noyer.

Le Grand-Papa. — Tu vas bientôt reconnaître que la différence entre le nuage et le brouillard n'est pas bien grande, et tu devras conclure que l'aéronaute qui traverse un nuage est à peu près comme la personne qui traverse un brouillard. Seulement, il est nécessaire que je procède avec méthode et que tu me suives avec attention.

L'Enfant. — Mon oreille est suspendue à vos lèvres, grand-papa.

Le Grand-Papa. — L'air contient toujours plus ou moins de vapeur d'eau : beaucoup, quand il est chaud ; peu, lorsqu'il est froid. Dans l'un et l'autre cas, on dit qu'il est saturé de vapeur, s'il contient toute celle que comporte sa température : on dit qu'il est humide, s'il ne peut plus conserver à l'état gazeux celle qui s'y trouve en suspension. L'humidité de l'air dépend donc essentiellement de sa température : il peut être sec, en effet, avec la même quantité de vapeur qui le rendrait humide, s'il était froid.

L'Enfant. — J'aurais cru, grand-papa, que l'humidité de l'air devait dépendre seulement de la quantité de vapeur qu'il tient en suspension.

Le Grand-Papa. — C'est une erreur. Ainsi, prenons pour exemple l'air de Paris, qui contient ordinairement une moyenne proportion de vapeur, c'est-à-dire la moitié de celle qui serait nécessaire pour le saturer. Eh bien, cet air, transporté brusquement à Naples, y serait sec, tandis qu'il serait humide à Saint-Pétersbourg. Généralisons cette vérité. Dans les pays chauds, l'air contient beaucoup plus de vapeur d'eau que dans les pays froids ; et, dans le même pays, l'air contient beaucoup plus de vapeur en Été qu'en Hiver. C'est à la présence de cette vapeur que l'atmosphère doit sa couleur azurée, qui repose la vue quand nous contemplons le firmament; comme aussi, pour reposer nos yeux sur l'horizon, la Providence habille de vert toutes les plantes.

L'Enfant. — La science rencontre donc partout le doigt de la Providence !

Le Grand-Papa.—Oui, mon enfant, et toujours manifesté par un bienfait. Maintenant te voilà suffisamment préparé par ces notions préliminaires, et je puis te proposer cette question : Quand l'air est saturé de vapeur, que doit-il se passer par le moindre abaissement de température ?

L'Enfant. — Je ne sais, grand-papa; mais, d'après ce que vous m'avez dit, l'air ne peut plus retenir à l'état gazeux toute la vapeur qui le sature.

Le Grand-Papa. — C'est bien. En effet, une partie de la vapeur se liquéfie en globules d'une extrême petitesse. Ces globules sont assez légers pour flotter dans l'air comme la poussière des champs; mais, comme la poussière aussi, ces globules troublent la transparence de l'air et tendent à descendre. L'ensemble de ces globules, très-distants les uns des autres, forme un nuage. Si le refroidissement n'augmente pas, et si l'air est assez calme, le nuage descend peu à peu jusqu'à la surface du sol :

c'est alors comme un véritable brouillard. Si le refroidissement augmente, les globules se réunissent en gouttes d'eau qui tombent par leur propre poids : c'est la pluie. Enfin, si le refroidissement s'exagère, tandis que le nuage est encore à une assez grande hauteur, la pluie se solidifie : c'est alors la neige, qui tombe en flocons.

L'Enfant. — Ainsi, le nuage et le brouillard ne diffèrent qu'en ce que le nuage est en haut, tandis que le brouillard est en bas.

Le Grand-Papa. — L'un et l'autre, en effet, sont un amas de globules très-petits, et tous les deux résultent d'un abaissement de température; mais le nuage se forme toujours dans les couches élevées de l'atmosphère, tandis que le brouillard, qui dérive rarement d'un nuage, se dégage plus souvent de la surface même du sol.

—

L'Enfant. — Grand-papa, j'ai suivi très-facilement les passages successifs : de la vapeur, à l'état de nuage ; du nuage, à l'état de pluie ; de la pluie, à l'état de neige. Je comprends, en effet, que par un froid progressif, la vapeur d'eau devient liquide d'abord, et puis solide. Mais je cherche d'où peut venir le froid qui surprend ainsi dans l'air cette vapeur.

Le Grand-Papa. — C'est le vent qui porte lui-même le froid, ou bien qui le détermine, selon les circonstances. Le vent porte le froid, quand il vient de traverser un horizon refroidi; le vent détermine le froid, quand il accélère l'évaporation. Le développement complet de cette question trouvera mieux sa place, plus tard, dans l'étude spéciale de l'air. Pour le moment, je ne te citerai qu'un fait qui complètera ce que j'avais à te dire du brouillard. Nous avons vu que le nuage peut former un brouillard, s'il descend peu à peu, sans se liquéfier, jusqu'à la surface du sol. Mais, t'ai-je dit, le plus souvent le brouillard se forme à cette surface elle-même, et le moindre mouvement de l'air va suffire pour le faire naître. Regardons, par exemple, ce qui se passe sur un lac, sur une rivière. La physique nous enseigne que, de deux corps donnés, celui qui s'échauffe moins vite se refroidit aussi plus lentement. Or, sous le même rayon de soleil, l'eau s'échauffe plus lentement que le sol; elle doit se refroidir aussi moins vite. Donc, au matin, lorsque le refroidissement nocturne a produit son effet, la température du lac est sensiblement plus élevée que celle du sol; par conséquent, l'air qui repose sur l'eau se charge de vapeur plus que l'air qui repose sur les bords du

lac. Mais, quand deux atmosphères à température
différente sont en présence, il y a transport de l'atmosphère froide vers l'atmosphère chaude; donc,
un petit courant aérien va s'établir de tous les bords
vers le lac et refroidir l'air qui repose sur l'eau. Cet
air, qui était saturé de vapeur, ne peut plus la conserver à l'état gazeux, c'est-à-dire invisible; la vapeur se condense donc en petits globules qui troublent la transparence de l'air et forment un brouillard plus ou moins épais, selon que l'air contenait
plus ou moins de vapeur. Le brouillard provient
aussi très-souvent du sol lui-même; il est produit
alors par la différence entre la température du sol
et celle de l'air. En effet, si le sol, assez humide,
est plus chaud que l'air, la vapeur qui s'en dégage
éprouve, en s'élevant dans l'atmosphère, un abaissement de température qui la condense aussitôt en
globules. C'est ainsi que notre haleine, saturée de
vapeur, devient visible sous forme de petit brouillard, quand elle passe de notre bouche dans un air
froid.

L'Enfant. — Cette particularité de notre haleine
est surtout remarquable en hiver. Grâce à vous,
grand-papa, je puis maintenant m'en rendre compte.

Le Grand-Papa.— Notons, enfin, que le brouil-

lard est plus fréquent en Automne que dans les autres saisons; il est rare en Hiver et surtout en Été.

L'Enfant. — Voilà deux faits que je n'ai jamais
remarqués, et qui sont encore pour moi complètement inexplicables. Et d'abord, pourquoi le brouillard est-il plus rare en Hiver et surtout en Été?

Le Grand-Papa. — Parce que la différence de
température entre le sol et l'air n'est pas alors assez
grande : en Hiver, le sol et l'air sont presque aussi
froids l'un que l'autre; en Été, ils sont presque
aussi chauds.

L'Enfant. — Mais pourquoi donc le brouillard
est-il plus fréquent en Automne qu'au Printemps?

Le Grand-Papa. — Parce que le sol est, en Automne, plus chaud qu'au Printemps; et, comme la
température de l'air est à peu près la même dans
les deux saisons, il en résulte que la différence de
température entre le sol et l'air est en Automne
plus grande qu'au Printemps.

L'Enfant. — Je ne puis m'expliquer pourquoi
le sol est plus chaud en Automne qu'au Printemps.

Le Grand-Papa. — Effectivement, il semble que
les deux saisons devraient avoir la même température moyenne, car l'obliquité des rayons et la durée
des jours se correspondent dans l'une et dans l'au-

tre. Seulement la progression est inverse, c'est-à-dire que la première période du Printemps correspond à la dernière période de l'Automne, et la première de l'Automne correspond à la dernière du Printemps. En somme, l'Automne et le Printemps reçoivent du soleil une égale quantité de chaleur, et cependant le sol est plus chaud en Automne, parce que l'Automne ajoute à sa propre chaleur la chaleur que lui lègue l'Été.

L'Enfant. — Grand-papa, je vous écoute de toute mon attention, et vous prie d'avoir la patience de développer un peu plus cette question, que je voudrais bien comprendre.

Le Grand-Papa. — Le Printemps succède à l'Hiver, tandis que l'Automne succède à l'Été. Or, l'Hiver, avec ses nuits longues, perd plus de chaleur qu'il n'en reçoit; il ne doit donc laisser au Printemps qu'un sol très-refroidi. Au contraire, l'Été, avec ses longs jours, reçoit plus de chaleur qu'il n'en perd; il doit donc laisser à l'Automne un sol plus ou moins échauffé.

L'Enfant. — Merci, grand-papa; je vois clairement que la chaleur propre de l'Automne n'est point, par elle-même, supérieure à celle du Printemps, mais que le sol est cependant plus chaud de toute la chaleur qu'il retient de l'Eté.

Le Grand-Papa.—C'est par une raison analogue que s'explique cet autre fait assez inattendu. La température la plus chaude de l'Été n'est pas dans le mois de juin, mais dans le mois de juillet, parce que juillet profite, en plus, de toute la chaleur accumulée déjà dans le sol par le mois de juin. De même, le moment le plus chaud de la journée n'est pas à midi, mais vers deux heures; parce que, vers deux heures, la température résulte et de la chaleur reçue du soleil en ce moment et de la chaleur accumulée dans le sol par les rayons d'une heure et de midi. Je pense, mon enfant, que tu m'as compris.

L'Enfant. — Comment pourrais-je ne pas vous comprendre, grand-papa ? Vous avez suivi une gradation si bien ménagée, en prenant vos deux termes de comparaison, d'abord dans deux saisons différentes, puis dans une même saison, enfin dans un seul et même jour !

Le Grand-Papa.— Je vois avec satisfaction, mon enfant, qu'il nous sera bientôt possible d'aborder des questions plus complexes.

—

L'Enfant. — Grand-papa, si ce n'était pas trop vous éloigner de votre sujet, je vous soumettrais une question qui m'embarrasse infiniment.

Le Grand-Papa. — Je t'écoute, mon enfant.

L'Enfant. — Comment se fait-il que dans l'Amérique méridionale, le Pérou, situé au Nord, ait un climat plus chaud que la Patagonie, située au Sud ?

Le Grand-Papa. — Je vois que tu attaches au mot *Nord* l'idée de *froid*, et au mot *Sud*, l'idée de *chaleur*. Je pense cependant que tu n'as pas oublié nos premières leçons de géographie.

L'Enfant. — Dans votre *Géographie élémentaire*, grand-papa, j'ai appris que l'hémisphère-nord a une température plus élevée que l'hémisphère-sud.

Le Grand-Papa. — Bien, mais donne-moi l'explication de ce fait.

L'Enfant. — J'ai appris que l'hémisphère-nord présente plus de terres et moins d'eaux que l'hémisphère-sud; d'où résulte que, dans l'hémisphère-nord, il y a plus de chaleur acquise et moins de chaleur perdue. Mais j'avoue que je n'ai pas bien retenu d'où vient qu'il y a, d'une part, plus de chaleur acquise et, d'autre part, moins de chaleur perdue.

Le Grand-Papa. — Sous le même rayon de chaleur, la terre s'échauffe plus que l'eau. C'est une expérience que tu peux faire notamment en Été. Si la main touche tour-à-tour l'eau et le quai de la

Seine, elle éprouve une plus forte impression de chaleur au contact de la pierre qu'au contact de l'eau. La température du quai est, par conséquent, plus élevée que celle du fleuve. Donc, par les terres qui prédominent dans l'hémisphère-nord, il y a plus de chaleur acquise.

L'Enfant. — Il est certain que l'hémisphère-nord, ayant plus de terre que l'hémisphère-sud, doit avoir aussi plus de chaleur acquise.

Le Grand-Papa. — De plus, l'hémisphère-nord a moins de chaleur perdue que l'hémisphère-sud, parce qu'il présente moins d'eau.

L'Enfant. — C'est plus difficile à comprendre.

Le Grand-Papa. — Non, mon enfant. La physique nous enseigne et nous prouve : 1° qu'une grande cause d'abaissement de la température, c'est l'évaporation, qui est, pour l'eau, le passage de l'état liquide à l'état gazeux ; 2° que cette évaporation est proportionnelle à la surface du liquide Or, l'hémisphère-nord, présentant une surface liquide moindre que celle de l'hémisphère-sud, éprouve une moindre évaporation et, par conséquent, une moindre déperdition de chaleur.

L'Enfant. — Je comprends parfaitement les deux conditions qui sont en faveur de l'hémisphère-nord :

il acquiert plus de chaleur et il en perd moins. Mais je ne vois pas le moyen de résoudre la question de climat entre le Pérou et la Patagonie, qui sont dans le même hémisphère-sud. Le climat du Pérou est plus chaud que celui de la Patagonie; tandis que, si je compare la Suède et l'Italie, qui sont dans l'hémisphère-nord, je trouve que le rapport est inverse : le climat de la Suède, située au nord, est moins chaud que celui de l'Italie, située au sud.

LE GRAND-PAPA. — C'est par une raison analogue que s'explique cette apparente contradiction : le Pérou et l'Italie ont un climat plus chaud, parce que le Pérou et l'Italie sont plus près de l'Équateur. La Patagonie et la Suède ont un climat moins chaud, parce que la Patagonie et la Suède sont plus loin de l'Équateur.

L'ENFANT. — Je comprends maintenant pourquoi les pays les plus chauds, dans l'hémisphère-nord, sont les pays méridionaux; tandis que, dans l'hémisphère-sud, ce sont, au contraire, les pays septentrionaux. En effet, les pays les plus voisins de l'Équateur sont, dans l'hémisphère-nord, les pays méridionaux, tandis que, dans l'hémisphère-sud, ce sont, au contraire, les pays septentrionaux; d'où je conclus qu'il est facile de répondre que, de deux pays comparés, celui qui est le plus près de l'Équateur, qu'il soit au nord ou au sud de l'autre, a le climat le plus chaud.

LE GRAND-PAPA. — Mais si l'on compare deux pays équidistants de l'Équateur, c'est celui qui est dans l'hémisphère-nord qui a toujours la température la plus élevée. Ainsi, la France et la Patagonie sont à égale distance de l'Équateur; mais le climat de la France est beaucoup plus doux que celui de la Patagonie.

L'ENFANT. — La France est plus favorisée que la Patagonie, parce qu'elle est située dans l'hémisphère-nord, tandis que la Patagonie est située dans l'hémisphère-sud.

LE GRAND-PAPA. — Mais il importe de noter que la situation d'un pays n'est pas la seule condition qui détermine le climat. D'autres circonstances y doivent concourir plus ou moins, par exemple : l'exposition, le voisinage de la mer, la présence des montagnes, la circulation atmosphérique, etc. Nous aurons fréquemment l'occasion de signaler ces diverses influences, et je te conseille de t'y préparer, en relisant, dans la *Géographie Élémentaire*, le chapitre intitulé : *Notions essentielles.*

Je n'ajoute qu'un seul mot. Dans les cartes géographiques, *Nord* signifie en haut; *Sud* signifie en bas; *Est* signifie à droite; *Ouest* signifie à gauche. On appelle hémisphère-nord celui qui, sur un planisphère, est au-dessus de l'Équateur; on appelle hémisphère-sud celui qui est au-dessous de ce grand cercle.

—

L'ENFANT. — Grand-papa, le feuillage de la forêt se dessèche, jaunit et commence à tomber. Les arbres en seront bientôt réduits à leur simple squelette.

LE GRAND-PAPA. — La feuille achève sa période annuelle. Elle persiste dans quelques plantes vivaces, mais elle n'est plus qu'un organe de protection. La plante se prépare au sommeil hibernal.

L'ENFANT. — J'ai pu mieux faire ainsi une remarque qui n'est certainement qu'une illusion.

LE GRAND-PAPA. — Quelle est cette remarque?

L'ENFANT. — Grand-papa, lorsqu'on regarde une longue allée d'arbres, on est tenté de croire que les deux files n'en sont pas parallèles.

LE GRAND-PAPA. — Mets plus de précision dans ce que tu veux me dire.

L'ENFANT. — On dirait que l'allée se rétrécit de plus en plus, de telle sorte que les derniers arbres, qui paraissent plus petits, paraissent aussi s'être rapprochés de plus en plus.

LE GRAND-PAPA. — Et pourtant, si l'on mesure la largeur de l'allée, on constate qu'elle est égale sur tous les points.

L'ENFANT. — C'est vrai, mais alors à quoi tient cette illusion ?

LE GRAND-PAPA. — Elle résulte de la loi des distances, dont je t'ai parlé plus d'une fois. Je dois donc y revenir. A mesure qu'un corps s'éloigne, son volume apparent diminue comme la distance augmente. Si la distance devient deux fois plus grande, le corps paraît deux fois plus petit ; si la distance devient trois fois plus grande, le corps paraît trois fois plus petit, et ainsi de suite.

L'ENFANT. — D'après cette loi, le volume apparent d'un corps varie en sens inverse de la distance.

LE GRAND-PAPA. — Très-bien. Or, ce que nous disons d'un corps, nous pouvons le dire de toute grandeur quelconque, par exemple, de l'intervalle qui sépare les deux rangées d'arbres d'une allée. La loi qui réduit les dimensions apparentes des derniers arbres doit réduire aussi l'intervalle apparent qui les sépare.

L'ENFANT. — De telle sorte que si les deux derniers arbres sont dix fois plus loin de nous que les deux premiers, l'intervalle qui les sépare paraîtra, comme les arbres eux-mêmes, dix fois plus petit.

Le Grand-Papa. — Passant à une considération d'un tout autre ordre, j'ajoute que le temps atténue les plus grandes douleurs, comme si l'éloignement produisait le même effet dans le monde moral que dans le monde physique.

—

L'Enfant. — Grand-papa, vous m'avez prouvé combien il importe que le sable soit insoluble dans l'eau; je désirerais bien savoir s'il importe, au contraire, que le sel y soit très-soluble.

Le Grand-Papa. — La solubilité du sel et l'insolubilité du sable sont également nécessaires, ne fût-ce que pour le bien-être de la mer. L'insolubilité du sable ne permet pas à la mer de liquéfier le lit sur lequel elle repose, et la solubilité du sel s'oppose à ce que la mer puisse se corrompre.

L'Enfant. — Je n'ai jamais eu l'idée de me demander pour quelle raison il faut que la mer soit salée, et je ne prévois pas ce qui pourrait la corrompre.

Le Grand-Papa. — La mer est le réceptacle naturel de tout ce que lui déversent les fleuves, mais surtout elle est la sépulture d'une foule innombrable d'animaux divers, depuis la baleine jusqu'à l'infusoire. Le sel est éminemment conservateur: il fait obstacle à la putréfaction de ces animaux et maintient ainsi la salubrité de la mer, sans en troubler la transparence.

L'Enfant. — Il me semble que la mer aurait pu rejeter sur le rivage les détritus et les corps morts, qui peuvent compromettre la salubrité de ses eaux; elle aurait pu s'en débarrasser aisément dans ces mouvements réguliers qu'on appelle marées.

Le Grand-Papa. — Mais ces substances putrides auraient rendu l'air délétère et, par conséquent, la terre inhabitable.

L'Enfant. — C'est juste, et je retire bien vite l'hypothèse que j'ai hasardée.

Le Grand-Papa. — De plus, la mer est le réfectoire d'un nombre indéfini d'animaux; il faut donc que ses eaux soient nutritives, et elles ne peuvent l'être qu'en tenant en dissolution des substances alimentaires, précisément celles qui proviennent des détritus apportés par les fleuves et des corps qui se décomposent au sein de ses eaux. Une huître, par exemple, ne peut se nourrir qu'en filtrant le liquide dans lequel elle est plongée.

L'Enfant. — Je reconnais une fois de plus que, dans l'économie de la nature, tout est parfait.

Le Grand-Papa. — La salure de la mer doit va-

rier selon les climats. La proportion de sel y est
plus grande dans les climats chauds. La salure est
nulle au pôle.

L'Enfant. — Dans les climats chauds la putréfaction est plus menaçante, car la chaleur accélère
la décomposition; un bouillon se conserve en hiver
et ne se conserve guère en été.

Le Grand-Papa. — La mer étant plus populeuse
dans les climats chauds, parce que les animaux
aquicoles sont, en général, des animaux à sang froid,
la mortalité doit aussi être plus grande.

L'Enfant. — Permettez-moi d'intercaler une
petite question qui m'humilie, parce que je ne puis
y répondre.

Le Grand-Papa. — Les questions de plus petite
apparence portent parfois une difficulté réelle.

L'Enfant. — Pourquoi un bouillon réchauffé
devient-il plus salé?

Le Grand-Papa. — Raisonnons. Pour que la salure augmente, il faut nécessairement ou que la
proportion du sel augmente ou que la proportion
du liquide diminue. Réfléchis un moment.

L'Enfant. — Je crois tenir à présent la solution.
Quand on fait bouillir de nouveau le bouillon, la
proportion de sel ne change pas, tandis que celle du

liquide diminue plus ou moins. Or, le sel abandonné par les molécules aqueuses qui s'évaporent, s'ajoute à celles qui restent et les rend évidemment plus salées.

LE GRAND-PAPA. — Que faut-il faire pour que le bouillon ne devienne pas plus salé ?

L'ENFANT. — Je pense qu'il suffit de compenser d'avance, par une simple addition d'eau, celle que le bouillon doit perdre par une nouvelle ébullition.

LE GRAND-PAPA. — Tu vois, mon enfant, que tu es parvenu non-seulement à comprendre l'augmentation de salure, mais encore à la prévenir.

L'ENFANT. — Je voudrais bien pouvoir aussi résoudre deux autres questions qui me paraissent plus difficiles. D'abord, je me demande comment la salure de la mer ne diminue pas de jour en jour, tandis que, depuis plusieurs siècles, on retire de ses eaux d'énormes quantités de sel.

LE GRAND-PAPA. — Je commence par te féliciter de cette remarque, et voici celle qui doit l'expliquer. La quantité de sel retirée de la mer est, en réalité, très-minime par rapport à celle que la mer tient en dissolution. Quoi qu'il en soit, le sel retiré de la mer y revient sans cesse et, par conséquent, la salure de la mer reste la même.

L'Enfant.—Comment s'effectue le retour du sel?

Le Grand-Papa.— Supposons que le sel ait servi à conserver la morue apportée, tu le sais, du banc de Terre-Neuve. Quand on veut préparer cette morue pour nos tables, on doit d'abord la dessaler en l'immergeant dans de l'eau renouvelée plusieurs fois.

L'Enfant. — Je comprends que l'immersion est un moyen commode et sûr de reprendre le sel dont on avait imprégné la morue pour l'empêcher de se corrompre; mais pourquoi faut-il renouveler l'eau qui sert à l'immersion ?

Le Grand-Papa. — Une certaine quantité d'eau ne peut pas dissoudre une proportion indéfinie de sel. Quand l'eau est saturée de sel, c'est-à-dire quand elle en a dissous la proportion qu'elle peut dissoudre, elle n'est plus apte à dessaler la morue, il faut donc substituer à l'eau qui est saturée, de l'eau qui ne le soit pas.

L'Enfant. — C'est juste.

Le Grand-Papa.— Or, que fait-on de l'eau dont on s'est servi pour dessaler la morue ?

L'Enfant. — Je pense qu'on la jette au ruisseau.

Le Grand-Papa. — Bien; mais le ruisseau s'écoule dans la rivière, qui descend dans le fleuve; et le fleuve, qui se rend dans la mer, lui restitue, avec le tribut de ses eaux, le sel que lui ont transmis successivement le ruisseau d'abord et puis la rivière.

L'Enfant. — Je n'aurais jamais imaginé cela.

Le Grand-Papa. — Prenons un autre exemple. Le sel fournit à l'industrie manufacturière un des éléments du savon; et, dans l'économie domestique, le savon sert surtout au blanchissage du linge.

L'Enfant. — Je relis souvent votre livre de l'*Histoire naturelle dans ses applications géographiques, historiques et industrielles*. J'y vois que l'élément du savon fourni par le sel est le sodium, et que le savon, ayant la propriété de rendre solubles dans l'eau les substances grasses, les détache ainsi du linge. J'y vois, de plus, que l'autre élément du sel est le chlore, qui sert aussi au blanchîment des tissus.

Le Grand-Papa.— Je pense que tu as bien distingué l'un de l'autre, le blanchissage et le blanchîment.

L'Enfant. — Le blanchissage a pour but d'enlever les malpropretés, c'est-à-dire de rendre le linge propre; le blanchîment a pour but d'enlever les matières colorantes, c'est-à-dire de rendre le tissu blanc.

Le Grand-Papa. — Eh bien, quand le sodium et

le chlore ont servi, l'un au blanchissage, l'autre au blanchîment, ils reviennent à la mer par la même voie que le sel de la morue; et, en se combinant de nouveau, ces deux éléments recomposent le sel.

L'Enfant. — Ainsi la plus humble des industries est vraiment pleine d'intérêt, quand elle est scientifiquement comprise.

Le Grand-Papa.—Si chaque artisan était instruit avec choix de ce qui le concerne spécialement, il trouverait une satisfaction réelle dans l'exercice de son métier.

L'Enfant. — Mais ce qui m'a le plus étonné dans le sel, c'est que cet assaisonnement indispensable est cependant composé de deux éléments qui, séparés, sont deux corps délétères.

Le Grand-Papa. — C'est un de ces faits nombreux que la chimie se plaît à signaler. Deux corps innocents peuvent former un corps dangereux; deux corps dangereux peuvent former un corps innocent; deux mêmes corps, par une simple différence dans leur association, peuvent composer tour-à-tour un corps innocent et un corps délétère; deux corps invisibles peuvent former un corps visible.

—

L'Enfant. — Grand-papa, vous m'aviez recom-

mandé de bien réfléchir pour résoudre la question
suivante : un mélange de sable et de sel étant donné,
comment peut-on séparer nettement ces deux corps ?
J'ai réfléchi de mon mieux et n'ai pas réussi.

LE GRAND-PAPA.— Tu pourras du moins motiver
les trois petites opérations que je vais effectuer. Je
commence par ajouter au mélange une certaine
quantité d'eau; que doit-il se passer ?

L'ENFANT. — Comme le sel est soluble et que le
sable ne l'est pas, le sel va se dissoudre dans l'eau,
tandis que le sable va se précipiter au fond du récipient dans lequel se fait l'opération.

LE GRAND-PAPA. — Je filtre ensuite le liquide,
qu'en résulte-t-il ?

L'ENFANT. — Le filtre laisse passer l'eau salée,
mais retient le sable, qui se trouve parfaitement
isolé.

LE GRAND-PAPA.— Je fais bouillir enfin l'eau salée, que vais-je obtenir ?

L'ENFANT. — L'isolement complet du sel; car,
par l'ébullition, l'eau se dégage sous forme de
vapeur. En résumé, le sable est isolé du sel et de
l'eau par le filtre, et le sel est isolé de l'eau par
l'ébullition.

LE GRAND-PAPA.— C'est par des artifices analo-

gues, par des circuits calculés, que la chimie parvient à faire l'analyse des corps les plus complexes.

—

L'Enfant. — Grand-papa, comment se fait-il
que l'eau des fleuves, provenant de la mer elle-même, ne soit pas salée ?

Le Grand-Papa.— Si tu te rappelles comment se
forment les fleuves, tu dois, avec un peu de réflexion,
comprendre pourquoi l'eau n'en est pas salée.

L'Enfant.— Voici, je crois, comment se forment
les fleuves. La Terre, étant sphérique, présente toujours au soleil la moitié de sa surface. Si la mer n'oc-
cupait qu'une petite partie de cette surface, elle ne
serait soumise que d'une manière intermittente aux
rayons du soleil; mais la mer occupe environ les
trois quarts de la surface du globe, elle doit donc,
plus ou moins, rester d'une manière continue sous
l'action de cet astre. Il en résulte qu'elle perd sans
cesse, par évaporation, une certaine quantité d'eau.
Cette vapeur, plus légère que les couches inférieures
de l'atmosphère, s'élève plus ou moins dans les couches supérieures. L'air, qui est très-mobile et toujours en mouvement, emporte cette vapeur au sommet des montagnes où le froid la transforme en
neige. Par suite du mouvement de rotation de la

Terre, le sommet des montagnes vient passer à son
tour sous l'action calorifique du soleil ; la neige est
alors liquéfiée et, par l'effet de la pesanteur, elle
descend dans le lit des cours d'eau qui alimentent
le fleuve, et le fleuve la ramène à la mer.

Je sais bien, grand-papa, que je n'ai pas reproduit la forme élégante sous laquelle votre livre des
Harmonies de la Nature décrit la naissance des
cours d'eau, mais j'espère en avoir retenu le fond.

Le Grand-Papa.— Eh bien, mon enfant, considère seulement ce qui se passe au moment où l'eau
quitte la mer par voie d'évaporation.

L'Enfant. — Oh, je comprends, grand-papa :
l'eau, par l'action de la chaleur, peut prendre l'état
gazeux, mais le sel ne le peut pas : les deux corps
se trouvent ainsi séparés ; l'eau monte dans l'atmosphère et le sel reste dans la mer.

Le Grand-Papa. — Comprends-tu maintenant
pourquoi le fleuve est inépuisable ?

L'Enfant. — Il me semble que le fleuve est inépuisable, parce qu'il est alimenté sans cesse par la
fonte des neiges ; les neiges sont continuellement
renouvelées par la vapeur d'eau que l'air dépose sans
cesse au sommet des montagnes ; l'air est continuellement chargé d'une certaine quantité de vapeur,

parce que le soleil évapore continuellement l'eau de la mer, et la mer conserve elle-même son niveau, parce que l'eau qu'elle perd par l'évaporation lui est restituée par les fleuves.

Le Grand-Papa. — Je vois que tu as gardé souvenir de nos quelques leçons de géographie raisonnée. Maintenant il s'agirait de savoir ce que devient le sel abandonné par l'eau qui s'évapore.

L'Enfant. — Je n'ai jamais vu, à la surface de la mer, le départ du sel, et je n'ai jamais songé à me demander ce qu'il devient.

Le Grand-Papa. — Je conçois que tu n'aies pas aperçu le départ du sel, car ce corps reste invisible. Mais, en y réfléchissant un peu, tu aurais compris qu'il passe immédiatement d'une goutte d'eau dans une autre.

L'Enfant. — C'est juste, grand-papa; le sel, abandonné par l'eau qui s'évapore, est immédiatement repris par l'eau que ramène le fleuve et qui doit redevenir salée pour faire, de nouveau, partie de la mer.

Le Grand-Papa. — Le mouvement superficiel de la mer favorise merveilleusement cette dissolution.

—

L'Enfant. — Grand-papa, vous m'avez dit que l'Automne est surtout l'époque de la pêche et de la chasse. Je vous avoue que je n'aime ni la pêche à la ligne, ni la chasse au fusil : l'une exige trop d'immobilité, l'autre exige trop de mouvement.

LE GRAND-PAPA.— La pêche maritime et notamment le dragage des huîtres sont d'un riche rapport.

L'ENFANT. — Grand-papa, l'Automne est, pour les gourmets, la vraie saison de l'huître. Je connais un peu ce mollusque par les intéressantes notions que m'a données votre livre de l'*Histoire naturelle dans ses applications géographiques, historiques et industrielles*, mais je craindrais bien d'échouer, s'il me fallait tirer de ces diverses notions les conséquences qu'elles doivent contenir.

LE GRAND-PAPA. — Essayons, mon enfant. Dès que la jeune huître est détachée de sa mère, elle se fixe au rocher où la porte la vague et, désormais, elle n'a plus d'autre mouvement que celui d'ouvrir et de fermer sa coquille. Elle l'ouvre pour se nourrir et la ferme pour s'abriter. La valve supérieure de cette coquille joue sur la valve inférieure comme le couvercle d'une boîte sur sa charnière. Or, quelle est la conséquence qui résulte pour elle d'une motilité si restreinte.

L'ENFANT. — D'après ce que vous m'avez enseigné, je crois pouvoir en conclure que, dans l'huître, la sensibilité doit être aussi très-réduite.

Le Grand-Papa. — Pourquoi peux-tu tirer avec certitude cette conséquence ?

L'Enfant. — Parce que, dans tout animal, les deux facultés qui le distinguent de la plante, c'est-à-dire la sensibilité et la motilité, sont toujours dans un parfait rapport.

Le Grand-Papa. — En effet, leur développement est toujours parallèle. Mais pourquoi disons-nous *motilité* et non *mobilité ?*

L'Enfant. — La motilité est la faculté de se donner le mouvement et n'appartient qu'à l'animal ; la mobilité est la propriété de recevoir le mouvement, propriété qui est commune à tous les corps, même inorganiques.

Le Grand-Papa. — Tu sais que ces deux facultés animales sont servies par des organes spéciaux.

L'Enfant. — Vous m'avez enseigné que les organes qui sont au service de la sensibilité ont le nom d'organes des sens, et que les organes qui sont au service de la motilité sont appelés organes du mouvement.

Le Grand-Papa. — Tu sais que tous ces organes sont animés par des nerfs, mais que les nerfs de la

sensibilité sont complètement distincts des nerfs de
la motilité.

L'Enfant. — Votre *Histoire naturelle des animaux supérieurs* m'a fourni sur ce point important
les explications les plus complètes.

Le Grand-Papa. — Ces connaissances acquises
vont nous être nécessaires dans la question qui nous
occupe. Et d'abord, puisque l'huître est privée de
toute locomotion volontaire, attribut éminent de la
motilité, elle doit être aussi privée de tous les sens
supérieurs : de l'ouïe, de la vue et même de l'odorat; elle doit avoir le goût peu développé; le toucher est donc le seul sens qu'elle possède incontes-
tablement bien.

L'Enfant. — L'huître est, je le vois, un animal
assez imparfait.

Le Grand-Papa.— L'huître est un animal parfait, mais inférieur. Ses organes des sens sont parfaitement assortis à ses conditions d'existence; seulement, ses conditions d'existence sont d'un ordre
inférieur. Sa sensibilité est restreinte d'une manière
correspondante à sa motilité.

L'Enfant. — Je ne pourrais pas prouver que les
organes de l'huître sont assortis à ses conditions
d'existence.

Le Grand-Papa. — Discutons le fait. Le sens de l'ouïe et le sens de la vue ne lui sont pas nécessaires, pas plus pour lui signaler sa nourriture que pour l'avertir du danger : le goût lui suffit dans le premier cas, et, dans le second cas, le toucher. L'huître n'a même pas besoin d'être bien douée sous le rapport du goût. En effet, elle n'a pas à choisir, pas plus qu'à chercher sa nourriture, puisqu'elle y est continuellement plongée. L'huître filtre les eaux de la mer qu'elle habite, pour en retirer la substance alimentaire qui s'y trouve en dissolution. Quant au danger, les mouvements particuliers de l'eau qui la choquent annoncent à l'huître l'approche de l'ennemi. Aussi le sens du toucher est-il ici notablement développé.

Quant à l'odorat, tu dois savoir pourquoi ce sens lui serait tout-à-fait inutile.

L'Enfant. — Je crois me rappeler que non-seulement les substances odorantes ne sont pas percevables dans l'eau, mais encore que, dissoutes dans l'eau, elles irritent la membrane nasale.

Le Grand-Papa.— Effectivement, les odeurs ne sont percevables que dans l'air.

L'Enfant. — Je ne puis pas concilier l'idée de perfection avec l'idée d'infériorité.

Le Grand-Papa. — Eh bien, prenons un exemple dans le monde industriel. Le chef-d'œuvre du lampiste est très-inférieur au chef-d'œuvre de l'horloger.

L'Enfant.—Assurément, car la fabrication d'une horloge exige des combinaisons plus complexes que la fabrication d'une lampe.

Le Grand-Papa. — Très-bien. Mais la lampe n'en est pas moins, dans son genre, un produit parfait, si elle répond à tout ce qu'exige l'effet utile de la lumière; comme l'horloge est un produit parfait, si elle répond à tout ce qu'exige la mesure exacte du temps.

De même, dans la nature, l'infériorité d'un animal, comme aussi l'infériorité d'un organe, n'en exclut pas la perfection. Ainsi le sens de l'odorat, quoique bien inférieur au sens de la vue, est cependant parfait, car le nerf olfactif est aussi admirablement approprié aux émanations odorantes, que le nerf optique aux vibrations lumineuses. Mais ce qui frappe d'infériorité l'odorat, c'est que le domaine de la vue est beaucoup plus étendu, beaucoup plus varié. L'odorat ne s'exerce qu'à petite distance, la vue atteint jusqu'aux étoiles; et puis les impressions que nous percevons par la vue sont plus nombreuses et plus élevées que celles que nous percevons par l'odorat.

L'Enfant. — Cependant, grand-papa, les odeurs sont bien nombreuses.

Le Grand-Papa. — Soit. Mais, par la vue, nous recevons l'impression de la lumière, ce qui en fait un sens éminemment intellectuel; par la vue, nous avons les innombrables sensations des couleurs, des formes, des volumes, des distances.

—

L'Enfant. — Grand-papa, l'huître est-elle un aliment hygiénique?

Le Grand-Papa. — L'huître est un aliment savoureux et délicat, quand elle est jeune; mais, pour qu'elle soit hygiénique, il faut surtout qu'elle soit fraîche.

L'Enfant. — A quoi peut-on reconnaître qu'elle est jeune?

Le Grand-Papa. — L'âge de l'huître est inscrit, pour ainsi dire, sur sa coquille. En effet, à mesure que l'huître grandit, elle en augmente les dimensions par une nouvelle zone concentrique qu'elle y ajoute tous les ans. Chacune de ces zones marque ainsi l'accroissement successif qu'a dû prendre la coquille pour contenir le corps de l'animal. Les huîtres qui présentent le plus de zones annuelles sont, par conséquent, les plus âgées.

L'Enfant. — Je vois qu'il est facile d'assigner l'âge de l'huître. Mais comment peut-on constater que l'huître est fraîche?

Le Grand-Papa. — On reconnaît qu'elle est fraîche à la consistance de la nacre qui forme les parois intérieures de la coquille.

Suis bien mon explication. L'huître, dès qu'elle est retirée de l'eau, s'altère et ne tarde pas à se décomposer; or, dans cette réaction, il se forme un acide gazeux, qui est un des poisons les plus violents.

L'Enfant. — Comment s'appelle cet acide?

Le Grand-Papa. — On l'appelle acide sulfhydrique, parce qu'il est composé de soufre et d'hydrogène. Dissous dans l'eau même dont l'huître est imbibée, il désagrége la nacre, descend à la partie la plus déclive de la valve inférieure et s'y tient dissimulé, tant que persiste une pellicule de nacre suffisante pour l'emprisonner. Mais si, par une simple pression, on vient à rompre cette pellicule, l'acide sulfhydrique trahit aussitôt sa présence par son odeur excessivement fétide.

L'Enfant. — En ouvrant la coquille, on doit rompre nécessairement cette pellicule de nacre.

Le Grand-Papa. — Il est des écaillères qui sont assez adroites pour détacher l'huître sans exercer sur cette couche de nacre la moindre pression. L'huître peut alors être mangée sans qu'on s'aperçoive qu'elle est en voie de putréfaction.

L'Enfant. — Mais, alors, elle n'est plus comestible ?

Le Grand-Papa. — Elle est très-indigeste, pour peu qu'elle contienne des traces d'acide sulfhydrique ; elle peut déterminer la mort, si la proportion de cet acide est notable.

L'Enfant. — Si j'ai bien compris, on constate que l'huître est fraîche ou gâtée, en exerçant une pression sur la nacre qui tapisse le fond de la valve inférieure. Si la nacre résiste, c'est une preuve qu'elle est intacte, et que, par conséquent, l'huître est fraîche. Si la nacre cède sous la moindre pression, c'est une preuve qu'elle a été plus ou moins désagrégée par l'acide vénéneux et que, par conséquent, l'huître est plus ou moins putréfiée, quoiqu'elle paraisse encore saine.

Le Grand-Papa.— C'est bien. Il importe surtout de ne pas manger une seule huître plus ou moins gâtée. Dans le cas de simple indisposition ou de véritable empoisonnement, on doit employer comme contre-poison, de l'eau chlorée, c'est-à-dire de l'eau tenant du chlore en dissolution.

L'Enfant. — Comment agit ici le chlore ?

Le Grand-Papa. — Le chlore, par son extrême affinité pour l'hydrogène, s'empare de ce corps et décompose ainsi l'acide sulfhydrique.

—

L'Enfant. — Grand-papa, permettez-moi de faire sur l'huître une remarque. D'abord sa coquille est très-raboteuse, et puis l'inégalité des deux valves lui donne une forme qui contraste singulièrement avec celle de mille autres élégants coquillages.

Le Grand-Papa. — Il est effectivement des milliers de jolis mollusques qui voguent gracieusement dans leur coquille en forme de nacelle. Mais l'huître est rivée à la roche qu'elle ne peut quitter et avec laquelle elle a intérêt, pour n'être pas vue, de se confondre en quelque sorte par la surface rugueuse et sombre de sa coquille.

L'Enfant. — Je reconnais que, pour un animal qui ne peut fuir, se dérober à la vue est une espèce de sauvegarde.

Le Grand-Papa. — Mais il est une autre remarque que tu as faite peut-être, car elle est très-importante.

L'Enfant. — Hélas! grand-papa, vous savez déjà que les points les plus importants sont presque toujours ceux que je remarque le moins.

Le Grand-Papa. — Je me plais, au contraire, à reconnaître que ce qui t'arrivait autrefois souvent ne t'arrive plus aujourd'hui que rarement. Réfléchis. La coquille de l'huître a deux valves, qui se ferment par la contraction d'un muscle. Que fait-on pour l'ouvrir?

L'Enfant. — On introduit avec effort une lame de couteau, qui sert d'abord de levier pour séparer les deux valves, et qui sert ensuite d'instrument tranchant pour couper le muscle.

Le Grand-Papa.— Eh bien, cette façon d'opérer à l'aide d'un levier métallique et tranchant, exprime qu'il faut vaincre une résistance énergique.

L'Enfant. — C'est évident, grand-papa; et cette résistance énergique de la part d'un animal si mou, est un fait qui aurait dû me saisir d'étonnement.

Le Grand-Papa.— Ce fait s'accomplit, mille fois, sans qu'on y prenne garde. Il semble vraiment que l'habitude de voir des prodiges nous fasse perdre la faculté d'admirer.

L'Enfant. — Il est deux questions que m'a suggérées la lecture du chapitre que vous avez consacré à ce mollusque dans votre *Histoire naturelle appliquée à l'industrie.*

LE GRAND-PAPA. — Quelles sont ces deux questions ?

L'ENFANT. — Pourquoi la nacre de nos huîtres d'Europe n'est-elle pas utilisée comme celle des huîtres du golfe Persique et de Ceylan ?

LE GRAND-PAPA. — Parce qu'elle n'a pas une suffisante épaisseur; on n'en peut guère confectionner que de petits boutons de qualité inférieure. C'est aussi la minceur de la matière nacrée qui ne permet pas d'utiliser les petites perles de nos huîtres.

L'ENFANT. — Quelle est donc l'espèce d'huître qui produit ces perles énormes, plus volumineuses que des billes de billard ?

LE GRAND-PAPA. — Ces perles ne proviennent pas d'une huître, elles sont un produit industriel. On les obtient en dissolvant, dans un liquide appelé ammoniaque, les écailles nacrées d'un poisson qui porte le nom d'able ou d'ablette. Avec un petit pinceau l'on applique une couche de cette dissolution sur une boule légère, par exemple, sur une bulle de verre soufflé. L'ammoniaque, qui est très-volatil, se dissipe assez vite et laisse la nacre à la surface de la bulle de verre. L'ablette est un petit poisson très-voisin du goujon et très-commun, ainsi que lui, dans les eaux de la Seine. C'est en partie à cette circonstance que Paris doit le monopole de la fabrication des perles artificielles.

—

L'Enfant. — Grand-papa, je désirerais bien savoir ce que vous pensez de l'huître verte, sous le rapport alimentaire ?

Le Grand-Papa. — L'huître verte, qu'on devrait appeler bien plutôt huître verdie, doit sa couleur à des moisissures qui l'ont envahie plus ou moins. Or, l'hygiène prescrit de s'abstenir de tout aliment moisi, que cet aliment soit du pain, du fromage, des confitures, etc.

L'Enfant. — L'huître verte n'est donc pas un produit naturel ?

Le Grand-Papa. — C'est une huître ordinaire qu'on a modifiée, en la transportant de l'eau tonique de la mer dans une eau moins salée qui débilite ce mollusque indolent. Aussitôt des myriades de champignons microscopiques s'y développent en parasites et lui communiquent, avec leur couleur verte, une saveur particulière. Personne n'a sérieusement étudié l'action de ces microphytes sur l'organisme; mais, leur action fût-elle plus ou moins nuisible, certains gourmets, peut-être, n'en persisteraient pas moins dans leur préférence pour l'huître verte.

L'Enfant. — Je ne concevrais pas qu'averti par les accidents, on ne renonçât pas à faire usage de la substance qui les aurait déterminés.

Le Grand-Papa. — Hélas! mon enfant, malgré l'opinion unanime des médecins, on abuse encore de l'absinthe, par exemple, et d'autres liqueurs alcooliques qui produisent cette maladie toute moderne, cette démence déplorable qu'on appelle alcoolisme!

Mais, pour revenir à notre sujet, je dois te signaler un fait qui concerne l'huître ordinaire elle-même. Ce fait prouve qu'on ne peut affirmer l'innocuité d'une substance, par cela seul qu'on n'en connaît encore aucune fâcheuse propriété.

L'Enfant. — Quel est ce fait, grand-papa?

Le Grand-Papa. — C'est la récente découverte que nous devons à l'Institut de Christiania.

L'Enfant. — Christiania, la capitale de la Norwége?

Le Grand-Papa. — Oui, mon enfant. Dans ces contrées pauvres, pour lesquelles la pêche maritime est presque l'unique ressource alimentaire, l'huître est un aliment quotidien, à l'usage de toutes les classes sociales. Or, à la suite de plusieurs décès subits et mystérieux, une enquête accomplie sous

les auspices des membres les plus instruits de la faculté de médecine, a parfaitement établi que ces décès étonnants avaient pour cause une maladie inconnue, épidémique, qui affecte ce mollusque et rend
sa chair vénéneuse. L'huître devient ainsi un poison
des plus actifs et des plus meurtriers. Cette maladie, savamment décrite dans le rapport de l'Institut norwégien, est appelée phthisie pestilentielle de
l'huître.

L'Enfant. — Certes, grand-papa, vous aviez bien
raison d'attacher à cette découverte une extrême
gravité.

Le Grand-Papa.—Ce qui surprend ici la science,
c'est l'exemple d'une épidémie sous-marine, signalée
comme des plus redoutables et des plus contagieuses.

—

L'Enfant. — Grand-papa, l'ablette, avec ses
écailles nacrées, doit être un brillant petit poisson.

Le Grand-Papa.—L'ablette appartient à la même
famille que le cyprin, joli poisson à écailles d'or
carminé, qu'on voit souvent nager dans un bocal
chez les marchands de verroterie.

L'Enfant. — Tout en admirant les reflets du
cyprin, j'ai remarqué deux faits bien singuliers.
D'abord, il boit toujours et ne mange jamais.

Le Grand-Papa. — Pour être dans le vrai, tu devrais dire, au contraire, qu'il ne boit jamais et qu'il mange presque continuellement.

L'Enfant. — Vous voyez, grand-papa, que je ne me trompe pas à demi.

Le Grand-Papa. — Tu te laisses tromper par les apparences.

L'Enfant. — Il est certain, pourtant, qu'il aspire sans cesse de l'eau dans sa bouche béante.

Le Grand-Papa. — Oui; mais il ne l'avale point. L'eau sort par les poumons. Les poissons ne peuvent pas plus avaler de l'eau que nous ne pouvons avaler de l'air. Quand la bouche s'ouvre, l'opercule écailleux qui couvre chacun des deux poumons se ferme, au contraire; et, quand la bouche se ferme, l'opercule s'ouvre à son tour. Ces poumons sont bien différents de ceux des animaux aériens. Le vulgaire les appelle ouïes, parce qu'ils semblent occuper la place des oreilles.

L'Enfant. — Je comprends que les poissons n'aient pas besoin de boire, parce que leur aliment est plus ou moins humecté.

Le Grand-Papa. — De plus, les poissons ne transpirent pas, et cette circonstance concourt à les dispenser de boire.

L'Enfant. — C'est juste. Nous sommes, nous, obligés de boire pour suffire aux dépenses nécessaires de la transpiration; et, quand cette transpiration, par son abondance, passe à l'état de sueur, la soif devient en nous plus intense, c'est ce qui se réalise surtout en été.

Le Grand-Papa. — Je vois, mon enfant, que tu n'as pas oublié nos précédentes leçons.

L'Enfant. — Mais je ne m'explique pas pourquoi, chez les poissons, l'eau ne fait que pénétrer seulement dans la bouche pour sortir aussitôt par les poumons.

Le Grand-Papa. — Le poisson est constitué pour la vie aquatique et diffère, par conséquent, de l'animal établi pour la vie aérienne. L'eau ne lui sert pas seulement d'habitacle; elle est aussi le véhicule et de la substance dont il doit se nourrir et de l'air qu'il doit respirer. Or, en pénétrant dans la bouche, elle y porte l'aliment, et, en passant par les poumons, elle y porte l'air.

L'Enfant. — Il me reste une difficulté. Le cyprin vit parfaitement dans l'eau du bocal, sans qu'on lui donne la moindre nourriture.

Le Grand-Papa. — Son aliment lui arrive en suffisance et comme une manne invisible.

L'Enfant. — Je ne puis m'imaginer comment s'effectue ce phénomène.

Le Grand-Papa.— Reprenons quelques souvenirs. Quand un appartement reste inoccupé durant quelques jours, quel est l'aspect que présentent les meubles ?

L'Enfant. — Ils sont couverts de poussière que l'air tranquille y dépose.

Le Grand-Papa. — De quoi se compose cette poussière, qui devient visible sur les meubles parce qu'elle s'y est accumulée?

L'Enfant. — Cette poussière, vous me l'avez dit, est un mélange très-complexe de corps microscopiques. Il y a des corpuscules minéraux, des microphytes et des microzoaires.

Le Grand-Papa.— Cette poussière qui tombe sur les meubles ne doit-elle pas tomber aussi plus ou moins dans l'eau du bocal, et les substances animales qu'elle y apporte ne suffisent-elles pas pour nourrir le cyprin, dont le repas est, il est vrai, peu substantiel, mais dure, pour ainsi dire, tout le jour.

L'Enfant. — Je comprends, grand-papa, que le cyprin puisse, comme l'huître, se nourrir des substances dissoutes dans l'eau, et je conçois de plus l'apparente gloutonnerie de ce petit poisson.

Le second fait bien singulier qui m'étonne chez le cyprin, c'est qu'il change de volume à mesure qu'il se déplace dans le bocal.

Le Grand-Papa. — Ce changement dans le volume apparent du cyprin tient à la forme bombée du bocal, qui lui fait jouer le rôle de loupe.

L'Enfant. — Je me rappelle que, dernièrement, voulant me faire mieux voir le merveilleux réseau de l'aile d'une libellule, vous l'avez amplifié notablement par un moyen bien simple. Il vous a suffi d'interposer entre mon œil et l'insecte une petite bulle de verre emplie d'eau, mais je n'en ai pas deviné l'explication.

Le Grand-Papa. — Nous expliquerons ce phénomène, quand nous étudierons les lois de l'optique. Aujourd'hui notons seulement qu'un objet quelconque éprouverait dans le bocal, comme le cyprin, les mêmes variations de volume.

—

L'Enfant. — Grand-papa, j'admire les effets de la machine à vapeur ; mais je voudrais bien savoir de quoi dépend sa puissance, car vous m'avez appris que la matière est inerte et ne peut donc produire par elle-même le moindre mouvement.

Le Grand-Papa.—Non-seulement une machine ne

peut produire par elle-même le moindre mouvement; mais la meilleure machine, en quelque genre que ce soit, est celle qui perd le moins de la force qu'on lui confie. La puissance de la machine à vapeur dépend de la tension (expansion, ressort) de la vapeur, et la vapeur doit toute sa tension à la chaleur qui l'anime, et cette chaleur, force mystérieuse, est proportionnelle au combustible brûlé. Ce qu'on peut résumer ainsi : la puissance de la machine à vapeur est proportionnelle à son alimentation.

L'Enfant. — Si j'ai bien compris, je pourrais raisonner ainsi : la puissance de la machine à vapeur est proportionnelle à la tension de la vapeur, la tension de la vapeur est proportionnelle à la chaleur produite, la chaleur produite est proportionnelle au charbon brûlé, donc la puissance de la machine à vapeur est proportionnelle au charbon qu'elle consomme.

Le Grand-Papa. — Ton argument, qu'en logique on appelle sorite, est irréprochable. Ce qui va te paraître étrange, c'est que, par analogie complète, la force d'un animal est également proportionnelle au charbon qu'il consomme. Ainsi la machine à vapeur a plus de force que le cheval, parce qu'elle consomme plus de charbon.

L'Enfant. — Grand-papa, la machine consomme réellement du charbon, mais le cheval ne mange que du foin.

Le Grand-Papa. — L'herbe n'alimente le cheval que parce qu'elle contient du charbon. Dans le foin que mange le cheval, le charbon ne s'y trouve pas condensé, comme il l'est dans la houille qui alimente la machine à vapeur. De plus, le cheval ne peut pas évidemment s'alimenter d'une manière continue comme la machine à vapeur; la digestion exige qu'il mette un certain intervalle entre ses repas. La machine, au contraire, peut consommer le combustible sans la moindre intermittence. On active d'autant plus son action qu'on lui fournit plus de houille; mais elle ne produirait plus de travail, s'il y avait un point d'arrêt dans son alimentation. Tu dois saisir les deux circonstances qui font que la machine consomme en vingt-quatre heures, par exemple, plus de charbon que le cheval et doit, par conséquent, avoir plus de force.

L'Enfant. — Voici, je crois, quelles sont les deux circonstances : 1° L'aliment de la machine est plus riche en charbon; 2° l'alimentation de la machine dure, sans interruption, vingt-quatre heures par jour.

Le Grand-Papa.— Le charbon est l'élément fondamental de tout aliment pour l'homme lui-même.

L'Enfant. — Pour l'homme lui-même !

Le Grand-Papa. — Quand nous mangeons une tranche de bœuf, nous mangeons le charbon que ce ruminant a retiré du fourrage qu'il a consommé. Nous ne pouvons prendre directement le charbon dans le monde minéral, pour nous l'assimiler, c'est-à-dire pour le transformer en notre propre substance; nous devons le retirer d'un être organisé, animal ou plante. Ainsi, quand nous mangeons une pomme de terre, le charbon nous est fourni par une plante; quand nous mangeons une tranche de bœuf, le charbon passe d'abord de l'herbe dans le bœuf; et puis, du bœuf dans nos organes.

L'Enfant. — J'avoue que je n'aurais jamais supposé que je mange du charbon, quand je mange une aile de volaille.

Le Grand-Papa.—Mais, réponds-moi? Qu'arrive-t-il à la volaille mise à la broche, si elle reste trop longtemps sous l'action d'un feu très-ardent ?

L'Enfant. — Elle devient toute noire, elle est toute brûlée.

Le Grand-Papa. — Elle est carbonisée, c'est-à-dire que le charbon qui en constitue la plus grande part, est mis à nu par l'excès de la chaleur. Mais il n'est pas exact de dire qu'elle est brûlée, car elle n'est même pas en ignition.

L'Enfant. — Maintenant je me rends compte de ce qui se passe, quand on laisse trop longtemps soumise au feu une rôtie de pain. La rôtie devient toute noire, parce que la chaleur excessive y met à nu le charbon, en dissipant les autres substances et notamment l'eau, qui est un des principes constituants du pain.

Le Grand-Papa. — Puisque l'occasion se présente, je dois relever une expression trop souvent employée. On dit souvent qu'il faut brûler le café pour en faire une infusion. Il est évident qu'il ne faut que le faire griller, le torréfier. Si l'on pousse trop loin l'action de la chaleur, on carbonise le café, on le réduit à l'état de charbon, et l'on dissipe dans l'air l'huile parfumée qui devait être infusée dans l'eau. L'infusion perd ainsi sous le double rapport de la délicatesse et de l'économie.

L'Enfant. — Je n'ai pas oublié les détails que donne à ce sujet votre *Histoire naturelle dans ses applications géographiques, historiques et industrielles.*

Le Grand-Papa. — Double erreur fort étrange !

on s'imagine souvent que le café est plus savoureux quand il est noir, comme on s'imagine que le pain de gruau est le meilleur, parce qu'il est le plus blanc.

—

L'Enfant. — Grand-papa, le chemin de fer est un moyen de transport bien précieux pour les personnes et pour les marchandises.

Le Grand-Papa. — Le chemin de fer porte un nom qui n'en exprime pas la vraie nature. S'il nous donne un des principaux instruments de transport, ce n'est point parce que les wagons s'y meuvent sur des bandes de fer. La grande utilité qui le distingue résulte essentiellement de ce qu'il a, pour force motrice, la vapeur. Il importe seulement d'ajouter que les bandes de fer sont éminemment propres à supporter le frottement des trains.

L'Enfant. — Pourquoi le fer est-il préféré pour la confection des rails ?

Le Grand-Papa. — Pour deux raisons : le fer est très-dur et n'est pas d'un prix très-élevé. Si l'on essayait de lui substituer le cuivre, le rail coûterait beaucoup plus cher et durerait beaucoup moins.

L'Enfant. — Je ne vous demanderai certes pas de m'expliquer le mécanisme de la machine à vapeur. Je sens qu'il me faudrait des notions de physique que je n'ai pas encore. Mais, si vous croyez que la question ne soit pas trop difficile pour moi, je serai bien satisfait de savoir : 1° pourquoi la machine à vapeur employée sur les chemins de fer s'appelle *locomotive;* 2° ce que signifie l'expression *cheval-vapeur.*

Le Grand-Papa.—La machine des chemins de fer, si majestueuse avec son panache de fumée, est appelée locomotive, parce qu'elle se meut avec le train qu'elle met en mouvement. C'est une machine ambulante, tandis que, dans les usines, il est des machines sédentaires qui travaillent sans se déplacer. Quant à l'expression cheval-vapeur, elle signifie, dans le langage industriel, force égale à trois chevaux de trait. Or, le cheval de trait représente lui-même la force moyenne de sept hommes de peine; donc, le cheval-vapeur égale, pour l'effet, 21 hommes de peine.

L'Enfant. — C'est juste, car $3 \times 7 = 21$.

Le Grand-Papa.— Si la France utilise 1.800.000 chevaux-vapeur, le travail de cette vapeur équivaut à celui qu'effectueraient 37.800.000 hommes de peine travaillant, jour et nuit, sans discontinuité.

—

L'Enfant. — Grand-Papa, à mesure que je profite de vos leçons, je sens surgir dans mon esprit

une foule de questions auxquelles, sans vous, je
n'aurais certainement pas songé.

Le Grand-Papa.— C'est naturel, mon enfant. A
mesure que la lumière se fait dans notre intelligence,
nous sommes frappés d'une multitude de faits que
nous n'avions pas d'abord remarqués. C'est ainsi
que notre vue, à mesure que le jour augmente,
distingue mille objets qu'elle n'avait pas d'abord
aperçus.

L'Enfant. — Combien de fois la grenaille de
plomb, et notamment cette fine cendrée qui sert à
la chasse du mûrier, de l'ortolan, n'aurait-elle pas
dû me suggérer l'idée de savoir comment on fabrique ce petit produit. Cette question me vient aujour-
d'hui, et je m'empresse de vous la soumettre, car
je suis honteux de ne pouvoir la résoudre.

Le Grand-Papa. — Cette question est plus intéressante qu'on ne le suppose en général. Je vais te
donner les détails de l'opération, en te laissant le
soin d'en faire l'analyse raisonnée. Tes connaissances acquises doivent ici te suffire.

L'Enfant. — Hélas! je crains bien d'éprouver
tout à la fois les défaillances de la mémoire et du
raisonnement.

Le Grand-Papa. — Tu sais que le plomb est un

métal très-fusible. A la faveur de cette propriété, on peut aisément le débiter en petites sphères. La fabrique doit être sur un point très-élevé. Le plomb fondu est versé sur une plaque criblée d'orifices, dont le diamètre varie selon le volume, plus ou moins réduit, que doit avoir la grenaille. Le plomb, s'il était pur, passerait sans solution de continuité à travers les orifices de la plaque, c'est-à-dire sous la forme de vermicelle ; mais il est allié à une petite proportion d'arsenic. Ce métal lui donne la propriété de se diviser en gouttelettes à son passage par les orifices de la plaque ; et, comme l'alliage du plomb et de l'arsenic est liquide, il prend la forme sphérique et la conserve par le refroidissement. Or, discutons les détails de l'opération. Pourquoi fait-on fondre le plomb ?

L'Enfant. — Je pense que c'est pour lui faire prendre aisément le diamètre des orifices sur lesquels il se moule en passant.

Le Grand-Papa. — Pourquoi la plaque qui porte les orifices doit-elle être sur un point très-élevé ?

L'Enfant. — J'en cherche, mais en vain, le motif.

Le Grand-Papa. — Comment les gouttelettes qui constituent la grenaille peuvent-elles conserver leur forme sphérique ?

L'Enfant. — En se solidifiant, c'est-à-dire en perdant la chaleur qui les avait liquéfiées.

Le Grand-Papa.—Eh bien, il faut que le refroidissement s'opère sans que la grenaille encore liquide se heurte contre un corps solide, car elle en serait plus ou moins déformée. C'est pour ce motif qu'on la fait tomber de très-haut, afin que, dans ce trajet aérien, elle ait le temps de se refroidir suffisamment. Mais, par la vitesse acquise dans sa chute, la grenaille, qui tombe comme une grêle rapide, serait nécessairement aplatie par le choc sur le récipient qui doit la recevoir. Comment pourvoir à cette difficulté ?

L'Enfant. — Je n'en vois aucun moyen.

Le Grand-Papa. — La grenaille est reçue dans une nappe d'eau.

L'Enfant. — Ah ! je comprends que la grenaille doit être ralentie dans sa chute, parce que les couches de l'eau ne se laissent pas traverser aussi facilement que celles de l'air.

Le Grand-Papa.—De plus, par son action refroidissante, l'eau solidifie plus complètement la grenaille.

L'Enfant. — Elle concourt ainsi à lui conserver sa forme.

Le Grand-Papa. — La grenaille se dépose donc doucement avec sa forme sphérique. Seulement, pour en lisser la surface, on la fait rouler vivement sur elle-même dans un sac. Le frottement supprime les petites aspérités qui ont pu s'y produire.

L'Enfant. — Que de particularités intéressantes offrent ainsi les industries les plus modestes !

Le Grand-Papa. — Quant aux balles qui servent de projectile pour les armes à feu, on les coule dans un moule assorti. Le plomb est très-propre à faire des projectiles, parce qu'il réunit trois conditions nécessaires : il est assez lourd, il se façonne aisément et n'est pas d'un prix trop élevé.

L'Enfant. — Je comprends que des balles d'or ou d'argent seraient trop dispendieuses, et que la fusibilité du plomb en rend le travail plus facile. Mais je ne comprends pas pourquoi le projectile doit être assez lourd.

Le Grand-Papa. — Le projectile doit vaincre la résistance de l'air. S'il était lui-même très-léger, la résistance de l'air serait plus grande que la force de projection. Essaie, par exemple, de jeter au loin un peu de duvet, tu n'y pourras point parvenir.

L'Enfant. — C'est juste ; je ne puis même pas lancer à un mètre de distance cette feuille de papier.

Le Grand-Papa. — Mais tu vas le pouvoir, si, la roulant fortement entre tes doigts, tu la condenses en petite boule.

L'Enfant. — C'est vrai; cependant je n'ai pas donné plus de poids au fragment de papier.

Le Grand-Papa. — Non; mais, en diminuant son volume, tu as diminué la résistance de l'air, qui n'a de prise alors que sur une très-petite surface.

L'Enfant. — Je ne m'attendais pas à trouver dans l'arsenic une utilité industrielle. C'est un métal qui ne m'était connu que par ce poison appelé mort-aux-rats.

Le Grand-Papa. — L'arsenic, comme le plomb, n'est pas dangereux, lorsqu'il est pur. Mais ces deux métaux s'altèrent aisément et deviennent très-vénéneux. Il est important d'en être averti, car on se sert souvent de la grenaille pour rincer les bouteilles.

L'Enfant. — Quel avantage offre-t-il dans cet emploi ?

Le Grand-Papa. — Quand on l'agite dans une bouteille, il en frotte les parois; par l'effet de son poids, il y exerce même une certaine pression et en détache ainsi les dépôts qui s'y sont incrustés; mais il faut avoir soin de ne pas laisser de la grenaille dans la bouteille, parce que la dissolution de l'arsenic et du plomb dans le vin le rendrait très-délétère. Le danger serait encore plus grand, si le vin devait rester longtemps en bouteille, parce que les deux métaux vénéneux seraient alors dissous en plus grande proportion.

—

L'Enfant. — Grand-papa, vous m'avez appris que les poussières organiques qui flottent dans l'air, sans en troubler toutefois la transparence, sont remarquables : 1º par leur puissance végétative ou par leur vitalité ; 2º par leur rôle dans l'économie de la Nature. Je désirerais bien pouvoir ajouter ici quelques preuves à celles que vous m'avez déjà données.

Le Grand-Papa. — Ne prenons aujourd'hui pour exemple que les microphytes ou poussières végétales. Dans les eaux thermales d'Olette (Pyrénées-Orientales), qui ont une température de 78º, il se développe une foule de champignons microscopiques, parés de diverses couleurs : jaune, rouge, bleue.

L'Enfant. — Je ne conçois pas comment ces champignons peuvent résister à une telle température.

Le Grand-Papa. — C'est un fait physiologique des plus étonnants. D'autres champignons végètent parfaitement dans les fosses des cérusiers, c'est-à-dire des fabricants de céruse; et certes, pour le physiologiste, c'est un fait tout aussi extraordinaire que le précédent.

L'Enfant. — En effet, vous m'avez appris que la céruse est un composé de plomb très-vénéneux.

Le Grand-Papa. — Toute autre plante serait empoisonnée par cette substance, si dangereuse dans sa préparation comme dans son emploi.

L'Enfant. — Pourquoi donc ne pas s'abstenir complètement de ce corps ?

Le Grand-Papa. — C'est que la céruse fournit à la peinture la plus belle couleur blanche. Le peintre en bâtiment trouve qu'elle blanchit les plafonds plus vite et mieux que les autres couleurs blanches. Comme il l'emploie à plus forte dose que ne le fait l'artiste en tableaux, il l'absorbe par les voies respiratoires et par les pores de la peau; le toxique, c'est-à-dire le poison, s'accumule ainsi peu à peu dans ses organes, surtout dans le foie, et, un jour enfin, l'effet éclate soudain comme la foudre: l'ouvrier succombe empoisonné. On a cité naguère la mort d'une petite fille empoisonnée par le fard de sa poupée.

L'Enfant. — Comment a pu se produire un fait si étrange ?

Le Grand-Papa. — La poupée était fardée de rouge et de blanc. La petite fille l'ayant embrassée plusieurs fois avec effusion, avait, de ses lèvres si fines, absorbé les deux substances colorantes qui sont, l'une et l'autre, des composés de plomb.

L'Enfant. — Je m'explique aujourd'hui pourquoi vous avez mis à ma disposition une boîte de couleurs, dont vous avez exclu toute substance minérale.

Le Grand-Papa. — Quand tu étais plus jeune, je n'ai même laissé mettre jamais à ta disposition les cartes de visite, dont le glacé est vénéneux, car c'est un composé de plomb.

L'Enfant. — Vous êtes bien indulgent, grand-papa; vous ne dites pas que le glacé des cartes, ayant par lui-même une légère saveur sucrée, séduisait ma gourmandise, qui se laissait aussi tenter par la colle à bouche et par les pains à cacheter.

Le Grand-Papa. — Tu me trouves très-indulgent; moi, je te trouve très-modeste, car tu ne dis pas que tu t'es abstenu bien vite et de colle à bouche et de pains à cacheter, dès que je t'ai fait connaître la composition de ces produits. Nous reviendrons sur tous les articles de papeterie dans un autre moment.

Passons au rôle des champignons microscopiques dans l'économie de la Nature.

L'Enfant. — Je sais qu'ils purifient l'air en faisant rentrer dans l'organisme les substances qui se dégagent des corps en voie de putréfaction.

Le Grand-Papa. — Ils sont encore utiles en effectuant, au contraire, la décomposition de certains corps imputrescibles. Ainsi le mélèze, avec son bois résineux, est un arbre qui meurt de vieillesse ou par accident; mais qui, bien que mort, reste incorruptible.

L'Enfant. — Voilà un arbre bien singulier. Ne pouvant pas être décomposé par les agents ordinaires de la nature, il va donc désormais tenir inutilement une place qu'un autre arbre pourrait occuper.

Le Grand-Papa. —Tout est prévu pour qu'il n'en soit pas ainsi. Le mélèze n'étant plus d'aucune utilité, la matière qui le compose ne va pas rester sans emploi. Or, voici l'agent spécialement chargé d'en faire rentrer dans l'organisme tous les éléments. C'est un champignon appelé bolet, dont les germes invisibles ont l'air pour véhicule. Le bolet implante dans l'arbre sa radicelle et défait le bois résineux du mélèze.

L'Enfant. — La résine est donc un corps qui, sans l'action du bolet, ne pourrait être décomposée.

Le Grand-Papa. — Tu dois comprendre dès lors pourquoi, dans l'ancienne Egypte, afin de conserver les morts, on les embaumait avec diverses résines.

L'Enfant. — Je voudrais bien pouvoir analyser l'action du bolet sur le bois du mélèze.

Le Grand-Papa. — Le bois du mélèze se compose de trois éléments : le carbone, l'hydrogène et l'azote. Au moyen de sa radicelle, sorte de suçoir qui peut acquérir plus d'un mètre de longueur, le bolet ne s'empare que de l'azote et transforme le carbone en acide carbonique et l'hydrogène en eau. Cet acide carbonique et cette eau se répandent dans l'air pour être assimilés par d'autres plantes.

L'Enfant. — Ainsi les trois éléments du mélèze sont éliminés ; et la science, qui nous permet de les suivre dans leur nouvelle combinaison, donne à ces phénomènes naturels un indicible attrait.

Le Grand-Papa. — Mon enfant, le charme que tu éprouves, et que j'éprouve comme toi, nous vient de plus haut. C'est Dieu lui-même qui l'attache à l'étude de ses œuvres.

—

L'Enfant. — Grand-papa, la nuit en Automne

devient graduellement beaucoup plus longue que le jour. Il faut avoir recours, dès lors, à la lumière artificielle, et c'est ce qui me fait désirer d'avoir quelques notions exactes sur les divers modes d'éclairage.

Le Grand-Papa. — L'éclairage est un des points les plus intéressants de l'industrie. Et, d'abord, ne confondons pas l'éclairement et l'éclairage. L'éclairement est l'effet utile de la lumière, l'éclairage est le moyen de le produire.

L'Enfant. — Ainsi l'éclairement est le but qu'on se propose, et l'éclairage est le moyen d'y parvenir.

Le Grand-Papa. — Mais, ce qui va peut-être te surprendre, notons que c'est toujours le même corps que l'on brûle dans les divers modes d'éclairage. Ce corps gazeux est un composé d'hydrogène et de carbone : l'hydrogène produit la flamme, le carbone lui donne l'éclat. Les chimistes donnent à ce corps le nom de carbure d'hydrogène, qui en exprime effectivement la composition.

L'Enfant. — Quel est le meilleur mode d'éclairage ?

Le Grand-Papa. — Nous n'avons pas à nous occuper ici de la lumière électrique, lumière éblouissante, qui ne peut être employée dans l'économie domestique.

L'Enfant. — L'œil ne peut en supporter l'éclat.

Le Grand-Papa.— Et puis elle n'est pas économique. Nous n'avons donc à considérer que l'éclairage au gaz, au schiste, au pétrole, à l'huile, à la chandelle, à la bougie.

L'éclairage au gaz, c'est-à-dire au carbure d'hydrogène qu'on retire de la houille, est très-lumineux; mais, par cela même, il fatigue la vue et, de plus, il peut occasionner des accidents plus ou moins graves. Il détermine surtout une explosion formidable, lorsque, par ce qu'on appelle une fuite, ce gaz subtil se mêle avec une certaine quantité d'air. Il convient beaucoup mieux pour l'éclairement des rues et des places de nos cités, et principalement pour les illuminations de nos fêtes publiques.

L'Enfant. — Je ne comprends pas que cette flamme de nos becs de gaz puisse devoir son éclat à la présence du carbone, qui est un corps noir.

Le Grand-Papa.— Brûlé seul, l'hydrogène produit une flamme peu lumineuse; associé au carbone, il produit une flamme éclatante. Ce fait, fût-il inexplicable, établit péremptoirement que c'est à la présence du carbone que la flamme doit son éclat.

L'Enfant.— Le carbone est un corps solide, on ne le voit cependant ni à sa sortie du bec, ni à sa sortie de la flamme.

Le Grand-Papa. — Le carbone est, en effet, invisible dans les deux cas : il est invisible à la sortie du bec, parce qu'il est alors combiné avec l'hydrogène et constitue le gaz appelé carbure d'hydrogène ; il est invisible à la sortie de la flamme, parce qu'il se combine alors avec l'oxygène de l'air et constitue le gaz appelé acide carbonique. Mais il est visible dans l'intérieur de la flamme, parce qu'il n'est alors combiné ni avec l'hydrogène ni avec l'oxygène. Seulement il n'est plus noir à cause de la haute température à laquelle il est soumis.

L'Enfant. — Je trouve bien extraordinaire qu'un corps noir devienne blanc par l'action de la chaleur.

Le Grand-Papa. — Tous les corps à une température très-élevée deviennent rouges d'abord et puis deviennent blancs : le fer, l'or, le cuivre, le charbon. Dans l'étude de la lumière et de la chaleur, nous aurons la raison de ce fait incontestable. Quant au carbone, tu en as eu plus d'une fois la preuve. Lorsqu'on excite le feu au moyen du soufflet, le point où le dard aérien agit sur le bois en combustion est complètement blanc, tandis que les points environnants sont rouges.

L'Enfant. — Ainsi les particules de carbone engagées dans la flamme y deviennent éclatantes par l'effet d'une excessive chaleur.

Le Grand-Papa. — Du reste, si on les refroidit brusquement, ces particules rentrent dans leur couleur naturelle, et forment ce qu'on appelle le noir de fumée.

L'Enfant. — Comment s'y prendre, grand-papa, pour les refroidir soudainement ?

Le Grand-Papa. — Si tu aplatis brusquement la flamme en la déprimant, par exemple, sous la pression d'une assiette de porcelaine, le carbone se dépose en poussière noire sur l'assiette. Du reste, tu sais que, si l'on promène une flamme quelconque de carbure d'hydrogène contre la surface d'un plafond, cette flamme y laisse une traînée plus ou moins épaisse de noir de fumée.

L'Enfant. — Le noir de fumée ressemble bien à la poudre dentifrice que vous m'avez donnée.

Le Grand-Papa. — C'est, en effet, la même substance, mais je la retire d'un liquide transparent qui n'est composé que d'hydrogène et de carbone.

L'Enfant. — Quel est donc ce liquide ?

Le Grand-Papa. — On l'appelle essence de térébenthine. Tu sais assez de chimie pour me dire ce qui doit se passer, quand j'enflamme ce liquide ?

L'Enfant. — Je me rappelle que vous avez effectué devant moi cette opération et que vous me l'avez expliquée. L'oxygène de l'air s'empare de l'hydrogène qui produit la flamme, et le carbone est mis en liberté sous la forme de poudre d'une incroyable ténuité.

LE GRAND-PAPA. — Très-bien. Cette poudre est assurément la meilleure poudre dentifrice et celle qui doit coûter le moins. D'abord elle est impalpable et ne peut donc rayer l'émail des dents. De plus, le carbone a le double avantage de blanchir les dents et de purifier l'haleine. Seulement, après avoir doucement frotté les dents avec cette poudre appliquée sur un linge humide et fin, tu sais qu'il importe aussi de frotter doucement les gencives avec un peu de poudre de quinquina.

L'ENFANT. — Je sais que vous me l'avez prescrit, et je ne manque jamais de le faire, mais je ne me rappelle pas bien le motif de cette prescription.

LE GRAND-PAPA. — Par son action astringente, le quinquina fortifie les gencives et les maintient dans leur couleur naturelle.

L'ENFANT. — Vous m'avez recommandé de soigner ainsi ma bouche avant de me coucher, et puis de la rincer seulement à mon lever.

LE GRAND-PAPA. — C'est durant la nuit surtout que se produit l'altération de l'haleine et des dents.

Les particules d'aliments qui sont restées aux moindres interstices que les dents laissent entre elles, fermentent bien vite. Les produits de cette fermentation vicient la salive et corrompent l'air intérieur de la bouche. Cet air ne se renouvelle presque pas, puisque la bouche est fermée durant le sommeil. Les gencives irritées se tuméfient et mettent à découvert l'ivoire non émaillé de la dent, qui est alors attaquée par l'acide même le plus faible.

L'Enfant. — Mais, puisque la bouche est fermée durant la nuit, quel est donc l'acide qui peut s'y introduire?

Le Grand-Papa. — Ne fût-ce que l'acide carbonique produit par la respiration, l'action de cet acide suffirait pour déterminer la carie de la dent. Les soins qu'exige l'état normal de la bouche sont de premier ordre, car les dents et la salive ont un rôle important dans cette grande fonction qu'on appelle la nutrition.

Pour le vulgaire, se nourrir, c'est tout simplement manger et boire; pour le physiologiste, la nutrition est la fonction par laquelle nos aliments sont assimilés, c'est-à-dire transformés en notre propre substance. L'alimentation est pour nous de première nécessité. Notre corps exige, en effet, une réfection qui puisse compenser les déperditions qu'éprouvent sans cesse tous les organes. Cette alimentation doit être plus substantielle dans l'homme de peine que dans l'homme de loisir, car la réfection doit être proportionnelle à la force dépensée par l'exercice.

L'Enfant. — Moi-même, grand-papa, quand je reviens d'une longue promenade, je meurs de faim.

Le Grand-Papa.—On abuse de l'expression mourir de faim. Le désir plus ou moins vif de s'alimenter s'appelle l'appétit, le besoin extrême d'alimentation s'appelle la faim.

L'Enfant. — Je vois que, pour le bien-être de notre corps, comme pour le bien-être de la famille, il faut établir la balance entre la recette et la dépense.

Le Grand-Papa. — L'expression que tu emploies est peut-être triviale, mais je l'accepte, parce qu'elle me prouve que tu m'as bien compris.

La nutrition comprend: 1° la digestion, qui a pour organe principal l'estomac; 2° la respiration, qui a pour organe principal le poumon; 3° la circulation, qui a pour organe principal le cœur.

L'Enfant. — Ah! il me tarde bien d'arriver à l'étude de cette intéressante fonction.

Le Grand-Papa. — Pour le moment, retiens ce résumé : la digestion forme le sang, la respiration le perfectionne, la circulation le distribue à tous les organes.

—

L'Enfant. — Grand-papa, vous m'avez promis quelques détails sur les divers modes d'éclairage.

Le Grand-Papa. — Je n'ai pas oublié ma promesse; mais quoique notre causerie sur l'éclairage au gaz se soit prolongée beaucoup, je dois la terminer par une question que tu aurais dû me poser toi-même. C'est qu'en effet, lorsqu'il s'agit d'un produit industriel, il importe de savoir comment on le fabrique ou comment on l'obtient.

L'Enfant. — Je sens, en effet, que j'aurais dû vous demander comment on se procure le gaz de l'éclairage.

Le Grand-Papa. — On l'extrait de la houille par voie de distillation. Tes souvenirs doivent te dire ce que signifie ce mot.

L'Enfant. — La distillation est une opération qui consiste à séparer, par la chaleur, deux corps dont l'un est volatil et l'autre ne l'est pas ou l'est moins.

Le Grand-Papa. — La houille, placée dans un vase clos, est soumise à une température très-élevée. Elle rougit par l'effet de la chaleur; mais elle n'est pas brûlée, parce que le vase est privé d'air. Le carbure d'hydrogène, qui est gazeux, se dégage de la houille et, par des tubes infusibles, il est conduit dans le récipient appelé gazomètre. Dans ce récipient, le gaz est maintenu sous une forte pression pour qu'il n'occupe pas trop de place; et de longs tubes de plomb le distribuent ensuite aux différents becs qu'il doit alimenter.

L'Enfant.— Cette opération est assez facile, puisqu'il s'agit seulement de séparer deux corps dont l'un est très-volatil, tandis que l'autre ne l'est pas du tout.

Le Grand-Papa. — Cependant l'opération se complique de la présence de plusieurs corps plus ou moins volatils, qui se dégagent de la houille avec le carbure d'hydrogène. Par des lavages successifs, on dépouille ce gaz de tous les corps étrangers, qui le rendraient impropre à l'éclairage et même très-dangereux.

L'Enfant. — Je ne m'explique pas bien l'effet de ces lavages successifs.

Le Grand-Papa. — Sans traiter ce point avec toute la rigueur scientifique, je puis toutefois t'en donner une idée assez nette. Supposons que le carbure d'hydrogène se dégage de la houille avec d'autres gaz et même avec des vapeurs d'un corps qui est solide à la température ordinaire. On fait passer le tout à travers un bain d'eau froide. Quel est le corps qui sera retenu dans ce premier bain ?

L'Enfant. — Ce sera le corps qui se solidifie par le refroidissement.

Le Grand-Papa. — De ce premier bain sortent, avec le carbure, les autres corps qui sont gazeux comme lui. On les fait passer tous à travers un bain contenant de la chaux. Or, supposons qu'un de ces gaz soit l'acide carbonique, qui rendrait impropre à l'éclairage et même nuisible le carbure d'hydrogène. Que va-t-il se produire ?

L'Enfant. — L'acide carbonique sera retenu dans ce bain par sa grande affinité pour la chaux.

Le Grand-Papa. — C'est bien. Chacun des autres gaz est, à son tour, retenu dans un bain spécial, qui n'a pas d'action sur le carbure d'hydrogène.

L'Enfant. — Le carbure d'hydrogène est ainsi complètement purifié.

Le Grand-Papa. — Il est alors sans odeur.

L'Enfant. — J'ai cependant constaté quelquefois qu'il est désagréablement odorifère.

Le Grand-Papa. — C'est alors une preuve qu'il n'est pas pur. L'odeur y manifeste la présence d'un gaz étranger, qui peut le rendre suffocant et même toxique.

L'Enfant. — Quels sont ces gaz plus ou moins dangereux ?

Le Grand-Papa.— Ce sont surtout l'acide sulfureux, qui le rendrait suffocant, et l'acide sulfhydrique, qui le rendrait excessivement vénéneux.

L'Enfant. — Pourquoi les tubes distributeurs du gaz sont-ils en plomb?

Le Grand-Papa.— Ce métal est assez mou pour pouvoir être façonné en cylindre creux, à la manière de la pâte dont on fait le macaroni. Ces cylindres sont assez flexibles pour se prêter aisément aux sinuosités qu'exigent parfois des obstacles matériels qu'il s'agit de contourner.

L'Enfant.— J'ai vu souvent chez les plombiers ces longs cylindres enroulés sur eux-mêmes comme des cordages.

Le Grand-Papa.— Je me reprocherais de ne pas te dire que le corps qui se solidifie dans le premier bain, est appelé goudron de houille. Je me le reprocherais, parce que ce corps, naguère encore si dédaigné, fournit à l'industrie une cire éclatante et de magnifiques couleurs.

L'Enfant. — L'hydrogène, gaz éminemment inflammable, étant l'un des éléments de l'eau, je me demande comment il se fait que l'eau puisse éteindre l'incendie.

LE GRAND-PAPA. — Pour qu'il y ait incendie, il faut le concours de la chaleur et de l'air. Or, l'eau doit être d'autant plus propre à combattre l'incendie qu'elle supprime à la fois et l'air et la chaleur.

L'ENFANT.— Je ne m'explique pas ce double effet de l'eau.

LE GRAND-PAPA. — D'une part, l'eau qui tombe avec abondance sur le corps en ignition le refroidit, en lui enlevant la chaleur pour passer à l'état gazeux; d'autre part, la vapeur aqueuse qui se dégage de la surface de ce corps, intercepte l'action de l'air qu'elle chasse même devant elle.

—

L'ENFANT. — Grand-papa, la bougie est appelée la reine des salons, ce qui me porte à croire qu'elle est, en réalité, le meilleur mode d'éclairage.

LE GRAND-PAPA.—Avant de conclure, discutons la question. Le schiste, en brûlant, produit en général une odeur désagréable. Le pétrole ne doit être manié qu'avec précaution, parce qu'il est volatil. La chandelle exige l'emploi fréquent des mouchettes, et l'éclairement n'en est pas uniforme, car il baisse à mesure que la mèche se champignonne. L'huile est salissante, et l'entretien de la lampe est minutieux. L'éclairage à la bougie est propre, n'exige aucun soin préalable, supprime l'emploi des mouchettes, produit une lumière dont s'accommode le mieux l'organe de la vue.

L'Enfant. — Il réunit donc tous les avantages et ne présente aucun inconvénient.

Le Grand-Papa. — Mais ce mode d'éclairage est le plus cher.

L'Enfant. — Pourquoi la bougie n'exige-t-elle pas, comme la chandelle, l'emploi des mouchettes?

Le Grand-Papa. — La mêche de la bougie est légèrement imprégnée d'un sel qui, calciné par la flamme, se contracte et, par suite, infléchit la mêche. L'extrémité supérieure de cette mêche vient ainsi se brûler au contact de l'air sur les bords de la flamme, et le sel, qui est incombustible, est réduit en poussière presque inapparente.

L'Enfant. — Pourquoi n'applique-t-on pas à la mêche de la chandelle le même procédé?

Le Grand-Papa.— Pour infléchir la mêche de la chandelle, qui est volumineuse, il faudrait le sel en telle proportion qu'il ferait obstacle à la capillarité. Or, c'est par l'effet de la capillarité que le suif fondu monte dans la mêche.

L'Enfant. — Pourquoi donc ne pas donner à la mêche de la chandelle le même diamètre qu'à celle de la bougie?

Le Grand-Papa. — Le suif est beaucoup plus fusible que la cire. Il faut donc ménager une voie plus large à son ascension vers la flamme.

L'Enfant. — C'est juste.

Le Grand-Papa. — Il est mieux, comme dans la bougie, que la mèche n'ait qu'un petit diamètre, afin de diminuer ainsi la partie sombre qui occupe le centre de la flamme.

L'Enfant. — Je le comprends très-bien.

Le Grand-Papa. — Quoique la cire ne se fonde pas aussi vite que le suif, cependant on contourne un peu la mèche en spirale, afin d'y retarder l'ascension de la cire fondue. Mais cette torsion de la mèche produit un autre effet que je dois te signaler, si déjà tu ne l'as pas remarqué toi-même.

L'Enfant. — Je vous écoute de toute mon attention, car je n'ai rien remarqué, et je ne savais même point que la mèche de la bougie fût contournée en spirale.

Le Grand-Papa. — Considérons d'abord ce qui se passe, quand on allume une bougie. La partie supérieure de cette bougie se creuse en forme de godet, parce que la cire la plus voisine de la flamme se fond la première. Cette cire forme tout autour de la mèche un bain de pied; elle ne coule pas, c'est-à-dire elle ne se déverse pas en stalactites, parce que les bords du godet sont assez relevés. Enfin la mèche, en déroulant doucement ses spires, disperse la poussière saline qui, sans cela, tombant sur un seul et même point, y deviendrait apparente.

L'Enfant. — La flamme d'une bougie est, ce me semble, moins lumineuse que la flamme d'une lampe.

Le Grand-Papa. — C'est vrai. A volume égal, la flamme d'une lampe a plus d'éclat. La première raison en est dans le puissant tirage, c'est-à-dire dans le courant d'air que détermine la cheminée de verre. Cette cheminée fonctionne, en effet, comme la cheminée de nos foyers : elle active la combustion, parce qu'elle fait affluer l'oxygène, en renouvelant assez vite l'air ambiant. De plus, cette cheminée est est un asile où la flamme est abritée contre les mouvements latéraux de l'atmosphère. Cette flamme est tranquille, tandis que la flamme d'une bougie est inquiétée par le moindre choc qu'elle reçoit d'une porte qui s'ouvre ou qui se ferme, d'une personne qui passe brusquement à petite distance. Or, les oscillations d'une flamme fatiguent la vue et, dans la bougie, elles font écouler la cire en défaisant les bords du godet. Mais l'éclairement supérieur d'une lampe tient surtout à la forme de la mêche. Un des plus notables perfectionnements de ce mode d'éclairage fut la substitution de la mêche cylindrique à la mêche plate.

L'Enfant. — Je ne saisis pas bien l'avantage résultant de cette substitution.

Le Grand-Papa. — Quand la mêche était plate, la partie centrale de la flamme était obscure, comme elle l'est dans la bougie. Cette partie centrale, privée d'air, ne s'enflammait pas et, par conséquent, ne contribuait en rien à l'éclairement. Par sa forme actuelle de cylindre creux, la mêche ouvre à l'air un passage à travers la flamme. Dès lors, toute la vapeur oléagineuse est brûlée au centre, ainsi qu'à la circonférence de la flamme. C'est ce courant d'air intérieur qui manque dans la bougie; il en résulte tout autour de la mêche une partie sombre dont la température est même peu élevée, puisqu'on peut y introduire impunément des grains de poudre.

Je dois te faire une remarque sur la hauteur de la cheminée. Le tirant d'air est d'autant plus vif et, par conséquent, la combustion est d'autant plus active que la cheminée a plus de hauteur.

L'Enfant. — On a donc intérêt à ce que la cheminée soit très-longue?

Le Grand-Papa.— Ce que l'on gagne en éclat, on le perd en économie, car on dépense plus d'huile. Le marchand qui veut faire valoir le pouvoir éclairant de ses lampes, ne manque pas de les munir d'une longue cheminée. Mais chacun doit calculer la longueur de la cheminée, suivant la destination qu'il veut donner à la lampe qu'il achète. Si cette lampe ne doit éclairer que deux ou trois personnes, à petite distance, la cheminée doit être moins longue; si cette lampe doit éclairer plusieurs personnes, à grande distance, la cheminée doit être plus longue et la mèche doit avoir un plus grand diamètre.

L'Enfant. — Que de considérations importantes auxquelles on pense si peu !

Le Grand-Papa.— Enfin, il faut que l'huile soit épurée, afin que la lampe ne s'encrasse pas et ne fume pas.

L'Enfant. — En quoi consiste l'épuration de l'huile ?

Le Grand-Papa. — A la débarrasser des matières charbonneuses qui s'y trouvent plus ou moins, et qui, par leur combustion incomplète, produiraient surtout une épaisse fumée.

L'Enfant. — D'où viennent ces matières charbonneuses ?

Le Grand-Papa.— Pour extraire l'huile des graines oléagineuses, comme aussi de l'olive elle-même, on procède par voie de pression. Or, pour laisser le moins d'huile possible dans le gâteau que forme la pulpe ou chair de la graine, on la presse fortement. Par l'effet de cette excessive pression, l'huile entraîne avec elle quelques particules de la pulpe. Ce sont ces particules qu'il faut éliminer.

L'Enfant. — Eh, par quel moyen ?

Le Grand-Papa. — On épure l'huile en y agitant un peu d'acide sulfurique, qui carbonise ces particules de pulpe.

L'Enfant. — Comment s'effectue cette opération ?

Le Grand-Papa. — L'huile est placée dans une caisse qui, à sa partie inférieure, est percée d'orifices par lesquels sortent des bouts de mèches cotonneuses. Les particules carbonisées par l'acide sulfurique flottent dans la masse liquide et se déposent peu à peu; mais l'huile, par l'effet de la capillarité, s'écoule au dehors à travers les mèches de coton.

L'Enfant. — La substitution de la mèche cylindrique à la mèche plate est un progrès bien ingénieux dans sa simplicité.

Le Grand-Papa. — C'est à peine cependant si

l'on en cite l'auteur, M. Quinquet, dont le nom est resté toutefois à une sorte de lampe, humble luminaire assez généralement employé.

L'Enfant. — Expliquez-moi, je vous prie, ce qu'on entend par capillarité.

Le Grand-Papa.— La capillarité est la force qui tend à faire cheminer un liquide engagé dans un tube capillaire, c'est-à-dire fin comme un cheveu. Or, l'intervalle que laissent entre elles les fibres d'une mêche de coton forme une sorte de tube capillaire. Prenons pour exemple un fait familier que, sans doute, tu as plus d'une fois remarqué. Quand on plonge à demi un fragment de sucre dans une infusion de café, on voit le liquide noir grimper bien au-dessus de son niveau.

L'Enfant.— J'ai remarqué ce fait bien souvent, mais, selon mon habitude, sans m'en demander la raison.

Le Grand-Papa.— Tu dois comprendre maintenant que les pores qui séparent, les uns des autres, les petits cristaux du sucre constituent un passage étroit où s'exerce la capillarité.

—

L'Enfant. — Grand-papa, l'allumette chimique est vraiment un des produits les plus utiles de l'industrie moderne. Elle nous donne immédiatement un foyer de lumière et de chaleur.

Le Grand-Papa.—Ne la qualifions pas de chimique, ce serait faire supposer qu'elle se distingue ainsi de l'allumette primitive. Or, toute allumette est chimique, en ce sens qu'on ne peut l'utiliser qu'en la détruisant. La seule différence entre ces deux sortes d'allumettes, c'est que l'allumette primitive n'est amorcée que de soufre, tandis que l'allumette moderne est amorcée de soufre et de phosphore.

L'Enfant. — Cela suffit cependant pour que ces deux allumettes se comportent d'une manière bien différente.

Le Grand-Papa. — En effet, l'allumette primitive, pour s'enflammer, exige le contact d'un corps en ignition; l'allumette moderne s'enflamme par simple frottement; et c'est pour ce motif que le chimiste l'appelle allumette à frottement.

L'Enfant. — De quoi se compose l'allumette moderne, et pourquoi s'enflamme-t-elle si facilement ?

Le Grand-Papa. — Cette allumette se compose d'une petite bûchette de bois sec, amorcée d'abord d'un peu de soufre et puis d'un peu de phosphore. Le phosphore a la propriété de prendre feu au simple contact de l'air ; mais, pour que sa combustion soit plus vive, on le frotte sur un corps rugueux. La chaleur qui résulte de ce frottement détermine spontanément la combustion du phosphore, qui produit à son tour la température nécessaire pour l'inflammation du soufre. La flamme qui provient de la combustion du soufre met le feu à la petite bûchette, qui brûle assez lentement pour permettre d'utiliser ce foyer de lumière et de chaleur.

L'Enfant. — Si le simple contact de l'air suffit pour mettre en ignition le phosphore, comment peut-on conserver les allumettes à frottement ?

Le Grand-Papa.— Pour abriter de l'air le phosphore, on le couvre d'une couche de gomme adragante ou bien on le dissimule dans une pâte minérale. Les aspérités du corps sur lequel on opère le frottement déchirent la pâte ou la couche de gomme, et le phosphore, mis à nu, prend feu tout aussitôt. Le bois de sapin est très-propre à faire des bûchettes, parce qu'il est résineux et naturellement sec.

L'Enfant. — J'ai vu des allumettes chez lesquelles la bûchette est remplacée par une très-petite bougie; de plus, le frottement y détermine une sorte d'explosion.

Le Grand-Papa. — Ces allumettes à frottement sont recherchées par les fumeurs, parce qu'elles sont plus portatives, plus élégantes et surtout plus commodes pour donner le temps d'allumer le cigare. La petite explosion qu'elles produisent provient d'un sel dont elles sont amorcées, et qui porte en chimie, d'après sa composition, le nom de chlorate de potasse. Nous étudierons plus tard le chlore et la potasse.

Notons bien que les allumettes à frottement exigent une surveillance extrême, car elles portent un toxique violent, une menace permanente d'incendie et d'empoisonnement. Leur fabrication est une des spécialités les plus meurtrières de l'industrie. Le contre-poison du phosphore est la magnésie calcinée. Mais, d'une part, l'action du phosphore est très-rapide et, d'autre part, il faut que la magnésie, pour être efficace, vienne, en quelque sorte, d'être calcinée.

L'Enfant. — La consommation des allumettes à frottement doit être prodigieuse.

Le Grand-Papa. — Les principales fabriques sont : en Europe, celles de Vienne (Autriche), de Londres, de Paris; en Amérique, celle de Francfort (État de New-York). On peut se faire une idée de l'énorme quantité d'allumettes que l'établissement de Francfort livre au commerce, quand on sait que chaque année, on n'y emploie pas moins de 700.000

pieds de sapins pour la confection des bûchettes, 400.000 pieds de tilleuls pour la confection des caisses d'emballage, 400 barils de soufre et 4.349 kilogrammes de phosphore. Le timbre que le gouvernement exige sur les boîtes ne constitue pas moins de 7.200 fr. de dépenses journalières. La main-d'œuvre occupe 300 ouvriers, indépendamment des puissantes machines qui fonctionnent jour et nuit.

—

L'Enfant. — Grand-papa, une lumière qui m'a toujours étonné est celle du ver-luisant, qui l'éteint et la rallume à volonté.

Le Grand-Papa. — C'est une merveille devant laquelle la science reste déconcertée. Le ver-luisant est un des joyaux de la nuit.

L'Enfant. — Il semble parsemer d'étoiles le buisson; et, comme celles du firmament, ces étoiles s'éclipsent aux rayons du soleil.

Le Grand-Papa.—La lumière des étoiles ne semble s'éclipser que par l'effet de leur distance indéfinie, tandis que la lumière du ver-luisant est réellement éclipsée, quoique le soleil soit très-loin et l'insecte très-près. Comme intensité donc, la lumière émanée du ver-luisant n'est rien comparativement à la lumière solaire; et c'est peut-être ce qui rend plus extraordinaire sa vitesse.

L'Enfant.— Quelle vitesse peut-elle avoir, provenant d'un insecte si débile et si mou ?

Le Grand-Papa.— Le mouvement lumineux produit par le ver-luisant est doué de la même vitesse que le mouvement lumineux produit par le soleil.

L'Enfant. — Mais vous m'avez dit, un jour, que la vitesse du rayon solaire est de 75.000 lieues par seconde.

Le Grand-Papa.—D'où je conclus que la lumière du soleil pourrait effectuer sept à huit fois le tour de la Terre en une seconde.

L'Enfant.— Sept à huit fois le tour de la Terre en une seconde, c'est-à-dire pendant que mon pouls ne bat qu'une seule fois !

Le Grand-Papa.— La circonférence de la Terre, à l'Équateur, étant de 10.000 lieues, tu n'as qu'à faire toi-même la petite opération arithmétique.

L'Enfant. — 75.000 : 10.000 = 7,5. Je trouve, en effet, que la lumière, ayant une vitesse de 75.000 lieues par seconde, parcourrait 7 fois 1/2 la circonférence de la Terre, qui est de 10.000 lieues.

Le Grand-Papa. — Nous apprendrons plus tard comment on a pu mesurer la vitesse de la lumière.

—

L'Enfant. — Grand-papa, vous m'avez dit hier

que la poudre introduite dans la partie sombre d'une flamme de bougie, n'y trouve pas une température suffisante pour faire explosion. Je désirerais bien savoir à quoi tient la puissance explosive de la poudre.

Le Grand-Papa. — La poudre de guerre est un corps solide composé de substances qui, par une réaction chimique, passent presque soudainement à l'état gazeux. Ces substances prennent alors violemment un volume considérable.

L'Enfant. — Quelles sont ces substances?

Le Grand-Papa. — Les éléments de la poudre sont le carbone, le soufre et le salpêtre. Le salpêtre est un sel que nous étudierons plus tard. Il me suffit aujourd'hui de te dire qu'il contient une très-grande proportion d'oxygène.

Le Grand-Papa. — Quand on met le feu à la poudre, l'oxygène du salpêtre s'unit en partie avec le soufre, en partie avec le carbone. Avec le soufre, il forme le gaz appelé acide sulfureux; avec le carbone, il forme le gaz appelé acide carbonique.

L'Enfant. — Tous les éléments de la poudre se trouvent donc gazéifiés.

Le Grand-Papa.— Tous, excepté la petite quantité de potasse que contient le salpêtre et qui se dé-

pose en poussière blanchâtre. Or, une subtance solide, en passant à l'état gazeux, prend aussitôt un
volume au moins 1.500 fois plus grand et rien ne
peut s'opposer à ce qu'elle prenne ce volume.

L'Enfant.— Je conçois que, si les éléments constitutifs de la poudre exigent alors 1.500 fois plus de
place, ils doivent être doués d'une force expansive,
c'est-à-dire d'une puissance mécanique proportionnelle à cette augmentation de volume.

Le Grand-Papa. — Mais, comme la déflagration
de la poudre produit une température très-élevée,
cette chaleur augmente de beaucoup le volume
des gaz, naturellement si dilatables; de telle sorte
enfin que la poudre, en passant de l'état solide à
l'état gazeux, prend un volume 4.000 fois plus grand
et, par conséquent, peut vaincre tous les obstacles
qui s'opposent à sa force expansive.

—

L'Enfant. — Grand-papa, donnez-moi, je vous
prie, quelques renseignements sur la poudre-coton.

Le Grand-Papa. — Cette poudre, appelée fulmi-
coton, est un singulier produit de la chimie industrielle. La ouate, coton pur, devient explosive quand
on la plonge, en certaine proportion, dans un mélange spécial d'acide azotique et d'acide sulfurique.

L'Enfant. — La préparation en est donc bien simple ?

Le Grand-Papa. — Mais elle ne serait pas sans danger, si l'on opérait lentement. Comme le phénomène s'accomplit très-vite, on s'empresse d'immerger complètement la poudre, afin que l'eau s'oppose à ce que la température s'élève au point de déterminer la déflagration. C'est ce qui ne manquerait pas d'arriver à la partie de poudre qui resterait hors de l'eau, c'est-à-dire au contact de l'air.

L'Enfant. — La grande capacité thermique de l'eau m'en explique très-bien l'action refroidissante; mais je ne comprends pas suffisamment ce que signifie le mot déflagration.

Le Grand-Papa. — Déflagration signifie combustion rapide. Or, ce mot convient d'autant mieux au fulmi-coton que sa combustion a presque toute la spontanéité d'un éclair. On fait même à ce sujet une expérience assez curieuse. Sur une brique, par exemple, on étend une couche de poudre de guerre qu'on recouvre de poudre-coton. On met le feu à la poudre-coton, qui brûle si vite, que la poudre de guerre n'a pas le temps de prendre feu.

L'Enfant. — La poudre-coton a-t-elle plus de force mécanique que la poudre de guerre ?

Le Grand-Papa. — Elle a plus de puissance mécanique; mais, comme son action est brisante, elle ne peut guère servir pour remplacer la poudre ordinaire.

L'Enfant. — Quel en est donc l'emploi ?

Le Grand-Papa. — Le mineur l'utilise pour mettre en éclats les roches les plus dures. Et il en détermine de loin la déflagration par l'intermédiaire de l'électricité, messager rapide qui ne tient aucun compte des distances.

L'Enfant. — Ce que vous m'avez déjà fait connaître sur les merveilleuses propriétés de cet agent, me fait vivement désirer d'en connaître le rôle dans la transmission des dépêches.

Le Grand-Papa. — En ce moment, il importe que je fixe ton attention sur une particularité inexplicable de la poudre-coton. C'est que la ouate subit cette profonde transformation chimique sans avoir éprouvé, en apparence, le moindre changement. Un mouchoir de coton pur transformé en substance déflagrante a tout l'aspect d'un mouchoir ordinaire.

L'Enfant. — Grand-papa, vos leçons aboutissent presque toujours à des faits surprenants.

Le Grand-Papa. — Un fait d'un tout autre genre va, sans doute, t'étonner encore plus. C'est un fait

que la science constate, mais qu'elle ne peut enco[r]
expliquer.

Le coton et la fécule ont une composition ident[i]
que, et cependant la fécule est digestible et le cot[on]
ne l'est pas. Leur formule chimique est la même, [e]
voici cette formule qui exprime à la fois les élé[-]
ments constitutifs de ces deux produits naturels [e]
les proportions relatives de ces éléments : $C^{12} H^{10} O^{10}$
c'est-à-dire 12 de carbone, 10 d'hydrogène et 1[0]
d'oxygène.

L'Enfant. — Ainsi deux corps composés des mê[-]
mes éléments, dans les mêmes proportions relative[s,]
peuvent avoir des propriétés différentes ?

Le Grand-Papa. — Dans le langage chimique[,]
on dit que ces corps sont isomères. Tels sont encore
la caféine, principe savoureux de la graine de caf[é,]
et le théine, principe savoureux de la feuille de th[é.]

Mais essayons d'appliquer ici nos premières no[-]
tions de chimie. D'après la formule chimique d[u]
coton, que faut-il pour que la ouate devienne com[-]
plètement gazeuse ?

L'Enfant. — L'hydrogène est un gaz, l'oxygèn[e]
est un gaz; il suffit donc que le carbone, qui es[t]
un corps solide, passe à l'état d'acide carboniqu[e]
pour devenir gazeux.

· Le Grand-Papa. — C'est précisément le résultat que prépare sans doute la transformation de la ouate en poudre-coton.

—

L'Enfant. — Grand-papa, mes questions, que je vous soumets dès qu'elles se présentent à mon esprit, doivent contrarier votre marche méthodique et rompre l'enchaînement de vos bonnes leçons.

Le Grand-Papa. — Ceci importerait peu. L'essentiel, mon enfant, c'est que tu ne manques point l'occasion de te défaire au plus tôt d'une erreur ou d'acquérir une vérité. D'ailleurs, si tu restais trop préoccupé d'une question, eh bien, je sens que tu n'en écouterais toute autre qu'à demi.

Reprenant donc l'étude de l'Automne, n'oublions pas qu'une de ses fonctions est de graduer le passage de l'Été à l'Hiver. Sa température, d'abord assez élevée, s'abaisse successivement, quoique la Terre se rapproche un peu du Soleil; les rayons solaires deviennent, en effet, de plus en plus obliques et la durée de leur action diminue de plus en plus. Tu dois te rappeler l'explication que je t'ai donnée sur ce point à propos de l'Hiver, qui est la saison la plus froide, quoique la Terre se soit alors le plus rapprochée du Soleil.

L'Enfant. — Grand-papa, je me rappelle parfaitement votre explication, et je la résume ainsi en Hiver, le rayon solaire est, par lui-même, plus calorifique, puisqu'il vient d'une moindre distance; mais, en réalité, il devient moins efficace, par son extrême obliquité d'abord, et puis par l'extrême brièveté de son action.

Le Grand-Papa. — C'est bien, mon enfant.

L'Enfant. — Mais voici la question qui m'embarrasse. Comment peut-on savoir que nous sommes tantôt plus près et tantôt plus loin du Soleil, puisque le Soleil est à une distance inaccessible ?

Le Grand-Papa. — Déjà, par un artifice de la science, nous avons pu mesurer la distance d'un nuage orageux, sans avoir besoin de nous transporter à ce nuage. Eh bien, par un autre artifice de la science, nous pouvons reconnaître que nous sommes tantôt plus près et tantôt plus loin du Soleil; nous pouvons même déterminer quelle est la différence entre la plus petite distance et la distance la plus grande.

L'Enfant. — Et comment cela ?

Le Grand-Papa. — L'autre jour, au Champ-de-Mars, tu as vu s'élever majestueusement dans l'air l'aérostat gigantesque qui s'est dérobé toutefois à nos regards, quoiqu'il n'y eût aucun écran, aucun obstacle entre nous et lui. Tu as remarqué toi-même qu'il paraissait de moins en moins grand, et bientôt de plus en plus petit. Eh bien, l'aérostat avait-il éprouvé le moindre changement dans son volume réel ?

L'Enfant. — Oh ! non ; pas plus que les personnes hardies qu'il emportait si haut et, par conséquent, si loin de nous. Mais il paraissait de plus en plus petit, à mesure qu'il s'éloignait, si bien qu'il a fini, comme vous le dites, par n'être plus visible, quoiqu'il n'y eût pas le moindre nuage pour nous empêcher de le voir.

Le Grand-Papa. — C'est donc par l'effet seul de la distance que le volume apparent de l'aérostat est devenu de plus en plus petit. Eh bien, appliquons au Soleil le même raisonnement. Si nous restions toujours à une égale distance de cet astre, son volume apparent resterait aussi toujours le même.

Mais le Soleil nous paraît tantôt plus grand et tantôt plus petit ; il est donc tantôt plus près et tantôt plus loin ; et nous passons de la plus petite distance à la plus grande par des degrés insensibles, puisque le volume apparent du Soleil devient par degrés successifs plus petit ; comme aussi son volume apparent devient graduellement plus grand, à mesure que nous revenons de la plus grande distance à la plus petite. C'est le 21 décembre que le Soleil nous paraît avoir son plus grand volume, c'est donc l'époque où nous sommes le plus rapprochés de cet astre; c'est au contraire le 21 juin que nous en sommes le plus éloignés, puisque, à cette époque, le Soleil nous paraît avoir son plus petit volume. Ainsi, du 21 décembre au 21 juin, le volume apparent de l'astre diminue, parce que sa distance augmente; et, du 21 juin au 21 décembre, le volume apparent de l'astre augmente, parce que sa distance diminue. Au 21 mars et au 21 septembre, le volume est le même, parce que la distance est alors égale. L'instrument avec lequel on mesure le volume apparent du Soleil s'appelle micromètre. La différence entre le volume le plus grand et le volume le plus petit, indique que les distances extrêmes diffèrent d'environ un million de lieues, ce qui n'est que $\frac{1}{38}$, puisque la distance moyenne du soleil est d'environ 38 millions de lieues.

L'Enfant. — Il me tarde bien, grand-papa, d'être assez instruit pour aborder les questions astronomiques.

Le Grand-Papa. — Ce jour viendra, mon enfant;

mais tu n'as pas encore acquis tout ce qui est nécessaire pour les bien comprendre.

—

L'Enfant. — Grand-papa, quelle est donc la force qui fait monter les ballons?

Le Grand-Papa. — C'est la pesanteur.

L'Enfant. — Comment la pesanteur peut-elle faire monter les ballons, puisque c'est la force en vertu de laquelle les corps tendent, au contraire, vers la terre?

Le Grand-Papa.— Tu ne tiens pas compte d'une circonstance que tu vas mieux saisir par une comparaison. Je suppose, en effet, qu'une petite balle de liége soit déposée au fond d'un verre vide. Cette balle y restera-t-elle, si l'on introduit dans ce verre une certaine quantité d'eau?

L'Enfant. — Oh! non, grand-papa. La balle montera au fur et à mesure que le liquide descendra dans le verre.

Le Grand-Papa. — C'est bien. Mais pourquoi la balle monte-t-elle?

L'Enfant.— Parce qu'elle est obligée de céder à l'eau la place inférieure. L'eau, étant plus lourde que le liége, exerce sur la balle une poussée de bas en haut et, par conséquent, la fait monter.

Le Grand-Papa. — Eh bien, l'air se comporte par rapport au ballon comme l'eau par rapport au liége, et pour la même raison.

L'Enfant. — Si l'air était plus lourd que le ballon, l'analogie serait facile à comprendre. Mais l'étoffe du ballon est, au contraire, plus lourde que l'air.

Le Grand-Papa. — Sans doute, mais le gaz qui gonfle le ballon en compense le poids par son extrême légèreté.

L'Enfant. — Puisqu'il en ainsi, tout s'explique. L'ascension du ballon dans l'air, comme celle du liége dans l'eau, provient effectivement de la pesanteur; car, c'est pour obéir à cette force que l'air, plus lourd que le ballon, comme l'eau, plus lourde que le liége, doit occuper le point le plus bas; et, pour occuper cette place, l'air en chasse le ballon, comme l'eau doit en chasser le liége.

Le Grand-Papa. — On peut résumer ainsi le phénomène : le ballon monte dans l'air, parce que la pesanteur agit avec plus d'intensité sur l'air que sur le ballon.

Passons à un autre fait, qui demande aussi d'être expliqué. Quand une pierre est lancée verticalement de bas en haut, que remarque-t-on ?

L'Enfant. — La pierre monte à une hauteur qui

dépend de la force d'impulsion, et puis elle descend par l'action de la pesanteur.

LE GRAND-PAPA. — Mais on doit remarquer encore que la pierre effectue ces deux mouvements dans la même verticale et en temps égaux.

L'ENFANT. — Vous m'avez appris que toute force agit en ligne droite et qu'entre deux points donnés, on ne peut mener qu'une seule et même droite. Je comprends donc que la pierre, dans sa chute, doit descendre par la verticale qu'elle a suivie pour monter; mais je ne comprends pas que la durée de son ascension et la durée de sa chute soient égales, car les deux forces, l'impulsion et la pesanteur, ne le sont pas.

LE GRAND-PAPA. — La force d'impulsion et la pesanteur diffèrent effectivement, car la force d'impulsion est fatigable et s'épuise, tandis que la pesanteur est une force infatigable et permanente. Mais la pesanteur n'agit que dans la mesure qui est nécessaire pour ramener la pierre à son point de départ. C'est une application de cet axiome : en mécanique, la *réaction est égale à l'action*.

L'ENFANT. — La pesanteur est ici la réaction, et n'agit, comme le prouve sans doute l'expérience, que proportionnellement à l'impulsion, qui est ici l'action.

Le Grand-Papa. — L'expérience établit que l'ascension et la chute de la pierre s'effectuent en temps égaux; mais, toutefois, avec cette différence que la vitesse de l'ascension est graduellement décroissante jusqu'au point où la pierre ne monte plus; tandis qu'à partir de ce point, la vitesse de la chute est graduellement croissante jusqu'à ce que la pierre touche le sol.

L'Enfant. — Ainsi, c'est par le maximum de vitesse que commence l'ascension, et c'est, au contraire, par le maximum de vitesse que la chute s'achève. Quoi qu'il en soit, durant tout son mouvement ascensionnel, la pierre semble soustraite à la pesanteur; donc vous avez eu bien raison de me dire que le mouvement compense le poids.

Le Grand-Papa. — Maintenant je te prends toi-même pour exemple. Quand nous partons pédestrement pour nos grandes excursions, tu marches d'abord avec élan d'un pied léger; mais, peu-à-peu, ton pas se restreint et s'alourdit, tu finis par être fatigué.

L'Enfant. — Ma lassitude deviendrait même douloureuse, si vous n'aviez pas soin de me ménager d'abord un repos convenable et puis une petite réfection, car mon appétit est alors surexcité.

Le Grand-Papa. — Comment s'explique ta lassitude, ainsi que ce double besoin de repos et d'alimentation ?

L'Enfant. — Ma force de locomotion est graduellement décroissante et s'épuise ; tandis que la pesanteur qui s'oppose à mon déplacement ne s'épuise pas, car elle est infatigable. J'ai donc besoin de repos, pour ne plus dépenser le moindre effort ; et j'ai besoin d'alimentation, pour que ma force se renouvelle.

Le Grand-Papa. — C'est ainsi que, par une réciprocité bien naturelle, l'appétit augmente par l'exercice, parce que l'exercice cause une déperdition de force que l'alimentation doit compenser.

—

L'Enfant. — Grand-papa, vous savez par quels deux priviléges l'Automne m'intéresse.

Le Grand-Papa. — Tu salues dans l'Automne la saison des vendanges, et tu as raison. C'est un de ses titres assurément, car le raisin est le premier de tous les fruits, comme le froment est le premier de tous les grains. Mais tu salues surtout dans l'Automne l'époque des vacances, te plaçant ainsi à un point de vue tout personnel, au point de vue de l'écolier.

L'Enfant. — C'est bien naturel, grand-papa. Le repos qui couronne l'année scolaire sourit aux élèves, et je crois que les vacances sont désirables aussi pour les professeurs.

Le Grand-Papa. — Entre le repos et les vacances, il y a une ligne de démarcation qu'il importe bien de noter. Parlons d'abord du repos. Dieu, qui d'un mot peut tirer tout du néant, ne connaît, certes, ni fatigue, ni labeur. Cependant, pour nous donner en quelque sorte l'exemple et du travail et du repos, Dieu créa le monde en six jours et se reposa le septième.

L'Enfant. — Ainsi le repos après le travail est bien légitime.

Le Grand-Papa. — Il nous est même si nécessaire, que Dieu, qui sait parfaitement quelle est la limite de nos forces, nous impose, chaque semaine, un jour de repos; et, pour ennoblir ce délassement de l'esprit et du corps, Dieu veut que le jour du repos hebdomadaire lui soit consacré, afin que l'homme, se dégageant alors des préoccupations terrestres, porte plus haut sa pensée, pour réfléchir sérieusement à la noblesse de son origine, à la sublimité de sa fin. Ce jour est appelé Dimanche, c'est-à-dire jour du Seigneur, et ce repos est dit dominical, du mot latin *Dominus*, qui signifie le Seigneur.

L'Enfant. — Comment se fait-il, grand-papa, que le repos dominical ne soit pas mieux observé ?

Le Grand-Papa. — Le prétexte le plus avouable pour motiver une telle infraction à la loi de Dieu, serait celui de l'ouvrier qui se dit dans la nécessité absolue de gagner, chaque jour, son pain quotidien. Mais, hélas ! l'infortuné perd ainsi beaucoup plus qu'il ne gagne, car cette continuité du travail l'épuise vite et le vieillit. S'il veut donc fermer son âme à tout sentiment religieux, s'il veut offenser le Dieu qui honore le travail et le bénit, s'il veut être ingrat envers le Dieu qui lui donna l'intelligence et la santé ; du moins, qu'il écoute les remontrances de la raison. Car enfin, par un travail continu, il use avant le temps toutes ses facultés ; et, bien souvent, la maladie vient lui reprendre avec usure les jours qu'il a cru pouvoir dérober sans dommage à la loi hygiénique du repos.

L'Enfant. — Grand-papa, j'ai remarqué moi-même plus d'une fois l'altération générale produite chez les enfants par un travail excessif.

Le Grand-Papa. — Les parents et les maîtres auront à répondre devant Dieu d'avoir oublié que les commandements divins, même ceux qui paraissent les plus durs à notre nature, n'ont cependant pour but que notre bien-être.

L'Enfant. — Grand-papa, le repos dominical étant une institution divine, n'a pas besoin d'être justifié; or les vacances, qui couronnent l'année scolaire, ne sont, en réalité, qu'un plus grand repos.

Le Grand-Papa. — C'est précisément par leur durée que les vacances peuvent avoir un grand inconvénient, car le repos qui se prolonge touche à l'oisiveté. On pourrait donc accuser les vacances d'être un peu trop longues, car le plaisir, comme le travail, doit être intermittent. Toutefois, comme il faut se préoccuper surtout des élèves laborieux, je crois que les vacances sont nécessaires pour détendre l'esprit et pour fortifier le corps. L'essentiel, c'est de les rendre utiles par des distractions agréables et instructives; c'est ce que je me propose pour les vacances prochaines. Nous irons, comme l'année dernière, dans les Pyrénées; je suis sûr qu'avec l'instruction acquise par toi, depuis lors, tu trouveras plus de charme à contempler ces montagnes immobiles, devant cette mer qui est toujours en mouvement. Je pense aussi que tu seras frappé d'une foule de phénomènes qui, l'année dernière, échappaient à ton attention, ou bien ne lui paraissaient pas dignes d'intérêt. Dans cette saison, nous aurons à remarquer des faits bien dignes de notre étude; car la fin de l'Automne est comme un époque de déménagement et même de lointains voyages pour un grand nombre d'animaux. Presque tous les autres aussi vont nous surprendre par les précautions qu'ils prennent contre l'Hiver, soit pour eux-mêmes, soit pour leur progéniture.

A propos de tous ces instincts si étonnants et si divers, regarde bien cet arbre, mon enfant.

L'Enfant. — Ce peuplier, avec sa taille svelte et son feuillage luisant ?

Le Grand-Papa.— Non, mais l'arbre qui est un peu plus loin.

L'Enfant. — Certes, avec son feuillage tout couvert de verrues, cet arbre est fort disgracieux. Cependant, puisque vous appelez sur lui mon attention, il doit, malgré les apparences, mériter par quelque point notre étude.

Le Grand-Papa. — Il intéresse précisément par les espèces de loupes que présentent ses feuilles, et nous sommes ici en présence d'un fait zoologique tout-à-fait singulier.

L'Enfant. — Avec vous, grand-papa, on passe

toujours de surprise en surprise, et toujours aussi
je vous écoute avec cette vive curiosité qui s'attache
à vos leçons.

Le Grand-Papa.— Suis bien tous les détails que
je vais te donner, afin de pouvoir répondre ensuite à
mes questions. Cet arbre, c'est le chêne à galle; il
conserve ses feuilles durant tout l'Hiver et, pour
ce motif, il est fort aimé d'un insecte appelé cynips.
Cet insecte, comme tous les autres, produit un certain nombre d'œufs; mais il ne doit pas voir leur
éclosion, car il meurt vers la fin de l'Automne, et les
œufs ne peuvent éclore qu'aux rayons du Printemps.
Comment va-t-il leur ménager d'abord un gîte, qui
les protége contre la saison rigoureuse, et puis des
provisions, qui suffisent aux larves jusqu'à leur complet développement ?

L'Enfant. — Le problème commence à me paraître assez compliqué.

Le Grand-Papa.— Le cynips inocule séparément
chacun de ses œufs dans les feuilles du chêne, et
chaque œuf est humecté d'un liquide irritant.

L'Enfant. — Comment procède l'insecte dans
cette opération ?

Le Grand-Papa. — Au moyen d'une tarière que
porte le dernier anneau de son corps, il pique la

feuille, de distance en distance, et dépose un œuf dans la plaie. Or, que produit, à la surface de la peau, une piqûre légèrement faite avec la pointe d'une aiguille ?

L'Enfant.— Elle produit une gouttelette de sang, qui prend la forme d'une petite boule.

Le Grand-Papa.— Oui, et qui, en se coagulant, acquiert une certaine consistance. De même, à la surface de la feuille, la piqûre du cynips fait affluer la sève, c'est-à-dire le sang de la plante; il se forme une sorte de loupe dont l'œuf occupe le centre, et cette loupe se durcit au soleil de l'Automne. J'ai dit que la sève sort avec abondance, et si tu m'as bien écouté, tu dois te l'expliquer par une circonstance particulière.

L'Enfant. — Puisque chaque œuf est accompagné d'un liquide irritant, c'est à l'action de ce liquide qu'il faut attribuer, sans doute, l'abondance de la sève qui s'échappe de la feuille.

Le Grand-Papa.— C'est très-bien, mon enfant. Je t'ai dit aussi que le cynips choisit des feuilles persistantes, et tu dois comprendre pourquoi.

L'Enfant. — Pour mieux assurer le bien-être de sa couvée.

Le Grand-Papa.— Il peut arriver que la feuille

soit détachée par la violence du vent; mais, dans ce cas même, l'œuf, parfaitement calfeutré dans sa loge épaisse, ne souffre guère de l'accident.

L'Enfant. — Je suis avide de connaître comment va s'achever cette histoire.

Le Grand-Papa. — Que faut-il désormais à cet œuf pour que le germe s'y développe en chenille? Il lui faut une certaine quantité de chaleur, c'est-à-dire ce que sa mère elle-même ne pourrait lui donner.

L'Enfant. — C'est juste. Je me souviens que les insectes sont des animaux à sang froid, qui ne peuvent, par conséquent, couver leurs œufs, et vous m'avez dit que c'est le Soleil qui est chargé de ce soin.

Le Grand-Papa. — Donc, aux premiers jours du Printemps, la chaleur solaire gagne peu à peu l'intérieur de la loupe et fait naître la chenille, qui est aveugle et sans pattes.

L'Enfant. — Je comprends qu'elle n'ait ni des pattes ni des yeux; car à quoi lui serviraient ces organes, puisque, dans sa loge, l'espace lui manque ainsi que la lumière. Mais j'en suis à me demander comment elle va quitter son berceau, qui ne serait plus pour elle qu'une tombe?

Le Grand-Papa. — Ta réflexion est très-raisonnable; elle me prouve que, de jour en jour, ton jugement s'étend et se fortifie. Tu pourrais aussi te demander de quoi va s'alimenter la jeune chenille ?

L'Enfant. — Vous voyez bien, grand-papa, que j'ai bien des progrès à faire encore pour être un élève digne de vous ; j'aurais dû certainement me préoccuper de ce point.

Le Grand-Papa. — Mon enfant, on ne pense pas à tout, même à mon âge. Voici donc comment la jeune chenille se nourrit à la fois et s'ouvre assez vite une issue : elle ronge la substance ligneuse qui l'enveloppe, et se fait successivement une place proportionnelle à son volume. Mais ce qui est vraiment remarquable, c'est qu'elle n'erre point au hasard dans l'intérieur de la loupe ; elle a trop de hâte d'en sortir. Elle se dirige donc dans le sens du rayon, comme si elle savait que le rayon est le chemin le plus court pour aller du centre à la circonférence.

L'Enfant. — En effet, le rayon est la ligne droite menée du centre de la sphère à la circonférence.

Le Grand-Papa. — Durant le trajet, la chenille effectue ses diverses métamorphoses, et enfin elle rompt la mince pellicule qui la sépare du monde extérieur. Le moment est solennel : l'insecte a maintenant des pattes, des ailes, des yeux, et son régime alimentaire est tout-à-fait changé, car le jeune cynips est désormais un insecte suceur. Cependant, pour ne pas exposer au contact de la pluie ses ailes encore si délicates, il attend.

L'Enfant. — Qu'attend-il, grand-papa ?

Le Grand-Papa. — Il attend que son instinct, plus sûr que tous nos baromètres, lui donne la certitude d'un beau jour.

L'Enfant.— Que vous êtes heureux, grand-papa, de savoir toutes ces choses, et que je suis heureux moi-même de les apprendre d'une manière aussi facile qu'agréable !

Le Grand-Papa. — L'appartement devenu libre par le départ du cynips sert souvent de refuge à d'autres chenilles qui, n'ayant pas la faculté de se préparer un cocon, comme le fait le bombyx-à-soie, trouvent ainsi le moyen d'y suppléer.

L'Enfant. — Que la Providence est admirable jusque dans les mille détails qui doivent assurer le bien-être des animaux les plus infimes !

Le Grand-Papa.— Le cynips n'intéresse pas seulement le naturaliste; et je laisserais bien incomplète son histoire, si je ne te disais que les loupes qu'il produit fournissent à l'industrie un des principes essentiels de l'encre à écrire.

L'Enfant. — Ainsi donc c'est un insecte, et un

insecte méconnu, qui contribue à nous donner l'encre à écrire !

LE GRAND-PAPA. — Oui, mon enfant; et cet insecte devient ainsi comme un agent indirect de la civilisation, car quels ne sont pas les services que nous rend l'encre à écrire !

—

L'ENFANT. — Grand-papa, l'encre ordinaire s'altère assez souvent.

LE GRAND-PAPA.— Cette encre, ayant pour base une substance organique, peut être décomposée, puisqu'elle n'est pas un corps simple.

L'ENFANT. — Quel est l'agent chimique qui peut la décomposer ?

LE GRAND-PAPA.— C'est le chlore. Cet agent peut altérer ainsi et même anéantir les manuscrits. Mais je dois te signaler un tout autre genre d'altération que peut éprouver l'encre ordinaire. Il est, en effet, une moisissure qui, sous forme de duvet blanchâtre, se développe en quelques heures à la surface de l'encre. Examinée au microscope, cette moisissure se produit en fils rameux et fourchus qui, s'enchevêtrant les uns dans les autres, constituent un inextricable réseau. Elle provient d'un germe invisible à l'œil nu et, par conséquent, impalpable. Ce germe, que le moindre mouvement de l'air soulève et tient en suspension, se dépose plus ou moins sur les corps et s'y développe, s'il y trouve sa nourriture.

L'Enfant. — Mais, dans l'encre, que trouve-t-il qui puisse le nourrir?

Le Grand-Papa. — Il y trouve la gomme et la loupe (ou noix de galle), qui, dissoutes dans l'eau, entrent dans la composition de l'encre ordinaire.

L'Enfant. — Quel est le rôle respectif de ces deux substances?

Le Grand-Papa. — La noix de galle contient un acide qui, combiné avec le fer, compose la couleur noire, et la gomme corrige à degré convenable la trop grande fluidité de l'eau.

L'Enfant. — Souvent l'encre ordinaire devient plus noire à mesure que l'écriture sèche.

Le Grand-Papa. — Quand l'encre est trop diluée, c'est-à-dire étendue d'eau, la matière colorante est affaiblie, parce qu'elle est très-divisée; mais, à mesure que la partie aqueuse s'évapore au contact de l'air, la matière colorante se condense et acquiert plus d'intensité.

L'Enfant. — Peut-on obtenir une encre indélébile?

Le Grand-Papa. — L'encre dite de Chine, par

exemple, est indélébile. D'abord, elle ne peut être attaquée par le chlore.

L'Enfant. — Pourquoi n'est-elle pas décomposée par cet agent ?

Le Grand-Papa. — Parce qu'elle a pour base, c'est-à-dire pour matière colorante, le carbone, qui est un élément, un corps simple. Elle n'est pas envahie par les moisissures, parce que ces microphytes n'y trouveraient pas leur nourriture.

L'Enfant. — Dans les moisissures qui s'abattent sur l'encre ordinaire, il est un point qui me surprendrait beaucoup, si je n'avais appris de vous que la couleur d'un corps ne lui est pas inhérente. Ce point, c'est que des moisissures blanches puissent se développer sur un corps noir.

Le Grand-Papa.—Ainsi que nous l'avons déjà vu, la couleur d'un corps est la propriété qu'il a de nous envoyer son image en réfléchissant vers nous toute la lumière blanche, ou seulement tel ou tel des rayons colorés dont la lumière se compose. Or, cette propriété ne tient qu'à l'arrangement des molécules.

L'Enfant.— Je n'ai pas oublié l'exemple que vous avez choisi pour preuve de cette vérité. Vous m'avez dit : le soufre, qui est jaune, et le mercure, qui est blanc, composent un corps qui n'est ni jaune ni blanc; de plus, ce composé de soufre et de mercure est d'un rouge très-sombre, quand il est en masse, et devient d'un rouge de plus en plus vif au fur et à mesure qu'on le réduit en poussière de plus en plus fine.

Le Grand-Papa.—Il est évident que si la couleur était inhérente à ce composé de soufre et de mercure, on ne comprendrait pas qu'elle pût être modifiée par l'état plus ou moins pulvérisé de ce corps.

—

L'Enfant. — Grand-papa, les confitures, quelle que soit leur couleur, se couvrent aussi de moisissures blanches.

Le Grand-Papa.— Oui, mon enfant; et ces moisissures, qui ont l'aspect d'un duvet touffu, serré, haut de plusieurs millimètres, communiquent aux confitures une acidité malsaine.

L'Enfant. — Les pots de confitures sont parfaitement clos par une feuille de papier qui doit s'opposer à l'invasion de ces parasites.

Le Grand-Papa.— On s'abuse en comptant sur l'efficacité de cette feuille, alors même qu'elle est imbibée d'alcool; car l'alcool se dissipe et laisse ouverts les pores du papier, à travers lesquels les germes microscopiques pénètrent aisément.

L'Enfant. — Que faut-il faire enfin pour que les confitures ne se moisissent pas ?

Le Grand-Papa. — Il faut d'abord n'y pas ménager le sucre et les concentrer suffisamment, c'est-à-dire ne pas les laisser trop aqueuses.

L'Enfant. — Je vois qu'il faut sacrifier la quantité à la qualité.

Le Grand-Papa. — Pour plus de sûreté, il est bien de les couvrir de sucre en poudre, avant de superposer la feuille de papier. Enfin, il est essentiel de tenir les confitures en lieu sec et froid.

L'Enfant. — Je ne m'explique pas pourquoi les confitures doivent être couvertes de sucre en poudre, et mises à l'abri de la chaleur et de l'humidité.

Le Grand-Papa. — Le sucre est, par lui-même, une substance antiseptique qui s'oppose à l'invasion des moisissures, que favorisent, au contraire, la chaleur et l'humidité. Et maintenant, que penses-tu qu'il arrive, quand on abandonne à découvert la viande, le miel et autres substances humides ou gluantes ?

L'Enfant. — Il doit s'y déposer une foule de germes, qui, bien qu'invisibles, les altèrent plus ou moins.

Le Grand-Papa. — C'est très-vrai. Supposons

même, par exemple, que nous mettions hermétiquement sous verre une tranche de viande bien fraîche, et après quelques jours, surtout en été, nous la trouvons habitée par un grand nombre de vers. Comment expliquer l'apparition de ces animalcules ?

L'Enfant. — Ils sont issus, sans doute, de la viande qui se putréfie.

Le Grand-Papa. — Non, mon enfant, ils sont nés de parents, comme les autres animaux. Seulement, leur invisibilité nous dérobe leur généalogie.

L'Enfant. — Mais, puisque la viande était hermétiquement renfermée sous verre, comment les parents ont-ils pu venir y déposer leurs œufs ?

Le Grand-Papa. — Quand on a mis la viande sous verre, n'a-t-on pas emprisonné avec elle une certaine quantité d'air ?

L'Enfant. — Ah ! je comprends ; les germes de ces animalcules étaient en suspension dans l'air emprisonné ; par le repos, ces germes se sont déposés sur la viande putréfiée qui leur a fourni une abondante alimentation.

Le Grand-Papa. — C'est ainsi que s'expliquent les prétendues créations spontanées. Personne n'admettrait assurément la formation spontanée d'une statue, par exemple, ou d'une montre ; comment donc admettre la création spontanée du moindre animalcule, qui, œuvre de Dieu, est bien autrement merveilleux que le chef-d'œuvre du statuaire ou de l'horloger ! La demi-science est comme le demi-jour qui ne fait pas voir les choses telles qu'elles sont.

—

L'Enfant. — Grand-papa, l'existence des microphytes et des microzoaires nous explique une foule de phénomènes dont la cause était inconnue.

Le Grand-Papa.— Le monde microscopique nous enveloppe de toutes parts. Il intervient certainement dans les maladies épidémiques. L'hygiène a donc grand intérêt à le connaître. Nos cheveux eux-mêmes ont besoin d'être garantis de ces germes nomades qui flottent dans l'air. Une espèce d'oïdium notamment s'attache parfois à leur racine, épuise le bulbe qui les produit, hâte leur décoloration et même leur chute.

L'Enfant. — Comment peut-on s'en garantir ?

Le Grand-Papa.— Le meilleur préservatif, c'est l'emploi quotidien, mais modéré, du peigne, qui tient la tête nette sans fatiguer la chevelure. Quant aux cosmétiques, il importe d'en user le moins possible. Il est surtout essentiel de ne pas oblitérer par des pommades ou par des huiles les pores de la peau.

L'Enfant. — Pourquoi donc faut-il avoir soin de ne pas oblitérer les pores de la peau ?

Le Grand-Papa.— D'abord pour que la transpiration cutanée s'effectue normalement, et puis pour que le bulbe générateur du cheveu ne soit pas altéré par l'inévitable acidité de ces corps gras.

L'Enfant. — Je crois me rappeler que la meilleure pommade est la substance grasse appelée beurre de cacao ; c'est un souvenir de votre *Histoire naturelle dans ses applications géographiques, historiques et industrielles*.

Le Grand-Papa. — Cette pommade, en effet, a le double avantage d'être très-onctueuse et de ne point s'acidifier. Mais elle est d'un prix très-élevé, parce que les dames du Pérou la recherchent à tout prix pour l'entretien de leur somptueuse chevelure. Nous ne sommes pas intéressés à ce que son emploi se vulgarise, car ce serait au détriment de notre chocolat.

L'Enfant. — Je ne m'attendais pas à trouver la qualité du chocolat compromise par les coiffeurs de haut rang.

Le Grand-Papa.— La fraude, je te l'ai déjà dit, se fait savante pour altérer tous les produits. L'amande que nous appelons cacao est précieuse comme comestible excellent, en vertu de l'huile solide qu'elle contient et qu'on appelle beurre de cacao. Eh bien, pour satisfaire à la fois aux demandes des coiffeurs et des chocolatiers, on a l'habileté d'extraire de l'amande, sans la déformer, une partie notable de son huile. Il en résulte que le chocolatier le plus loyal est exposé à ne fabriquer qu'un produit inférieur, s'il ne sait pas contrôler le cacao qu'il doit transformer en chocolat par l'addition d'une égale proportion de sucre.

L'Enfant.—C'est une fraude coupable, mais heureusement celle-ci n'offre aucun danger.

Le Grand-Papa. — S'il s'agit du chocolat friand, qui sert à faire des pastilles et des bonbons, l'inconvénient n'a pas de gravité, parce que le chocolat est alors principalement recherché pour la vanille, par exemple, dont on l'a parfumé. Mais s'il s'agit du chocolat de santé, la fraude est très-nuisible, parce que le chocolat est alors privé d'une partie notable de sa qualité nutritive et ne fournit pas au convalescent une suffisante alimentation.

L'Enfant. — Est-il un moyen de constater cette fraude ?

Le Grand-Papa.— Ayant choisi une amande normale, on en pèse tout le beurre qu'on peut en extraire. Si les amandes contrôlées ne donnent pas approximativement la même proportion de beurre, il est évident que ces amandes ne sont pas à l'état naturel, qu'elles ont perdu, par la fraude ou par toute autre cause, une certaine partie de la substance onctueuse qu'elles devraient contenir.

—

L'Enfant. — Grand-papa, vous m'avez signalé déjà le danger que présente le parfum des fleurs et des fruits, quand on le respire dans une atmosphère restreinte, comme celle, par exemple, d'une chambre à coucher. Je pense que les diverses substances parfumées qu'on emploie dans les articles de toilette ne doivent pas être sans inconvénient.

Le Grand-Papa. — Sous le rapport hygiénique, l'emploi des parfums doit être restreint. L'eau de Cologne, par exemple, peut être recommandée.

L'Enfant. — Pourquoi l'eau de Cologne est-elle ainsi appelée ?

Le Grand-Papa. — L'eau dite de Cologne a pris le nom de la ville même où elle fut d'abord fabriquée. Ce qui toutefois est à noter, c'est que non-seulement elle ne contient pas une goutte d'eau, mais encore le contact de l'eau la décompose immédiatement.

L'Enfant. — J'ai remarqué, en effet, qu'elle se trouble au simple contact de l'eau, mais je serais fort embarrassé de dire pourquoi.

Le Grand-Papa. — L'eau de Cologne est de l'alcool tenant en dissolution des essences, c'est-à-dire des substances volatiles. Ces essences, diversement parfumées, sont invisibles, comme le sucre dissous dans l'eau. Il en résulte que le liquide est parfaitement transparent. Mais, au contact de l'eau, l'alcool, qui est très-soluble, s'y dissout aussitôt, en abandonnant les essences qui sont, au contraire, insolubles dans l'eau. Les essences, mises en liberté, deviennent visibles sous forme de petites gouttelettes. Elles font perdre ainsi la transparence au liquide qui les tient en suspension, et lui donnent un aspect laiteux.

L'Enfant. — D'où vient que le liquide blanchit ?

Le Grand-Papa. — Les innombrables globules disséminés dans le liquide obstruent le passage de la lumière et la diffusent, c'est-à-dire la réfléchissent dans tous les sens. Le lait lui-même n'est blanc que par l'effet des mille globules de beurre qu'il tient en suspension. Par l'inextricable enchevêtrement de leurs surfaces, le lait se comporte comme un corps opaque et mat.

L'Enfant. — L'écume de l'eau savonneuse agit-elle de même et pour la même raison?

Le Grand-Papa. — L'eau savonneuse agit de même; seulement les globules qu'elle emprisonne, sont ici, comme dans l'écume de la mer, des globules d'air séparés les uns des autres par une mince cloison d'eau.

L'Enfant. — Il y a plusieurs espèces d'eaux de Cologne, du moins, d'après les étiquettes.

Le Grand-Papa.—Les parfumeurs de Paris fabriquent effectivement différentes eaux de Cologne, mais qui, en réalité, ne diffèrent, les unes des autres, que par la nature ou seulement par la proportion relative des essences.

L'Enfant.— Que faut-il penser du musc? Est-ce un produit industriel?

Le Grand-Papa.— Le musc est un produit naturel. C'est une graisse solide et très-odorante que sécrète l'animal dont elle porte le nom.

L'Enfant. — Je n'ai aucune idée de cet animal, que je n'ai jamais vu.

Le Grand-Papa. — Le musc appartient à l'ordre des ruminants, qui nous a fourni tant d'animaux utiles. Il relie les deux familles qui composent cet ordre et, selon l'expression scientifique, il est l'anneau de transition de l'une à l'autre.

L'Enfant. — Quelles sont ces deux familles ?

Le Grand-Papa. — Ce sont : la famille des caméliens, qui a pour type le chameau et la famille des capriens, qui a pour type le bouc.

L'Enfant. — Comment le musc est-il intermédiaire entre les deux familles ?

Le Grand-Papa. — C'est qu'il présente réunis l'un des caractères distinctifs des caméliens et l'un des caractères distinctifs des capriens.

L'Enfant. — Je désirerais bien savoir comment le musc réalise cet état mixte.

Le Grand-Papa. — Comme les caméliens, il n'a ni les bois du renne, ni les cornes du bœuf; mais, comme les capriens, il a le sabot du bouc et, par conséquent, ne marche pas sur une semelle de peau comme les caméliens.

L'Enfant. — Je vois qu'il est camélien par la tête et caprien par les pieds.

Le Grand-Papa. — Mais il faut savoir tirer les conséquences importantes qui résultent du moindre caractère distinctif. Et, pour ne s'arrêter aujourd'hui qu'à un seul point, tandis que la semelle plate du chameau nous annonce un animal qui habite la plaine, le sabot voûté du musc nous signale un animal de montagne. Car, par la forme de son sabot et par l'indépendance de ses doigts, le musc peut s'accrocher aux aspérités des roches et gravir ainsi les plus âpres sommets.

L'Enfant. — Quel est la patrie du musc ?

Le Grand-Papa. — L'Asie ; il habite l'Himalaya.

L'Enfant. — C'est la chaîne de montagnes la plus élevée de la Terre.

Le Grand-Papa. — C'est bien. Nous en tirerons tout à l'heure une conséquence. Occupons-nous d'abord du produit qu'en retire le parfumeur. Quand cette graisse est pure, l'odeur en est très-agréable, pourvu toutefois qu'on ne la respire qu'en plein air. Mais, le plus souvent, elle est falsifiée par le mélange de quelque autre graisse, qui en altère singulièrement le parfum. Tu comprends, sans doute, pourquoi la fraude s'exerce spécialement sur ce produit.

L'Enfant. — C'est, je pense, parce que, nous venant d'une région lointaine, il est rendu cher par les frais de transport.

Le Grand-Papa. — C'est bien plutôt parce que la chasse au musc est aussi pénible que périlleuse. Vivant à des hauteurs presque inaccessibles, le musc est un grimpeur alerte qui bondit d'un pied sûr aux crêtes des rochers et qui porte au loin un regard aussi prompt que pénétrant. Il est donc bien difficile de le surpendre et plus difficile encore de l'atteindre. Mais je t'ai dit que nous avions à tirer une conséquence naturelle de ce que le musc habite des montagnes si élevées, couvertes de neiges éternelles.

L'Enfant. — Je dois en conclure, d'après vos leçons, que le musc est très-chaudement vêtu. Mais je n'ai jamais entendu parler de sa fourrure.

Le Grand-Papa.— C'est qu'en effet, elle ne peut pas être utilisée.

L'Enfant. — Eh, pourquoi donc, grand-papa ?

Le Grand-Papa.— Après la mort du musc, les éléments de sa toison deviennent cassants.

L'Enfant. — Il me reste encore une difficulté. Je ne m'explique pas pour quel motif la graisse du musc est douée d'une odeur si forte.

Le Grand-Papa. — C'est que cette odeur doit être perçue à très-grande distance et malgré l'intensité du froid.

L'Enfant. — Je comprends que, le froid ne permettant guère à une substance odorante de s'évaporer, il faut que l'odeur du musc, pour être sentie, soit très-forte; mais je ne comprends pas pourquoi il importe qu'elle puisse être perçue à grande distance.

Le Grand-Papa.— C'est par leur odeur que, de loin, ces animaux doivent se signaler réciproquement leur présence, quand un obstacle quelconque intercepte leur regard.

—

L'Enfant. — Grand-papa, je viens vous soumettre deux difficultés que je trouve insurmontables.

Le Grand-Papa. — Elles peuvent l'être en réalité, mais enfin essayons de les résoudre.

L'Enfant. — Vous m'avez dit que le mouvement compense le poids. Or, comment le mouvement, qui n'est pas de la matière, peut-il contrebalancer le poids, qui est de la matière ?

Le Grand-Papa. — Le poids n'est pas plus de la matière que ne l'est le mouvement. L'un et l'autre sont le résultat de deux forces différentes, et deux forces doivent évidemment se compenser, quand elles sont égales.

L'Enfant. — Quelles sont ces deux forces différentes ?

Le Grand-Papa. — Le mouvement peut résulter d'une force quelconque : telles que celle d'une personne, d'un cheval, de la vapeur, du vent, etc., tandis que le poids résulte d'une force spéciale appelée pesanteur. Donc la poussière même de platine, doit flotter dans l'air, si elle est mise en mouvement par une force égale à celle qui tend à la faire tomber, c'est-à-dire à la pesanteur.

L'Enfant.— Pourquoi prenez-vous pour exemple la poussière de platine ?

Le Grand-Papa. — Parce qu'elle est 17.000 fois plus lourde que l'air.

L'Enfant. — 17.000 fois plus lourde ?

Le Grand-Papa. — Le platine pèse 22 fois plus que l'eau, l'eau pèse 775 fois plus que l'air. Tu n'as qu'à faire le calcul.

L'Enfant. — $775 \times 22 = 17.000$. C'est juste. Mais enfin la poussière de platine ne peut se maintenir dans l'air qu'à une condition, c'est qu'elle soit animée d'un mouvement énergique. Or, dans nos appartements, l'air, qui est au repos, ne lui communique aucun mouvement.

Le Grand-Papa. — L'air n'est jamais immobile, mille causes y introduisent le mouvement. Une porte qu'on ouvre, une fenêtre qu'on ferme, une chaise qu'on déplace, une bûche qui brûle, un piano qui résonne, la voix qui parle ou qui chante, suffisent pour l'agiter.

L'Enfant. — Il est des moments où l'air paraît complètement tranquille.

Le Grand-Papa. — En effet, l'air n'a guère de mouvement sensible dans un appartement clos et inhabité. Aussi n'y reste-t-il en suspension que les corpuscules presque moléculaires, c'est-à-dire chez lesquels le poids, qui lui-même est insensible, est suffisamment compensé par le moindre mouvement.

L'Enfant.— L'air étant invisible, comment est-il possible d'en constater le moindre mouvement?

Le Grand-Papa. — Pour constater le moindre mouvement de l'air, nous pouvons nous le faire traduire par un gaz qui est visible, la flamme d'une bougie.

L'Enfant. — En quoi consiste cette expérience?

Le Grand-Papa.— Elle est très-simple. Si, dans un appartement bien clos, on entrebâille une porte interposée entre deux chambres, et si, au bas et sur la ligne moyenne de ces deux pièces, on place une bougie allumée, la flamme va nous traduire le mouvement que lui imprime l'air qui passe de l'une à l'autre chambre.

L'Enfant. — Que remarque-t-on dans cette flamme?

Le Grand-Papa. — Elle s'agite, quelque faible que soit le mouvement de l'air; et elle s'incline de la chambre la plus froide vers la chambre la plus chaude, quelque minime qu'en soit la différence de température.

L'Enfant. — Je me rappelle effectivement ce principe de physique qui se formule, je crois, en ces termes : quand deux atmosphères sont en présence, le transport se fait de l'atmosphère froide vers l'atmosphère chaude; et c'est ainsi que vous m'avez expliqué l'alternative de la brise de terre et de la brise de mer. Mais je ne comprends pas pourquoi la bougie doit être placée au bas de la porte.

Le Grand-Papa. — L'air le plus froid étant plus dense doit occuper toujours la partie inférieure, et il est évident qu'il ne peut être admis dans la chambre la plus chaude, sans y déplacer un volume d'air égal au sien; l'air qu'il déplace sort, en effet, par la partie supérieure.

L'Enfant. — Donc, si l'on plaçait une flamme en bas et une flamme en haut de la porte entrebâillée, ces deux flammes s'inclineraient en sens inverse et nous traduiraient la direction contraire des deux courants.

Le Grand-Papa. — Très-bien. Tu vois par quel petit artifice il est facile de décider une question qui paraît d'abord très-difficile à déterminer : de deux chambres contiguës, quelle est celle qui a la température la plus douce.

L'Enfant. — La flamme d'une bougie suffirait évidemment pour résoudre la question.

Le Grand-Papa. — Mais tu viens de citer avec beaucoup d'à-propos le double phénomène de la brise de terre et de la brise de mer. Je serais bien aise d'en écouter l'explication.

L'Enfant.—Vous me l'avez rendue facile, grand-papa. D'une part, vous m'avez dit que le sol s'échauffe plus vite que l'eau et, par conséquent, se refroidit plus vite; d'autre part, vous m'avez dit que, si deux atmosphères ont une température différente, c'est, de l'atmosphère la plus froide vers l'atmosphère la plus chaude, que s'effectue le mouvement. Dès lors, voici mon raisonnement. Durant le jour, sous l'action du soleil, le continent s'échauffe plus que la mer, le mouvement se fait donc de l'atmosphère qui s'appuie sur la mer vers l'atmosphère qui s'appuie sur le continent : c'est la brise de mer. La nuit, au contraire, le continent se refroidissant plus que la mer, le mouvement se fait de l'atmosphère continentale vers l'atmosphère maritime : c'est la brise de terre.

Le Grand-Papa.— Je te félicite de la fermeté de

ton raisonnement; c'est la récompense légitime de ton application.

—

L'Enfant. — Grand-papa, les dispositions que le cynips combine si bien pour ses petits me rappellent toutes les préoccupations de l'abeille pour les siens; comme aussi les loupes d'où dérive l'encre à écrire me rappellent la cire d'où provient la bougie.

Le Grand-Papa. — Il est dans les mœurs de l'abeille un petit détail que je dois te donner encore : c'est que l'abeille tient à faire son travail dans l'obscurité.

L'Enfant. — Et pourquoi donc, grand-papa? car l'abeille n'est pas un insecte de nuit.

Le Grand-Papa. — On avait d'abord supposé que c'était uniquement pour éviter l'action solaire qui durcirait le miel. Or, le miel est la nourriture spéciale des jeunes abeilles, et leur existence dépend de sa liquidité. Mais on a reconnu depuis que l'abeille obéit plutôt à son instinct, qui lui dit qu'exclure la lumière, c'est à plus forte raison fermer tout accès à l'ennemi; car un être, si subtil qu'il soit, ne peut passer où la lumière elle-même ne passe pas. L'abeille ne se croit donc pas en sûreté dans une ruche transparente.

L'Enfant. — Singulier instinct !

Le Grand-Papa. — Dans la ruche naturelle, les parois sont opaques; dans la ruche artificielle, les abeilles recouvrent de cire les vitres des compartiments qui contiennent les rayons. C'est aussi leur instinct qui les avertit de l'importance d'une ventilation convenable pour la salubrité de la ruche, et qui leur enseigne un procédé fort simple pour y renouveler l'air en quelques instants.

L'Enfant. — Quel est donc ce procédé, grand-papa ?

Le Grand-Papa. — Elles se mettent sur deux files qui se dirigent en sens inverse à l'intérieur de la ruche, les unes allant de dehors en dedans, les autres de dedans en dehors. Elles accompagnent leur marche d'une légère trépidation de leurs ailes et font naître ainsi deux courants simultanés : l'un, qui amène l'air pur; l'autre, qui chasse l'air vicié.

L'Enfant. — Tandis que vous me parlez de l'abeille, grand-papa, quel est donc l'insecte qui bourdonne, comme elle, sur cette fleur ?

Le Grand-Papa. — C'est un hyménoptère, comme l'abeille, c'est-à-dire un insecte qui a deux paires d'ailes, mais qui semble n'en avoir qu'une paire, parce que les deux ailes de droite sont soudées l'une à l'autre, ainsi que les deux ailes de gauche.

L'ENFANT. — Oh ! comme il est velu !

LE GRAND-PAPA.— A peu près comme l'abeille.

L'ENFANT. — Mais l'abeille compense par son utilité ce qui lui manque du côté de la grâce.

LE GRAND-PAPA. — Eh bien ! c'est précisément parce qu'il est velu que ce petit hyménoptère remplit un office merveilleux.

L'ENFANT. — Quel est cet office, grand-papa ? Je vous écoute avec une avide attention.

LE GRAND-PAPA.— Tu n'as pas, sans doute, oublié ce que sont en botanique le pollen et l'étamine, le pistil et l'embryon ?

L'ENFANT. — Le pollen est une poussière d'une extrême ténuité, qui, par son action mystérieuse sur le germe ou embryon, en détermine le complet développement ; l'étamine est l'organe qui produit le pollen ; le pistil est l'organe qui contient le germe ; l'embryon est la plante en miniature.

LE GRAND-PAPA.— Avec des notions si précises et si nettes, mon enfant, tu vas me comprendre aisément. Eh bien, dans la nigelle des champs, les étamines se développent les premières et forment une sorte d'arcade, en s'écartant du pistil ; bientôt ces étamines se flétrissent et laissent tomber à leur base le pollen, avant que le pistil soit complètement développé, c'est-à-dire avant qu'il présente cette partie évasée qu'on appelle stigmates.

L'Enfant. — Mais alors le pollen, n'étant plus abrité, sera dispersé par le moindre courant d'air.

Le Grand-Papa. — Non, mon enfant, car, au fur et à mesure que les étamines tombent, les stigmates se développent, à leur tour, en arcade pour remplacer, au-dessus du pollen, le berceau qu'avaient formé les étamines. C'est sous cette arcade que vient circuler notre petit hyménoptère, dont le corps velu s'enfarine de pollen ; puis, comme il monte dans la fleur pour en sucer le nectar, c'est-à-dire le suc savoureux dont il est très-friand, il frotte, en passant, la surface des stigmates ; et les stigmates, étant lubréfiés d'une liqueur visqueuse, retiennent le pollen. C'est ainsi que cette poussière délicate arrive au germe par l'intermédiaire de l'insecte.

L'Enfant. — Je comprends que l'insecte ne peut bien remplir cet office que parce qu'il est velu. Et, de ceci, je tire pour toujours une leçon : c'est que dans les œuvres de Dieu, tout a sa raison d'être, et que, par conséquent, il est sage de se défendre de cette ignorance vulgaire qui blâme ou critique ce qu'elle ne comprend pas.

Le Grand-Papa. — Il est sage aussi, mon enfant, de se tenir en garde contre la première impression que suscite en nous tout ce qui ne flatte pas nos sens. Précisément, l'occasion se présente, on ne peut mieux, pour t'en donner un exemple. Aperçcis-tu sur le tertre ce batracien qu'une circonstance quelconque a chassé de sa demeure ? Il n'est pas à l'aise et ne se dirige que difficilement, parce que ses yeux nocturnes sont éblouis par le soleil.

L'Enfant. — Je ne distingue pas bien cet animal.

Le Grand-Papa. — C'est possible, mon enfant, d'abord parce qu'il est immobile et puis, parce que sa couleur est terreuse.

L'Enfant. — Oh! grand-papa, c'est un crapaud...

Le Grand-Papa. — C'est un crapaud! et à son aspect tu n'as pu vaincre un mouvement de répulsion.

L'Enfant. — C'est que, grand-papa, il est hideux avec son regard livide, avec sa bouche immense et surtout avec son corps épais, tout couvert de gros boutons d'où suinte une humeur vénéneuse.

Le Grand-Papa. — Je pourrais d'abord te dire que, s'il n'est pas beau, du moins il est assez discret pour ne pas se montrer, car il ne sort que la nuit. Mais je dois négliger les circonstances atténuantes, pour relever directement chacun de tes griefs. Tu prétends que le regard du crapaud est livide; il me semble, mon enfant, que tu es beaucoup trop loin de l'animal pour distinguer la teinte de ses yeux. Si tu regardais de plus près tu verrais que ses yeux sont noirs. Mais comme il est en ce moment ébloui par le soleil, il les couvre presque en entier de ses paupières grisâtres. Sa bouche immense te déplaît. Mais elle doit être ainsi pour répondre à la disposition singulière de la langue. Cette langue, assez large, a sa pointe dirigée vers le gosier, d'où nous devons conclure qu'elle a une fonction spéciale.

L'Enfant.— Oh ! grand-papa, j'ai eu tort de céder à un mouvement d'antipathie qui, je le sens bien, n'est pas raisonnable et qui même est injuste!

Le Grand-Papa. — L'antipathie, qui fausse le jugement, produit un effet analogue sur nos sens. La répulsion qu'excite le crapaud a fait méconnaître tout l'intérêt qu'il mérite à plusieurs titres.

L'Enfant. — Accordez-moi, je vous prie, grand-papa, la satisfaction que j'éprouverais à connaître quelques détails sur ce batracien, que vous réhabilitez si bien contre les préjugés de l'ignorant.

Le Grand-Papa. — La langue est, pour ainsi

dire, la balayeuse de la bouche. Elle ramène sous les dents les parties alimentaires qui n'en ont pas suffisamment subi l'action; elle recueille ensuite les produits de la mastication, et, se relevant contre le palais, elle forme un plan incliné pour les faire descendre au pharynx, sorte de couloir actif qui les mène à l'estomac.

L'Enfant. — Quel merveilleux mécanisme !

Le Grand-Papa. — Mais, dans le crapaud, la langue fonctionne bien autrement; car l'animal, privé de dents, ne mâche pas. La langue devient un organe préhenseur, c'est-à-dire propre à saisir. Pour s'emparer, par exemple, d'un cloporte, d'une limace, la langue se renverse sur la proie et la porte sans arrêt au pharynx, en reprenant tout simplement sa position naturelle. Or, tu comprends maintenant pourquoi la bouche du crapaud doit être largement ouverte.

L'Enfant. — Sans doute, grand-papa; si la bouche n'était pas amplement ouverte, la langue ne pourrait effectuer son jeu de bascule.

Le Grand-Papa. — Continuons. La forme du crapaud est épaisse, parce que la peau, très-extensible, ne s'applique pas exactement sur le corps, ou plutôt adhère peu aux muscles, ce qui permet au batracien d'interposer une certaine quantité d'air entre les muscles et la peau. Le corps est ainsi ballonné par la couche élastique qui l'enveloppe de toutes parts.

L'Enfant. — Et pourquoi donc, grand-papa ?

Le Grand-Papa.— Cette particularité remarquable est la sauve-garde du crapaud.

L'Enfant. — Expliquez-moi cela, je vous prie, grand-papa.

Le Grand-Papa.— Le crapaud risque d'être foulé sous le pied d'un passant ou même sous la patte d'un animal qui ne l'a pas aperçu. Eh bien, par l'effet de cette couche élastique, le crapaud peut être aplati, mais n'est pas écrasé; il cède sous la pression l'air qui le gonfle et qu'il peut renouveler aussitôt. Quant à l'humeur visqueuse qui suinte de son corps, elle n'est pas vénéneuse; elle peut déterminer à la peau une certaine irritation, mais elle n'est pas délétère. Cette humeur allèche, au contraire, le serpent, qui, très-friand de crapauds, les avale ainsi plus aisément.

L'Enfant.— Je me rappelle, en effet, ce que vous m'avez enseigné sur ce point. Le serpent, qui ne peut ni mâcher, ni même découper sa proie, l'avale tout d'une pièce, et, pour en faciliter la déglutition, il la lubréfie, au besoin, de sa propre bave. C'est ce que j'ai remarqué dans une circonstance assez singulière. Un rat fut livré à une couleuvre qui le broya d'abord entre ses anneaux, tout en l'imprégnant de bave. Le pauvre rongeur faisait encore de suprêmes efforts pour se dégager des étreintes du reptile, qui se mit à le humer peu à peu; il était facile de suivre la victime à la protubérance qu'elle produisait dans son douloureux trajet. Ce qui m'étonna surtout, c'est que le rat était beaucoup plus volumineux que la couleuvre.

Le Grand-Papa. — Je crois t'avoir expliqué pourquoi le serpent peut engloutir une proie dont le volume est, de beaucoup, plus grand que le sien.

L'Enfant. — Les mâchoires du serpent, m'avez-vous dit, ne sont pas articulées comme celles des animaux supérieurs; ses côtes, libres en avant, peuvent s'écarter beaucoup; enfin sa peau est douée d'une prodigieuse élasticité. Il en résulte que l'animal peut avaler des proies dont le volume est hors de proportion avec le calibre apparent de son corps.

Le Grand-Papa. — Très-bien, mon enfant. Revenons à notre crapaud.

L'Enfant. — Oh! oui, grand-papa, car ma curiosité s'accroît avec ma surprise.

Le Grand-Papa. — La ténacité de la vie dans le crapaud est fort remarquable. Il peut supporter la privation complète de nourriture pendant plus d'une année.

L'Enfant. — Une diète absolue qui dure plus d'une année !

Le Grand-Papa. — Ce qui me semble plus extraordinaire encore, c'est la petite provision d'air qui peut lui suffire durant tout ce temps. Il m'a été donné d'être témoin d'une expérience décisive faite au Muséum par le savant professeur chargé du cours d'Erpétologie (étude des reptiles). Je fus appelé même à signer le procès-verbal constatant qu'un crapaud, emprisonné dans une couche épaisse de chaux, avait pu vivre ainsi durant une quinzaine de mois. Il n'avait donc, pour respirer, que l'air transmis peut-être à travers l'enveloppe calcaire, qui, appliquée immédiatement sur son corps, avait acquis cependant toute la densité d'une pierre.

L'Enfant. — Si je n'avais ici votre témoignage personnel, je vous avoue, grand-papa, que je ne pourrais admettre un tel fait.

Le Grand-Papa. — Avant l'expérience, je n'y croyais pas moi-même. Certainement l'hibernation est déjà un phénomène bien étrange ; mais il dure beaucoup moins, il correspond à une époque bien précise de l'année, il a sa raison d'être et il est assorti à l'organisation de l'animal hibernant. Mais ici nous sommes dans une condition inattendue et complètement anormale. Et pourtant le fait s'impose alors même qu'on ne peut le comprendre.

N'oublions pas de signaler, dans le crapaud, l'extrême sollicitude qu'il a notamment pour ses œufs. Il ne s'en sépare jamais. Tel crapaud les emporte enroulés en chapelet autour de lui comme un huit de chiffre ; tel autre les place sur son dos, logés chacun dans une petite cellule où s'effectue leur éclosion. Enfin, et ceci doit être pour toi tout-à-fait imprévu, le crapaud a la voix douce et des notes flûtées.

L'Enfant.— Une voix musicale dans le crapaud ! !

Le Grand-Papa.— Mais... dans le monde aussi, sous de rustres apparences, se rencontrent souvent de nobles qualités. Tu vois, mon enfant, que le naturaliste trouve dans le crapaud un sujet de sérieuse étude. L'agronome, à son tour, reconnaît aujourd'hui les services importants qu'il en reçoit, et les crapauds sont même devenus un objet de commerce fort recherché pour certaines cultures, par exemple, pour la culture des primeurs. Le crapaud est, en effet, un vigilant garde-champêtre qui avale les délinquants, sans autre forme de procès et même sans perdre de temps à les mâcher.

—

L'Enfant. — Avant notre prochain départ pour les Pyrénées, permettez-moi, grand-papa, de vous soumettre une question que je me fis déjà l'an dernier, et qui m'embarrasse encore aujourd'hui.

Le Grand-Papa.— Je t'écoute, mon enfant.

L'Enfant. — Comment se peut-il que ces montagnes présentent à leur pied des eaux thermales, et, à leur sommet, des neiges éternelles?

Le Grand-Papa. — Ce contraste n'est qu'apparent, et l'explication en est facile. A la surface de la Terre, nous sommes placés entre un immense foyer et une glacière immense.

L'Enfant. — Mais, grand-papa, quel est donc cet immense foyer que je ne vois point, et quelle est cette glacière immense que je ne vois pas davantage?

Le Grand-Papa. — Ce foyer incandescent, c'est l'intérieur même de la Terre, qui est encore en fusion. La partie solidifiée, sur laquelle nous marchons, est une pellicule bien mince. Une coquille d'œuf est trois fois plus épaisse, proportionnellement aux volumes respectifs de la Terre et de l'œuf.

L'Enfant. — Je ne m'attendais pas à pareille chose, grand-papa. Mais comment prouve-t-on d'abord que l'intérieur de la Terre est formé de matières fondues ?

Le Grand-Papa.— On le prouve par les volcans. Un volcan est une sorte de cheminée, qui met l'intérieur du globe en communication directe avec l'atmosphère. Or, les substances qui s'écoulent par son orifice, appelé cratère, sont incandescentes et liquides. Elles constituent ce qui porte le nom de lave ; et, quand cette lave est refroidie, elle devient si solide que nous ne pouvons plus la fondre au feu le plus ardent de nos usines. Les volcans sont ainsi comme des soupapes de sûreté qui prêtent passage aux matières incandescentes que la Terre ne peut plus contenir.

L'Enfant. — Pourquoi la Terre ne peut-elle plus les contenir ?

Le Grand-Papa. — L'écorce terrestre se contracte de plus en plus par le refroidissement séculaire. Cette contraction est minime sans doute, car le refroidissement de la Terre s'effectue maintenant avec une incroyable lenteur ; mais la circonférence de la Terre est de dix mille lieues, et, par conséquent, une contraction minime en elle-même doit avoir un résultat assez grand pour que la Terre ne puisse pas contenir les matières qui s'écoulent dans les éruptions volcaniques. Du reste, cette lave, qui forme de véritables rivières sur les flancs de la montagne, n'est, en réalité, presque rien comparativement à la masse du globe : c'est beaucoup moins pour la Terre que ne serait une goutte d'eau pour l'Océan.

L'Enfant.—Si nous ne sommes séparés de ce foyer incandescent que par une mince pellicule, comment se fait-il que nous ne sentions pas cette chaleur ?

Le Grand-Papa. — C'est que cette pellicule a la propriété de ne pas transmettre la chaleur. L'exemple de ces corps qu'on appelle mauvais conducteurs est assez fréquent pour que tu en aies fait la remarque. Ainsi le fumeur ne pourrait tenir son cigare à la bouche, si le cigare était en argent; ta main, qui peut tenir par un bout une allumette, dont l'autre bout est enflammé, ne pourrait toucher une semblable tige de fer, dont le bout serait seulement à la température rouge. C'est que le tabac et le bois sont mauvais conducteurs, tandis que l'argent et le fer sont, au contraire, bons conducteurs; c'est-à-dire que la chaleur est transmise très-facilement par les uns et très-difficilement par les autres.

L'Enfant. — Et comment peut-on mesurer l'épaisseur de l'écorce terrestre ?

Le Grand-Papa.—On y parvient au moyen d'une loi, sorte de fil conducteur que Dieu met entre nos mains pour nous permettre d'atteindre à des faits qui nous paraissent inaccessibles.

L'Enfant. — Soyez assez bon, grand-papa, pour me faire connaître cette loi, si vous pensez que je puisse la comprendre.

Le Grand-Papa.— La voici, mon enfant. A mesure que l'on pénètre dans les couches de la Terre, la température augmente d'environ 1 degré par 30 mètres de profondeur. Par conséquent, à 3,000 mètres, c'est-à-dire à 100 fois 30 mètres, la température est de 100 degrés, température de l'eau bouillante. A 30,000 mètres de profondeur, c'est-à-dire à 1,000 fois 30 mètres, elle est de 1,000 degrés; enfin, à 45,000 mètres, elle est de 1,500 degrés. Or, à cette température extrême, tous les corps sont en fusion; donc la partie solidifiée de la Terre ne peut avoir plus de 45,000 mètres de profondeur, c'est-à-dire plus de 11 lieues d'épaisseur.

L'Enfant. — Cette épaisseur est rassurante, ce me semble, et je ne m'attendais pas à pareil chiffre, quand vous avez comparé l'écorce terrestre à une pellicule fort mince.

Le Grand-Papa. — J'ai dit que cette coquille de la Terre est trois fois moins épaisse qu'une coquille d'œuf; j'ajoute que l'œuf vidé conserverait encore sa forme, tandis que la Terre vidée ne pourrait conserver la sienne : sa coquille n'aurait pas assez de consistance.

L'Enfant. — Mais, grand-papa, je ne puis comprendre qu'une coquille de 11 lieues d'épaisseur soit plus mince et moins résistante qu'une coquille d'œuf.

Le Grand-Papa. — C'est qu'il faut tenir compte des volumes respectifs de la Terre et de l'œuf. Écoute-moi bien. Le rayon moyen de la Terre contient 150 fois l'épaisseur de l'écorce terrestre, tandis que le rayon moyen de l'œuf ne contient que 50 fois l'épaisseur de la coquille; ou, ce qui revient au même, il faut trois cents fois l'épaisseur de l'écorce pour avoir le diamètre de la Terre, tandis qu'il ne faut que cent fois l'épaisseur de la coquille pour avoir le diamètre de l'œuf. L'écorce est donc, par rapport à la Terre, trois fois plus mince que la coquille par rapport à l'œuf.

L'Enfant. — C'est évident, grand-papa.

Le Grand-Papa. — Il est un autre point ici qui pourrait encore te surprendre, c'est que la surface de la Terre est beaucoup plus unie que la coquille de l'œuf.

L'Enfant. — Est-il possible !

Le Grand-Papa. — Elle est beaucoup plus unie, et pour deux raisons : d'abord parce que nos chaînes de montagnes sont beaucoup moins élevées que les aspérités de la coquille; et puis, parce que les montagnes n'occupent que la 70e partie de la surface du globe, tandis que les aspérités de l'œuf en couvrent toute la surface.

L'Enfant. — Je comprends la seconde raison, qu'il est facile de constater; mais je ne puis comprendre que les aspérités de l'œuf, à peine visibles, soient plus élevées que les plus hautes montagnes de la Terre.

Le Grand-Papa. — N'oublie pas, mon enfant, qu'il faut tenir compte des volumes respectifs de la Terre et de l'œuf. Eh bien, les plus hautes montagnes de la Terre, dans la chaîne de l'Himalaya, ont à peu près 8,000 mètres d'altitude (2 lieues); ce n'est guère que le $\frac{1}{6}$ de l'épaisseur de l'écorce terrestre, tandis que les aspérités de l'œuf sont le $\frac{1}{3}$ de l'épaisseur de sa coquille. Donc ces aspérités ont deux fois l'altitude de nos plus hautes montagnes.

L'Enfant. — Grand-papa, le raisonnement est

doué d'une bien étonnante puissance, puisqu'il nous fait parvenir à des résultats qui semblent inabordables !

LE GRAND-PAPA. — L'intelligence est un rayon de Dieu ; quoique bien déchue, elle manifeste encore, à certains moments, le privilége de sa céleste origine.

L'ENFANT. — Et maintenant, grand-papa, quelle est cette immense glacière, dont je n'ai jamais soupçonné l'existence ?

LE GRAND-PAPA.— Cette immense glacière, mon enfant, c'est l'espace, c'est-à-dire l'étendue indéfinie qui contient tous les corps : ce qui resterait, si tous les corps étaient anéantis.

L'ENFANT. — Ceci m'est difficile à comprendre, grand-papa.

LE GRAND-PAPA. — Je le crois, mon enfant ; car il est impossible de définir l'espace, comme il est impossible de définir le temps. Comment définir, en effet, ce qu'on ne touche que par un point ? Or, le volume de notre corps n'est qu'un point dans l'espace, comme l'heure de notre vie n'est qu'un point dans le temps. Mais, si nous ne pouvons définir ni l'espace ni le temps, nous avons cependant la notion de l'un et de l'autre.

L'Enfant. — Et comment pouvons-nous avoir cette notion de l'espace et du temps ?

Le Grand-Papa. — Ainsi, le moment où le jour commence et le moment où le jour finit, sont séparés par un intervalle de durée qui n'est pas le temps, sans doute, mais qui est une partie du temps ; et nous mesurons cette durée. De même, le Soleil et la Terre sont séparés par un intervalle de distance qui n'est pas tout l'espace, mais qui en est une partie ; et nous mesurons cette distance. Eh bien, cet espace dont nous ne pouvons déterminer les limites, est une glacière qui soutirerait bien vite la chaleur fournie par le Soleil, si Dieu n'avait pas donné à la Terre ce vêtement invisible qu'on appelle l'atmosphère. Quand je dis que l'espace est une glacière, c'est par voie de comparaison que j'emploie cette figure ; il ne s'agit pas, en effet, d'un amas de glace, mais le résultat est le même. En réalité, la Terre est en présence de l'espace comme si elle était en présence d'une glacière. Or, la physique nous enseigne qu'un corps plus chaud, en présence d'un corps plus froid, lui cède une partie de sa chaleur, parce que la chaleur tend à se mettre en équilibre dans tous les corps. La quantité de la chaleur que la Terre, qui est si petite, cède à l'espace, qui est si grand, doit être considérable; la Terre en serait même congelée, sans la merveilleuse intervention de l'atmosphère.

L'Enfant. — Et pourquoi cette glacière, grand-papa ?

Le Grand-Papa. — Cette glacière est nécessaire, mon enfant. Sans elle, la neige ne se formerait pas au sommet des hautes montagnes, et dès lors la source des fleuves serait tarie. Or, sans la circulation de l'eau, la Terre serait inhabitable. Si donc la neige est permanente au front des Pyrénées, c'est que ces montagnes ont une altitude qui les rapproche notablement de la glacière, et la déperdition de chaleur qu'elles éprouvent ainsi à leur sommet, y maintient une température toujours assez froide.

L'Enfant. — Oh ! grand-papa, quel admirable enchaînement dans les phénomènes de la nature !

Le Grand-Papa. — Et comme la Providence, mon enfant, fait tout concourir à notre bien-être !

L'Enfant. — Ah ! si je ne vous sentais fatigué par toutes les explications que vous venez de me donner avec tant de patience, je vous demanderais quelques détails sur le rôle bienfaisant de l'atmosphère.

Le Grand-Papa.— Les fonctions de l'atmosphère sont si nombreuses, si variées, si importantes, qu'elles doivent faire le sujet d'une leçon spéciale. Je te félicite de ton zèle, mon enfant, et surtout de ton attention. Il est des élèves qui sont curieux de connaître, mais qui ne savent pas écouter.

L'Enfant. — Je serais bien coupable, grand-papa, si, par mon attention toute filiale, je n'essayais pas au moins de répondre à votre affectueux dévouement; et je serais bien ennemi de moi-même, si je me privais ainsi des connaissances utiles et agréables que vous mettez à ma disposition. Et puis, laissez-moi vous le dire, grand-papa, chaque idée que j'acquiers dans vos leçons se transforme en hommage qui monte vers Dieu, pour lui payer le double tribut, d'abord de mon admiration et puis de ma reconnaissance.

Le Grand-Papa. — J'éprouve moi-même une noble satisfaction, mon enfant, à voir se développer à la fois ton esprit et ton âme, tes connaissances et tes sentiments. C'est à cette harmonie supérieure de l'intelligence et du cœur que doit tendre tout enseignement. Heureux le précepteur qui dirige vers ce but tous ses soins ! plus heureux encore l'élève qui peut y parvenir !

L'Enfant. — L'étude des œuvres de Dieu, ce me semble, mène naturellement à ce but; elle est aussi la plus attrayante de toutes les études.

Le Grand-Papa.— Elle est assurément de toutes la plus belle, la plus digne, la plus élevée.

Elle est, pour nous, un devoir de premier ordre, car elle nous sauve de cette ignorance coupable qui rend l'homme ingrat, en lui faisant méconnaître l'action bienfaisante et continue de la Divine Providence.

FIN.

TABLE DES MATIÈRES

C

F

G

H

— 461 —

Bayonne. — imprimerie de veuve LAMAIGNÈRE, rue Chegaray, 39.

www.ingramcontent.com/pod-product-compliance
Lightning Source LLC
LaVergne TN
LVHW020553180726
843502LV00002B/235